数据科学

理论与实践（第2版）

Data Science Theory and Practice 2nd Edition

朝乐门　编著

清华大学出版社

北　京

内 容 简 介

本书重点讲解数据科学的核心理论与代表性实践,在编写过程中充分借鉴了国外著名大学设立的相关课程以及全球畅销的外文专著,而且也考虑到了国内相关课程定位与专业人才的培养需求。

全书包括数据科学的基础理论、理论基础、流程与方法、技术与工具、数据产品及开发、典型案例及实践和附录等。

本书的读者范围很广,可以满足数据科学与大数据技术、计算机科学与技术、管理工程、工商管理、数据统计、数据分析、信息管理与信息系统等多个专业的教师、学生(含硕士生和博士生)的教学与自学需要。

图书在版编目(CIP)数据

数据科学理论与实践/朝乐门编著. —2 版. —北京:清华大学出版社,2019(2022.1重印)
(全国高校大数据教育联盟系列教材)
ISBN 978-7-302-53191-3

Ⅰ. ①数… Ⅱ. ①朝… Ⅲ. ①数据处理—高等学校—教材 Ⅳ. ①TP274

中国版本图书馆 CIP 数据核字(2019)第 116063 号

责任编辑:刘向威
封面设计:文 静
责任校对:李建庄
责任印制:沈 露

出版发行:清华大学出版社
      网 址:http://www.tup.com.cn,http://www.wqbook.com
      地 址:北京清华大学学研大厦 A 座 邮 编:100084
      社 总 机:010-62770175 邮 购:010-83470235
      投稿与读者服务:010-62776969,c-service@tup.tsinghua.edu.cn
      质量反馈:010-62772015,zhiliang@tup.tsinghua.edu.cn
      课件下载:http://www.tup.com.cn,010-83470236
印 装 者:三河市铭诚印务有限公司
经 销:全国新华书店
开 本:203mm×260mm 印 张:24.25 字 数:531 千字
版 次:2017 年 11 月第 1 版 2019 年 9 月第 2 版 印 次:2022 年 1 月第 8 次印刷
印 数:12501~14500
定 价:69.80 元

产品编号:083971-01

自第 1 版出版以来,本教材得到了国内外专家的高度评价。目前,国内多数高校的相关课程均选择本教材为指定教材或主要参考书。本书第 2 版中进行了如下修订。

(1) 调查研究国内外大数据与数据科学相关工作岗位的用人要求及岗位面试题,对第 1 版内容进行了删减与补充。例如,新增了 Lambda 架构、A/B 测试、Tableau、VizQL 技术、大数据/算法偏见、大数据算法与模型、Jupyter Notebook/Lab、Python 编程等面试中常见的问题。同时,还补充了数据产品开发、Python/R 数据分析等内容,力争使本教材具备更高的实用价值和更多的干货知识。

(2) 调查研究国内外大数据与数据科学相关的国际/国家标准、调研报告和理论研究现状,补充了必要的标准、报告和理论,如《信息技术 大数据 术语》(GB/T 35295—2017)、《信息技术 大数据 技术参考模型》(GB/T 35589—2017)、《信息技术服务 治理 第 5 部分:数据治理规范》(GB/T 34960.5—2018)、《数据管理能力成熟度评估模型》(GB/T 36073—2018)以及来自 Gartner、DataCamp、KDnuggets 等专业机构的著名调查报告,力争全景展现国内外数据科学领域的重要理论与代表性实践。

(3) 在深入研究世界一流大学数据科学课程的教材建设、教学大纲和教学内容的基础上,广泛征求兄弟院校师生就本教材第 1 版的意见与建议,对本书内容进行了补充和调整,如全书例题采用 Python 和 R 双语言版本,并补充了一些经典小理论、案例及其数据科学的内在联系,如亚马逊预期货运(Amazon's Anticipatory Shipping)、幸存者偏差(Survivorship Bias)、辛普森悖论(Simpson's Paradox)、大数据杀熟、Google 图片搜索 Idiot 事件、Facebook —剑桥分析公司数据丑闻(Facebook-Cambridge Analytica Data Scandal)、P^2DR 模型和奥卡姆剃刀(Occam's Razor),力争使本教材与世界顶级大学接轨。

(4) 结合自己在中国人民大学开设的"数据科学"(本科)、"数据科学理论与实践"(硕士)、"信息分析前沿研究"(博士)课程以及建设国家精品开放在线课程"数据科学导论"的教学经验以及在企事业单位担任首席数据科学家和参与部分高校数据科学专业建设的经验,并结合自己在数据科学与大数据技术领域的学术研究,对第 1 版内容进行了调整与优化,突显了"数据产品开发"在数据科学教与学中的"抓手"地位,并按照本人首次提出的"开源课程倡议",在 GitHub 上建立配套社区,与同行老师共同维护课程资源,使本教材的内容更加符合我国大数据人才培养的需求。

本书旨在系统讲解数据科学领域的经典理论与最佳实践,满足不同层次读者的需求。因此,建议读者结合自己的教学或学习需要,对本书进行定制使用,参考方案如表1所示。

表1 本教材的教学与学习建议

章　　名	导论类课程		非导论类课程	
	非大数据类专业	大数据类专业	本科低年级	本科高年级或硕士
第1章　基础理论	✓	✓	✓	✓
第2章　理论基础				✓
第3章　流程与方法		✓	✓	✓
第4章　技术与工具		✓		✓
第5章　数据产品及开发			✓	✓
第6章　典型案例及实践	✓	✓	✓	✓

注:与数据科学相关的"导论类课程"有数据科学导论、大数据导论、数据科学与大数据技术导论等;"非导论类课程"有数据科学、数据科学理论与实践、数据科学原理与实践、数据科学方法与技术等;常见的大数据类专业有数据科学与大数据技术、大数据管理与应用、大数据技术与应用和大数据分析等。

作者以本教材为基础,将提供MOOC公开课,帮助培养数据科学领域的人才。

朝乐门

2019 年 6 月

contents 目 录

contents   表目录

第 1 章

基 础 理 论

 如何开始学习

【学习目的】

- 【掌握】数据科学中的基础理论,尤其是核心术语、研究目的、理论体系与基本原则。
- 【理解】数据科学家的主要职责与能力要求。
- 【了解】数据科学的发展简史。

【学习重点】

- 大数据挑战的本质。
- 数据科学的研究目的。
- 数据科学的理论体系。
- 数据科学的基本原则。

【学习难点】

- 大数据挑战的本质。
- 数据科学的基本原则。

【学习问答】

序号	我 的 提 问	本章中的答案
1	为什么需要学习数据科学?	大数据挑战的本质(1.1节) 数据科学的提出背景(1.1节)
2	什么是数据科学?	数据科学的定义(1.1节) 数据科学的研究目的(1.2节)
3	数据科学的发展现状与趋势是什么?	数据科学的发展简史(1.4节)
4	数据科学中应学习哪些主要内容?	数据科学的理论体系(1.5节)
5	数据科学的特殊性在哪里?	数据科学的基本原则(1.6节)
6	数据科学的学习目的是什么?	成为专业数据科学家或专业中的数据科学家(1.8节)

近年来,随着新技术的出现,尤其是云计算、物联网、移动互联网、智慧城市的广泛应用,人类社会的数据采集、存储、计算和管理能力得到了前所未有的提升,同时其成本也得到了大幅度下降,导致全社会迎来了数据富足时代(Data-enriched Offering)——大数据时代。

大数据时代,数据能力大幅提升。

(1)现代处理器的功能已逐渐增强,密集度也越来越大。密集度与性能的比值大大提升。

(2)存储和管理大量数据的成本大大降低。此外,创新的存储技术也使得数据运行速度更快,并且能够分析更大规模的数据集。

(3)跨计算机集群分布计算处理的能力大大提升了分析复杂数据的能力,且用时极短。

(4)有更多的业务数据集可用于支持分析,其中包括天气数据、社交媒体数据和医疗数据集。很多此类数据都以云服务和定义明确的应用程序编程接口(API)的形式提供。

(5)机器学习算法已在拥有庞大用户群的开源社区公布。因此,更多资源、框架和库将使开发变得更加容易。

(6)可视化更易使用。您无须成为数据科学家,就能解读结果,并将机器学习广泛应用于诸多行业。

(来源:IBM公司)

然而,传统理论多数起源于数据贫乏(Data Poor)时代,其研究受到当时的数据获取、存储、计算和管理能力有限以及成本过高的客观条件限制,很多研究方法论和理论思想都具有显著的面向数据贫乏时代的特点。例如,传统统计学研究需要进行抽样,通过样本(Sample)的统计量(Statistic)来估计其总体(Population)的某个参数(Parameter),如利用样本均值 $\bar{x}$ 估计总体的均值 μ。

同时,我们还需要注意到另一个重要挑战。在大数据时代,我们所面对的数据本身也发生了改变,并且人们对数据处理与分析的需求也正在发生新变化,主要体现在数据量

（Volume）的几何级增长、数据类型的多样化（Variety）、数据价值（Value）的发现越来越困难以及数据处理速度（Velocity）要求越来越高等。

大数据时代的到来催生了一门新的学科——数据科学

数据科学是什么？数据科学是大数据背后的科学。大数据热到底给我们带来了什么呢？带来的是各个学科领域所面对的数据变了，导致我们对数据的认识也发生了改变。当然，这还不是问题的关键。问题的关键在于大数据这场"风暴"之后会留下什么？留下的是数据科学。

1.1　术语定义

1. 数据

DIKW 金字塔（DIKW Pyramid）模型揭示了数据（Data）与信息（Information）、知识（Knowledge）、智慧（Wisdom）之间的区别与联系，如图 1-1 所示。**从数据到智慧不但是人们的认识程度的提升过程，而且也是"从认识部分到理解整体、从描述过去（或现在）到预测未来"的过程。**

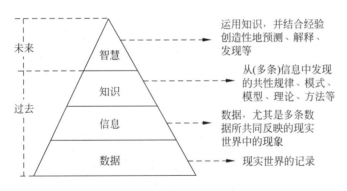

图 1-1　DIKW 金字塔模型

DIKW 金字塔模型到底出自哪里？目前尚无达成共识，但多数人认为与 T. S. Eliot 于 1934 年发表的一首著名诗歌有关，其标题为 *The Rock*，诗中写道：

…

Where is the life we have lost in living?

Where is the wisdom we have lost in knowledge?

Where is the knowledge we have lost in information?

…

- **数据**。对信息进行计量和记录之后形成的文字、语音、图形、图像、动画、视频、多媒体、富媒体等多种形式的记录。例如,如果计量和记录下来张三同学的身高、体重信息,才能得到对应的数据记录——"张三的身高为 180cm,体重为 75kg"。需要注意的是,在数据科学中,我们面对的往往是数据(而不是信息),因此,需要将数据还原成信息(数据,尤其是多条数据所共同反映的现实世界中的现象),从而达到理解数据的目的。

- **信息**。与材料、能源一个层次的概念,客观存在的资源,通常被认为是人类社会赖以生存和发展的三大资源之一。例如,张三同学的身高、体重等信息是依附在该同学身上的客观存在。

- **知识**。人们从(多条)信息中发现的共性规律、模式、模型、理论、方法等。通常根据能否清晰地表述和有效地转移,将知识分为两种:显性知识(Explicit Knowledge)和隐性知识(Tacit Knowledge)。例如,通过计量和记录的方式获得多个同学的身高和体重数据之后,用数据分析方法洞见大学生的身高与体重之间的内在联系或潜在模式,即获得关于大学生身高和体重的知识。

- **智慧**。用知识解决问题或通过解决问题修正知识。智慧是人类的感知、记忆、理解、联想、情感、逻辑、辨别、计算、分析、判断、文化、中庸、包容、决定等多种能力中超出知识的那一部分,因此,智慧是人类的创造性设计、批判性思考和好奇性提问的结果。例如,将大学生身高和体重数据相关的知识应用于实际问题的解决之中,如大学生的健康预警、体能训练、日常生活用品的研发与创新。

数据与数值(Numerical Value)是两个不同的概念。数值仅仅是数据的一种存在形式而已。除了数值,数据科学中所说的数据还包括文字、图形、图像、动画、文本、语音、视频、多媒体和富媒体等多种类型,如图 1-2 所示。

另一个需要注意的问题是,数据(Data)和数字(Digital)也是两个不同的概念。数据在信道(如网络)上传输之前,需要将其转换为信号(Signal),信号是数据的电气的或电磁的表现。信号的编码方式有两种:一种是将数据编码成连续信号(称为模拟信号);另一种是将其编码成离散信号(称为数字信号),如图 1-3 所示。

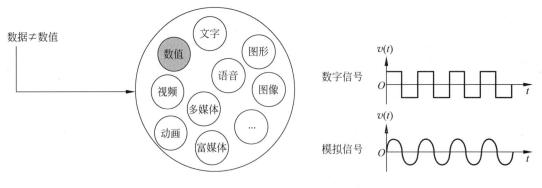

图 1-2　数据与数值的区别　　　　　图 1-3　数字信号与模拟信号

从结构化程度看,通常将数据分为结构化数据、半结构化数据和非结构化数据三种,如表 1-1 所示。在数据科学中,数据的结构化程度对于数据处理方法的选择具有重要影响。例如,结构化数据的管理可以采用传统关系数据库技术,而非结构化数据的管理往往采用 NoSQL、NewSQL 或关系云技术。

表 1-1　结构化数据、非结构化数据与半结构化数据的区别与联系

类　　型	含　　义	本　　质	举　　例
结构化数据	直接可以用传统关系数据库存储和管理的数据	先有结构,后有数据	关系型数据库中的数据
非结构化数据	无法用关系数据库存储和管理的数据	没有(或难以发现)统一结构的数据	语音、图像文件等
半结构化数据	经过一定转换处理后可以用传统关系数据库存储和管理的数据	先有数据,后有结构(或较容易发现其结构)	HTML、XML 文件等

- **结构化数据**。以“先有结构,后有数据”[①]的方式生成的数据。通常,人们所说的结构化数据主要指的是在传统关系数据库中捕获、存储、计算和管理的数据。在关系数据库中,需要先定义数据结构(如表结构、字段的定义、完整性约束条件等),然后严格按照预定义的结构进行捕获、存储、计算和管理数据。当数据与数据结构不一致时,需要按照数据结构对数据进行转换处理。
- **非结构化数据**。不存在或难以发现统一结构的数据,即在未定义结构的情况下或并不按照预定义的结构要求捕获、存储、计算和管理的数据。通常,主要指无法在传统关系数据库中直接存储、管理和处理的数据,包括所有格式的办公文档、文本、图片、图像、音频或视频信息。
- **半结构化数据**。介于完全结构化数据(如关系型数据库、面向对象数据库中的数据)和完全无结构的数据(如语音、图像文件等)之间的数据。例如,HTML、XML 文件等,其数据的结构与内容耦合度高,进行转换处理后可发现其结构。

目前,非结构化数据占比最大,绝大部分数据或数据中的绝大部分属于非结构化数据。图 1-4 给出了 2008—2015 年全球数据规模及类型的估计,可以看出非结构化数据的占比已超过结构化数据,且其占比呈现出越来越大的趋势。

因此,非结构化数据是数据科学中的重要研究对象之一,也是数据科学与传统数据管理的主要区别之一。

2. 大数据

大数据是指在云计算、物联网、智慧城市等新技术环境下产生的(新)数据的统称。这

---

①　先定义结构(或模式),然后严格按照结构定义来捕获、存储、计算和管理。

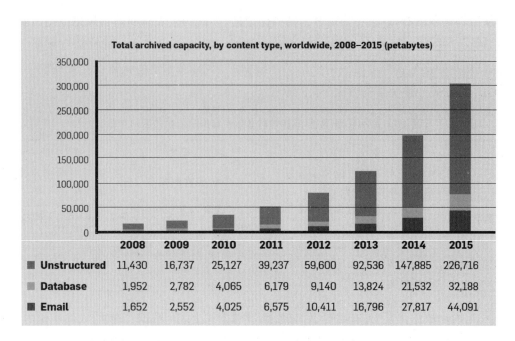

图 1-4　2008—2015 年全球数据规模及类型的估计(单位:PB)

(来源:V. Dhar. Data Science and Prediction[J]. Communication of the ACM. 2013,56(12):64-73.)

种数据与我们传统理论中研究的数据不同,主要体现在以下几方面(见图 1-5)。

- **Volume(量大)**。一种相对于现有的计算和存储能力的说法,就目前而言,当数据量达到拍字节(PB)级以上,一般称为"大"的数据[①]。但是,我们应该注意到,大数据的时间分布往往不均匀,近几年生成数据的占比最高。

$1KB(KiloByte) = 2^{10} B$

$1MB(MegaByte) = 2^{10} KB = 2^{20} B$

$1GB(GigaByte) = 2^{10} MB = 2^{20} KB = 2^{30} B$

$1TB(TeraByte) = 2^{10} GB = 2^{20} MB = 2^{30} KB = 2^{40} B$

$1PB(PetaByte) = 2^{10} TB = 2^{20} GB = 2^{30} MB = 2^{40} KB = 2^{50} B$

$1EB(ExaByte) = 2^{10} PB = 2^{20} TB = 2^{30} GB = 2^{40} MB = 2^{50} KB = 2^{60} B$

$1ZB(ZettaByte) = 2^{10} EB = 2^{20} PB = 2^{30} TB = 2^{40} GB = 2^{50} MB = 2^{60} KB = 2^{70} B$

$1YB(YottaByte) = 2^{10} ZB = 2^{20} EB = 2^{30} PB = 2^{40} TB = 2^{50} GB = 2^{60} MB = 2^{70} KB = 2^{80} B$

$1BB(BrontoByte) = 2^{10} YB = 2^{20} ZB = 2^{30} EB = 2^{40} PB = 2^{50} TB = 2^{60} GB = 2^{70} MB = 2^{80} KB = 2^{90} B$

$1NB(NonaByte) = 2^{10} BB = 2^{20} YB = 2^{30} ZB = 2^{40} EB = 2^{50} PB = 2^{60} TB = 2^{70} GB = 2^{80} MB = 2^{90} KB = 2^{100} B$

$1DB(DoggaByte) = 2^{10} NB = 2^{20} BB = 2^{30} YB = 2^{40} ZB = 2^{50} EB = 2^{60} PB = 2^{70} TB = 2^{80} GB = 2^{90} MB = 2^{100} KB = 2^{110} B^B$

$1CB(CorydonByte) = 2^{10} DB = 2^{20} NB = 2^{30} BB = 2^{40} YB = 2^{50} ZB = 2^{60} EB = 2^{70} PB = 2^{80} TB = 2^{90} GB = 2^{100} MB = 2^{110} KB = 2^{120} B^B$

---

① 不同学科对"量大"的理解有所不同。例如,统计领域中往往以"总体"的规模作为参照物,当样本量达到或接近总体规模时,称之为"大"的数据。

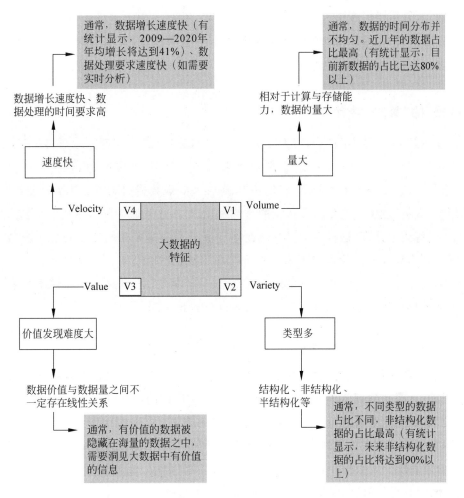

图 1-5 大数据的特征

- **Variety(类型多)**。大数据涉及多种数据类型,包括结构化数据、非结构化数据和(或)半结构化数据。有统计显示,在未来,非结构化数据的占比将达到 90% 以上。非结构化数据所包括的数据类型很多,例如网络日志、音频、视频、图片、地理位置信息等。数据类型的多样性往往导致数据的异构性,进而加大数据处理的复杂性,对数据处理能力提出了更高要求。

- **Value(价值发现难度大)**。在大数据中,数据价值与数据量之间不一定存在线性关系,有价值的数据往往被淹没在海量无用数据之中,也就是人们常说的"我们淹没在数据的海洋,却又在忍受着知识的饥渴(We are drowning in a sea of data and thirsting for knowledge)"。例如,一部长达 120 分钟的连续不间断的监控视频中,有价值数据可能仅有几秒。因此,**"如何从海量数据中洞见(洞察)出有价值的数据"**是数据科学的重要课题之一。

- **Velocity(速度快)**。大数据中所说的"速度"包括两种:增长速度和处理速度。一方面,大数据增长速度快。有统计显示,2009—2020年数字宇宙的年均增长率将达到41%。另一方面,我们对大数据处理的时间(计算速度)要求也越来越高,"**大数据的实时分析**"成为热门话题。

"大数据"的"奥秘"是什么

"大数据"的"奥秘"不在于其"大",更不在于"数据",而在于"新数据与传统知识之间的矛盾日益突出"。近年来,随着"云物移大智"(即云计算、物联网、移动互联网、大数据技术、智慧城市)等新技术的普及,我们获得、存储和处理数据的能力提升了;结果是我们所面对的"数据"发生了改变。更重要的是传统知识,如各领域中的传统理念、理论、方法、技术、工具等无法处理"这种变化了的新数据";最终结果是各学科需要重新认识"数据",并必须在认识论和方法论层次上重写自己学科领域的"知识"。

——摘自《为什么数据科学是现代人才的必修课程》(朝乐门)

大数据重要的不是数据(Big data is not about the data)。

——Gary King(哈佛大学教授)

大数据并不等同于"小数据的集合"。因为,从小数据到大数据的过程中出现了"涌现"现象,"涌现"才是大数据的本质特征,如图1-6所示。所谓的涌现(Emergence)就是"系统大于元素之和,或者说系统在跨越层次时,出现了新的质"。

大数据"涌现"现象的具体表现形式有多种,例如:

- **价值涌现**。大数据中的某个成员小数据可能"没什么用(无价值)",但由这些小数据组成的大数据会"很有用(有价值)"。

- **隐私涌现**。大数据中的成员小数据可能"根本不涉及隐私(非敏感数据)",但由这些小数据组成的大数据可能"严重威胁到个人隐私(敏感数据)"。

- **质量涌现**。大数据中的成员小数据可能有质量问题(不可信的数据),如缺失、冗余、垃圾数据的存在,但不影响大数据的质量(可信的数据)。

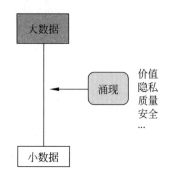

图1-6　大数据的本质

- **安全涌现**。大数据中的成员小数据可能不涉及安全问题(不带密级的数据),但如果将这些小数据放在一起变成大数据之后,很可能影响到机构信息安全、社会稳定甚至国家安全(带密级的数据)。

什么是"大数据的涌现"

举例来说,有人研究过美国独立初期黑人事件之后,发现了一个很奇怪的现象。当这些人一个个独处时，都很老实、善良，甚至有点胆小。但是，聚集在一起就不"老实"了，经常"闹事"。后来一项研究发现了一个很有意思的结论——人类的理智指数与聚集人数往往成反比，当聚集人数很多时，每个人的理智几乎等于零，一个弱小的孩子都会变得非常恐怖。也就是说，从小数据到大数据，会"涌现"出一些原本在任何成员数据中不曾存在的特征与规律。

2001 年，Gartner 的 Doug Laney 率先提出了大数据的"3V 特征"，包括 Volume（量大）、Velocity（速度快）和 Variety（类型多）。接着，包括 IBM、SAS 等企业在内的业界陆续提出了大数据的更多 V 特征，如 Veracity（真实性）、Validity（有效性保障难）、Vulnerability（安全保障难）、Volatility（长久保存困难）和 Visualization（可视化难）等，从不同视角解读了大数据给人类带来的新挑战。

关于如何规范定义术语"大数据（Big Data）"，目前尚无统一的认识，比较普遍采用的定义方法有：

- Gartner 的定义方法。大数据指的是无法使用传统流程或工具处理或分析的信息，是需要新处理模式才能具有更强的决策力、洞察发现力和流程优化能力的海量、高增长率和多样化的信息资产。
- IBM 的定义方法。大数据是拥有以下四个共同特点（又称为 4V）中任意一个的数据源：极大的数据量级（Volume）；以极快的速度（Velocity）移动数据；极广泛的数据源类型（Variety）；极高的准确性（Veracity），确保数据源的真实性。
- 国家标准《信息技术 大数据 术语（GB/T 35295—2017）》中的定义。大数据是指具有体量巨大、来源多样、生成极快且多变等特征并且难以用传统数据体系结构有效处理的包含大量数据集的数据。

3．数据科学

数据科学（Data Science）是数据，尤其是大数据背后的科学。我们可以从以下四个方面理解数据科学的含义。

- 一门将"现实世界"映射到"数据世界"之后，在"数据层次"上研究"现实世界"的问题，并根据"数据世界"的分析结果，对"现实世界"进行预测、洞见、解释或决策的**新兴科学**。
- 一门以"数据"，尤其是"大数据"为研究对象，并以数据统计、机器学习、数据可视化等为理论基础，主要研究数据加工、数据管理、数据计算、数据产品开发等活动的**交**

叉性学科。

- 一门以实现"从数据到信息""从数据到知识"和(或)"从数据到智慧"的转化为主要研究目的,以"数据驱动""数据业务化""数据洞见""数据产品研发"和(或)"数据生态系统的建设"为主要研究任务的**独立学科**。

- 一门以"数据时代",尤其是"大数据时代"面临的新挑战、新机会、新思维和新方法为核心内容的,包括新的理论、方法、模型、技术、平台、工具、应用和最佳实践在内的**一整套知识体系**。

云计算、MapReduce/Hadoop MapReduce、大数据、数据科学、人工智能、机器学习和深度学习等术语之间的区别和联系是什么?

- 云计算是一种新的计算模式,类似于并行计算、分布式计算的概念,并不特指任何一个具体的技术或产品。云计算这种新计算模式的主要特点有四个:经济性、虚拟化、弹性计算与按需服务。

- MapReduce/Hadoop MapReduce是采用云计算这种新的计算模式研发出的具体工具软件(或算法)。云计算模式可以用于数据科学任务的不同层次,率先应用于大数据的存储(GFS及其开源HDFS)、计算(Google MapReduce及其开源Hadoop MapReduce)和管理(BigTable及其开源HBase)。

- 大数据是在云计算、物联网、移动互联网、科学仪器等新技术环境下产生的多源、异构、动态的复杂数据,即具有4V特征的数据。

- 数据科学是一门关于大数据的科学,即包括大数据时代出现的新的理念、理论、方法、技术、工具、应用与实践在内的一整套知识体系。大数据是数据科学的研究对象之一。

- 人工智能、机器学习和深度学习是数据科学的理论基础或数据科学中常用技术和方法,其区别和联系如图1-7所示。

图 1-7　人工智能、机器学习和深度学习的区别与联系

1.2　研究目的

从资源类型角度看，**数据科学的最终研究目标是实现数据、物质和能量之间的转换**，即如何通过"数据的利用"方式降低"物质、能量的消耗"或（和）提升"物质及能量的利用效果和效率"。具体来讲，数据科学的主要研究目的可以分为以下几点。

（1）**大数据及其运动规律的揭示**。数据科学的首要目的是揭示大数据的内容、元数据及形态的基本特征及运动规律，帮助人们理解大数据的本质特征，并掌握数据开发利用的基本方法。

（2）**从数据到智慧的转换**。实现从数据到信息（Information）、数据到知识（Knowledge）、数据到理解（Understanding）和数据到智慧（Wisdom）的转换。DIKUW 模型及应用如图 1-8 所示。

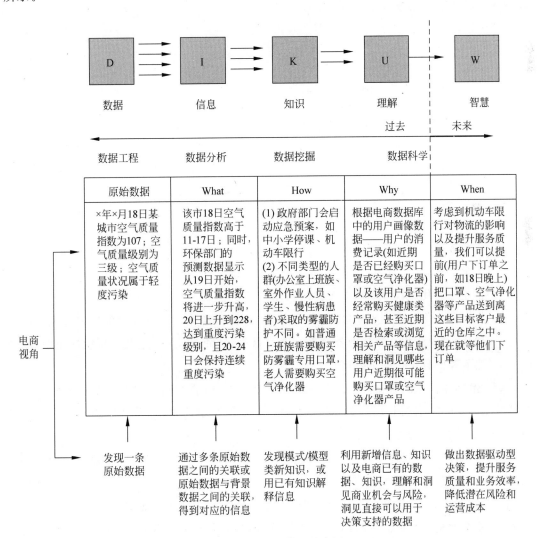

图 1-8　DIKUW 模型及应用

（3）**数据洞见**（Data Insight）。根据特定需求、挑战或现象，从数据中发现未知的、有价值的、可用于直接驱动某种行为的见解、规律、认知或新发现的能力。可见，数据洞见强调的是如何将数据转换为实际行动的过程，如图 1-9 所示。

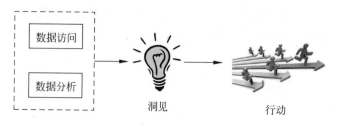

图 1-9　数据洞见

（4）**数据业务化**。根据数据及其变化，动态定义一个新的流程或再造已有流程，提升业务活动的敏捷性，进而实现利润最大化和成本最小化。需要注意的是，数据业务化与业务数据化是两个不同概念，如图 1-10 所示。

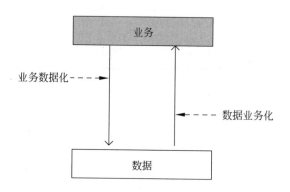

图 1-10　业务数据化与数据业务化

- **业务数据化**。数据化（Datafication）的一种表现形式——将"业务"以"数据"的形式记录下来，存入数据库、数据仓库或文件系统之中，以便进行后续的分析与挖掘，是企业信息化建设早期主要关注的问题。
- **数据业务化**。数据驱动（Data Driven）的一种表现形式——基于数据定义业务的类型、活动及流程。数据业务化是企业信息化建设的新任务，也是实现敏捷组织、敏捷业务和流程再造的主要途径之一。

（5）**数据驱动型决策支持**。从"数据视角"提出问题、在"数据层次"上分析问题、"以数据为中心"的解决问题以及将"数据"当作决策制定的决定因素，提升决策制定的信度与效度。图 1-11 给出了常用驱动方式。

（6）**数据产品的研发**。通过对低层次（零次、一次或二次）数据进行处理、分析和洞见，将其转换为更高层次的数据（一次、二次或三次），并以数据产品的形式提供给目标用户。从加工程度看，可以将数据分为零次数据、一次数据、二次数据和三次数据，如图 1-12 所示。

- **零次数据**。数据的原始内容及其备份数据，如各种感知仪器设备中直接生成的数

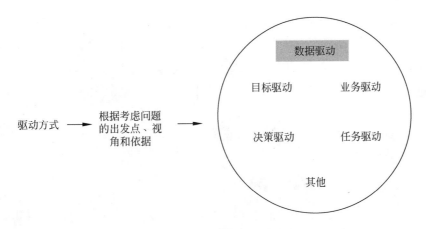

图 1-11　常用驱动方式

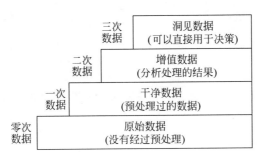

图 1-12　数据的层次性

据。零次数据中往往存在缺失值、噪声、错误或虚假数据等质量问题。

- **一次数据**。对零次数据进行初步加工(如清洗、变换、集成等)后得到的"干净数据"。
- **二次数据**。对一次数据进行深度处理或分析(如脱敏、归约、标注、分析、挖掘等)之后得到的"增值数据"。
- **三次数据**。对一次或二次数据进行洞察与分析(如统计分析、数据挖掘、机器学习、可视化分析等)之后得到的、可以直接用于决策支持的"洞见数据"。

(7) **数据生态系统的建设**。通过数据的系统性研究,创造性地为组织机构提供一整套的解决方案,帮助组织机构建立自己的数据生态系统,实现其可持续发展。图 1-13 是 IDC 给出的大数据生态系统示意图。

从图 1-13 可以看出,大数据生态系统是把数据转换为决策作为主要目标的生态要素组成的复杂系统,具体涉及以下几方面。

- **数据生产**。数据生产方的生成数据过程。常见的数据生产方或数据类型包括机器与传感器、事务与使用日志、关系与社交、移动计算、邮件与短信、地理位置。
- **数据采集**。数据架构师和数据工程师完成数据采集工作。通过系统集成方法采集数据生产方产生的各类数据。数据采集涉及的活动有数据的访问、获得、组织和存储,常用的技术有 Hadoop 及云平台、融合基础架构、高速/高弹性计算、无共享横向

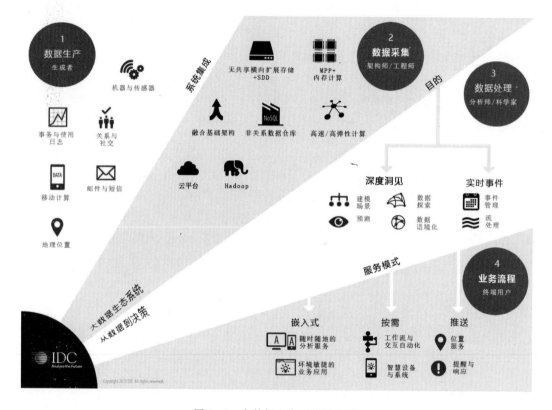

图 1-13　大数据生态系统示意图

扩展存储、SDD(Solid State Drive,固态硬盘)、MPP(Massively Parallel Processing,大规模并行处理)、内存计算等。

- **数据处理**。数据分析师或数据科学家完成数据处理工作。从流程角度看,顺利完成数据采集之后,可以进行数据处理工作。大数据生态系统中的数据处理有两个重要目的:深度洞见和实时事件。

- **业务流程**。终端用户完成业务应用,具体服务模式可以进一步分为三种:嵌入式服务、按需服务和推送服务。

1.3　研究视角

在大数据时代,人们对数据的认识与研究视角发生了新变革——从"我能为数据做什么"转变为"数据能为我做什么"。传统理论主要关注的是"我能为数据做什么"。传统的数据工程、数据结构、数据库、数据仓库、数据挖掘等与数据相关的理论中特别重视数据的模式定义、结构化处理、清洗、标注、ETL(Extract-Transform-Load,抽取-转换-加载)等活动,均强调的是如何通过人的努力来改变数据,使数据变得更有价值或更便于后续处理与未来利用。

但是，数据科学强调的是另一个研究视角——"数据能为我做什么"。具体来讲，数据科学主要关注的问题包括：大数据能为我们进行哪些辅助决策或决策支持；大数据能给我们带来哪些商业机会；大数据能给我们降低哪些不确定性；大数据能给我们提供哪些预见；大数据中能发现哪些潜在的、有价值的、可用的新模式，如图1-14所示。总之，在大数据时代，人们认识人与数据关系的视角有两种，即"我能为数据做什么"和"数据能为我做什么"，而数据科学更加强调的是后者——"数据能为我做什么"。

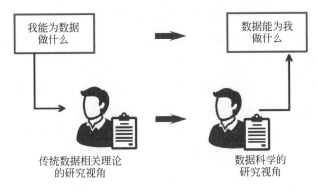

图 1-14　数据科学的新研究视角

研究视角的转移（或多样化）是数据科学与传统数据相关的课程（如数据工程、数据结构、数据库、数据仓库、数据挖掘）的主要区别所在。大数据时代出现的很多新术语，如"数据驱动""数据业务化""以数据为中心""让数据说话""数据柔术"等均强调的是数据科学的这一独特视角。

1.4　发展简史

1974年，著名计算机科学家、图灵奖获得者Peter Naur在其著作《计算机方法的简明综述》（Concise Survey of Computer Methods）的前言中首次明确提出了数据科学（Data Science）的概念，"数据科学是一门基于数据处理的科学"，并提到了数据科学与数据学（Datalogy）的区别——前者是解决数据（问题）的科学（the Science of Dealing with Data），而后者侧重于数据处理及其在教育领域中的应用（the Science of Data and of Data Processes and its Place in Education）。

Peter Naur首次明确提出数据科学的概念之后，数据科学研究经历了一段漫长的沉默期。直到2001年，当时在贝尔实验室工作的William S. Cleveland在学术期刊*International Statistical Review*上发表题为《数据科学——拓展统计学技术领域的行动计划》（Data Science：an Action Plan for Expanding the Technical Areas of the Field of Statistics）的论文，主张数据科学是统计学的一个重要研究方向，数据科学再度受到统计学领域的关注。之后，2013年，C. A. Mattmann和V. Dhar在《自然》（Nature）和《美国计算机学会通讯》(Communications of the ACM)上分别发表题为《计算——数据科学的愿景》(Computing：A Vision for Data Science)和《数据科学与预测》(Data Science and Prediction)的论文,从计算机科学与技术视角讨论数据科学的内涵,使数据科学纳入计算机科学与技术专业的研究范畴。然而,数据科学被更多人关注是因为后来发生了三个标志性事件：一是 D. J. Patil 和 T. H. Davenport 于 2012 年在哈佛商业评论上发表题为《数据科学家——21 世纪最性感的职业》(Data Scientist：the Sexiest Job of the 21st Century)；二是 2012 年大数据思维首次应用于美国总统大选,成就奥巴马,击败罗姆尼,成功连任；三是美国白宫于 2015 年首次设立数据科学家的岗位,并聘请 D. J. Patil 作为白宫第一任首席数据科学家。

Gartner 的调研及其新技术成长曲线(Gartner's 2014 Hype Cycle for Emerging Technologies)表示,数据科学的发展于 2014 年 7 月已经接近创新与膨胀期的末端,将在 2～5 年开始应用于生产高地期(Plateau of Productivity)。同时,Gartner 的另一项研究揭示了数据科学本身的成长曲线(Hype Cycle for Data Science),如图 1-15 所示。从图 1-15 可以看出,数据科学的各组成部分的成熟度不同：R 的成熟度最高,已广泛应用于生产活动；其次是模拟与仿真、集成学习、视频与图像分析、文本分析等,正在趋于成熟,即将投入实际应用；基于 Hadoop 的数据发现可能要消失；语音分析、模型管理、自然语言问答等已经渡过了炒作期,正在走向实际应用；公众数据科学、模型工厂、算法市场(经济)、规范分析等正处于高速发展之中。

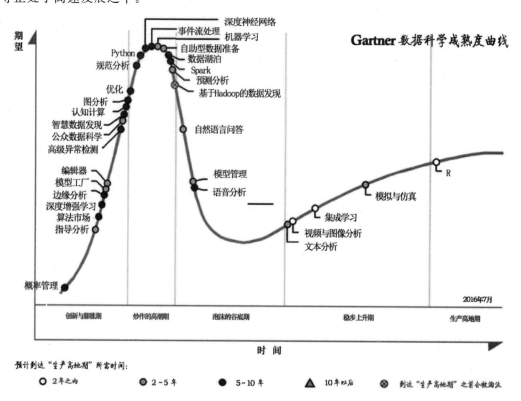

图 1-15 Gartner 技术成熟度曲线

从整体上看,数据科学的发展可以分为萌芽期、快速发展期和逐渐成熟期三个阶段。图 1-16～图 1-18 给出了数据科学发展的主要里程碑。

1. 萌芽期(1974—2009 年)

图 1-16 所示为数据科学的萌芽期。

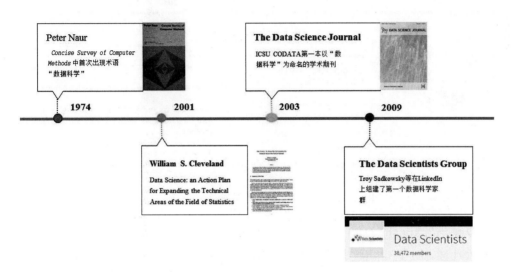

图 1-16　数据科学的萌芽期(1974—2009 年)

- **1974 年**,著名计算机科学家、图灵奖获得者 Peter Naur 的专著《计算方法的简要调研》(Concise Survey of Computer Methods)中首次明确提出"数据科学(Data Science)"的概念,术语"数据科学"首次出现在学术专著中。
- **2001 年**,当时在贝尔实验室工作的 William S. Cleveland 在期刊《国际统计评论》(International Statistical Review)发表了题为"数据科学——拓展统计技术的行动计划"(Data Science:an Action Plan for Expanding the Technical Areas of the Field of Statistics)的论文,术语"数据科学"首次出现在学术论文的标题中,并被权威论文专题探讨。
- **2003 年**,国际科学理事会(the International Council for Science,ICSU)的 CODATA (the Committee on Data for Science and Technology)发行第一本以"数据科学"命名的学术期刊——《数据科学学报》(The Data Science Journal)。
- **2009 年**,Troy Sadkowsky 等在 LinkedIn 上组建了第一个数据科学家群——The Data Scientists Group。

2. 快速发展期(2010—2013 年)

图 1-17 所示为数据科学的快速发展期。

- **2010 年**,Drew Conway 提出了第一个揭示数据科学理论基础的维恩图——数据科

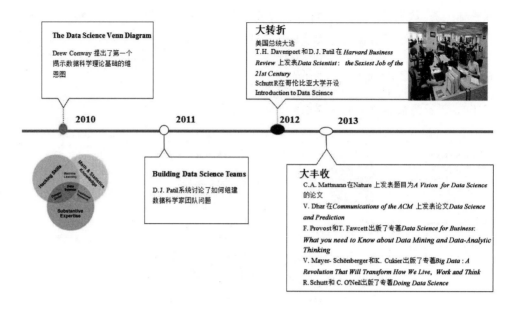

图 1-17　数据科学的快速发展期(2010—2013 年)

学的维恩图(The Data Science Venn Diagram)。

- **2011 年**,D. J. Patil 出版了专著《如何组建数据科学团队》(Building Data Science Teams),系统讨论了数据科学家的能力要求及如何组建数据科学家团队问题。

- **2012 年**,数据科学中的相关思想成功地应用于奥巴马团队的总统竞选工作,受到社会各界的广泛关注;T. H. Davenport 和 D. J. Patil 在《哈佛商业评论》(Harvard Business Review)上发表了题目为"数据科学家——21 世纪最性感的职业"(Data Scientist:the Sexiest Job of the 21st Century)的论文;R. Schutt 在哥伦比亚大学(Columbia University)开设第一门数据科学课程"数据科学导论"(Introduction to Data Science)。

- **2013 年**,C. A. Mattmann 在《自然》(Nature)杂志上发表题目为"计算——数据科学的一种愿景"(Computing:A Vision for Data Science)的论文;V. Dhar 在《美国计算机学会通讯》(Communications of the ACM)上发表题目为"数据科学与预测"(Data Science and Prediction)的学术论文;F. Provost 和 T. Fawcett 出版了专著《面向商务的数据科学》(Data Science for Business:What you need to Know about Data Mining and Data-Analytic Thinking);V. Mayer-Schönberger 和 K. Cukier 出版了专著《大数据——一场即将改变我们的生活、工作和思维的革命》(Big Data:A Revolution That Will Transform How We Live,Work,and Think);R. Schutt 和 C. O'Neil 出版了专著《数据科学实践》(Doing Data Science)。

3. 逐渐成熟期(2014 年至今)

图 1-18 所示为数据科学的逐渐成熟期。

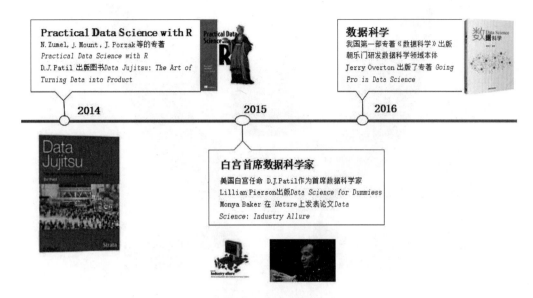

图 1-18 数据科学的逐渐成熟期(2014 年至今)

- **2014 年**,N. Zumel,J. Mount,J. Porzak 等出版了专著《基于 R 的实用数据科学》(Practical Data Science with R),较系统地介绍了如何运用 R 开展数据科学工作。
- **2015 年**,美国白宫任命 D. J. Patil 为首席数据科学家;Lillian Pierson 出版专著《数据科学的傻瓜用书》(Data Science for Dummies);Monya Baker 在《自然》(Nature)杂志上发表论文"数据科学——产业诱惑"(Data Science:Industry Allure)。
- **2016 年**,中国人民大学朝乐门出版了我国第一部系统阐述数据科学原理、方法与技术的专著——《数据科学》;Jerry Overton 出版了专著 Going Pro in Data Science;朝乐门团队研发出了数据科学与大数据技术领域的第一个领域本体——DataScienceOntology。

1.5 理论体系

为了便于理解,图 1-19 比较形象地给出了数据科学的理论体系。如果将数据科学比喻成"鹰",那么:

- **统计学、机器学习和数据可视化与故事化**相当于"鹰"的翅膀和脚。脱离了统计学、机器学习和数据可视化与故事化,数据科学这只"鹰"就"飞不起来",也"落不了地"。也就是说,统计学、机器学习和数据可视化与故事化是数据科学的理论基础。
- **基础理论、数据加工、数据计算、数据管理、数据分析、数据产品开发**相当于"鹰"的躯体,也是数据科学的核心内容。

图 1-19　数据科学的理论体系

- **领域知识**相当于"鹰"的头脑,决定着数据科学的主要关注点、应用领域和未来发展走向。因此,脱离于领域知识或领域应用,数据科学的研究与学习将变得盲目和无趣。

从理论体系看,数据科学主要以统计学、机器学习、数据可视化以及(某一)领域知识为理论基础,其主要研究内容包括数据科学基础理论、数据加工、数据计算、数据管理、数据分析和数据产品开发等,如图 1-20 所示。

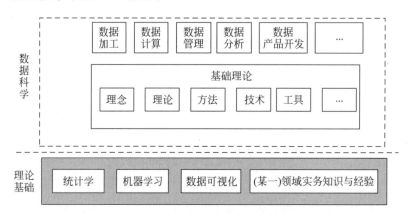

图 1-20　数据科学的主要内容

- **基础理论**。主要包括数据科学中的理念、理论、方法、技术及工具以及数据科学的研究目的、理论基础、研究内容、基本流程、主要原则、典型应用、人才培养、项目管理等。需要特别提醒的是,"基础理论"与"理论基础"是两个不同的概念。数据科学的

"基础理论"在数据科学的研究边界之内,而其"理论基础"在数据科学的研究边界之外,是数据科学的理论依据和来源。

- **数据加工**。数据加工(Data Wrangling 或 Data Munging)是数据科学中关注的新问题之一。为了提升数据质量、降低数据计算的复杂度、减少数据计算量以及提升数据处理的准确性,数据科学项目需要对原始数据进行一定的加工处理工作——数据审计、数据清洗、数据变换、数据集成、数据脱敏、数据归约和数据标注等。值得一提的是,与传统数据处理不同的是,数据科学中的数据加工更加强调的是数据处理中的增值活动,即如何将数据科学家的创造性设计、批判性思考和好奇性提问融入数据的加工过程之中。

- **数据计算**。在数据科学中,计算模式发生了根本性的变化——从集中式计算、分布式计算、网格计算等传统计算过渡至云计算。比较有代表性的是 Google 三大云计算技术(GFS、BigTable 和 MapReduce)、Hadoop MapReduce、Spark 和 YARN 等新技术。数据计算模式的变化意味着数据科学中所关注的数据计算的常见瓶颈、关注焦点、主要矛盾和思维模式发生了根本性变化。

- **数据管理**。在完成"数据加工"和"数据计算"之后,还需要对数据进行管理与维护,以便进行(再次进行)"数据分析"以及数据的再利用和长久存储。在数据科学中,数据管理方法与技术也发生了重要变革——不但包括传统关系型数据库,而且还出现了一些新兴数据管理技术,如 NoSQL、NewSQL 技术和关系云等。

- **数据分析**。数据科学中采用的数据分析方法具有较为明显的专业性,通常以开源工具为主,与传统数据分析有着较为显著的差异。目前,R 语言和 Python 语言已成为数据科学家最普遍应用的数据分析工具。因此,本书编程实战部分均采用了 R 编程技术,帮助读者积累数据科学的实战经验。

- **数据产品开发**。需要注意的是,"数据产品"在数据科学中具有特殊的含义——基于数据的产品统称。数据产品开发是数据科学的重要研究任务之一,也是数据科学区别于其他科学的重要研究任务。与传统产品开发不同的是,数据产品开发具有以数据为中心、多样性、层次性和增值性等特征。数据产品开发能力也是数据科学家的主要竞争力之源。因此,数据科学的学习目的之一是提升自己的数据产品开发能力。

1.6 基本原则

数据科学的基本原则是数据科学与其他相关学科的重要区别所在。

1. 三世界原则

大数据时代的到来,在我们的"精神世界"和"物理世界"之间出现了一种新的世界——

"数据世界",如图 1-21 所示。因此,在数据科学中,通常需要研究如何运用"数据世界"中已存在的"痕迹数据"的方式解决"物理世界"中的具体问题,而不是直接到"物理世界",采用问卷和访谈等方法亲自收集"采访数据"。相对于"采访数据","痕迹数据"更具有客观性。图灵奖获得者 Jim Gray 提出的科学研究第四范式——数据密集型科学发现(Data-intensive Scientific Discovery)是"三世界原则"的代表性理论之一。

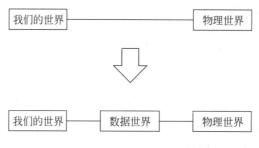

图 1-21　数据科学的"三世界原则"

Jim Gray 及第四范式

　　Jim Gray 又名 James Gray(Jim 是 James 的昵称),生于 1944 年,著名的计算机科学家。2006 年因在数据库、事务处理系统等方面的开创性贡献获得图灵奖。

James Gray

　　2007 年 1 月 28 日,Jim 独自乘船离开 San Francisco Bay,去一个叫 Farallon 的小岛撒他母亲的骨灰,不幸在外海失踪。直到现在也没有他的任何消息,美国海岸警卫队已经展开了大范围的搜索。

　　2007 年,图灵奖获得者 Jim Gray 提出了科学研究的第四范式——数据密集型科学发现(Data-intensive Scientific Discovery)。在他看来,人类科学研究活动已经历过三种不同范式的演变过程(原始社会的"实验科学范式"、以模型和归纳为特征的"理论科学范式"和以模拟仿真为特征的"计算科学范式"),目前正在从"计算科学范式"转向"数据密集型科学发现范式"。以天文学家为例,他们的研究方式发生了新的变化——其主要研究任务变为从海量数据库中发现所需的物体或现象的照片,而不再需要亲自进行太空拍照。

2. 三要素原则

　　与其他学科不同的是,数据科学不仅包括理论与实践,而且还重视精神。因此,数据科学具有三个基本要素——理论、实践和精神(关于数据科学中的精神,详见下文中的"3C 精神")。Drew Conway 的数据科学维恩图显示,数据科学处于数学与统计学、领域实战和黑客精神的交叉之处。然而,上述三个学科分别对应数据科学的三个要素——理论、实践和精神。

如何提升自己的实践能力

(1) **参加相关竞赛**。参加竞赛是学习数据科学的重要方法之一。通过数据科学竞赛平台,我们不仅可以发起一项数据科学竞赛,也可以参加其他人发起的数据科学竞赛。同时,此类竞赛平台还提供共享程序代码和数据集的功能。与数据科学相关的著名竞赛平台有如下。

- Kaggle。
- Driven Data。
- Analytics Vidhya。
- The Data Science Game。

(2) **参加开源项目**。参加开源项目也是提升自己动手能力的重要途径。通过开源项目,我们不仅可以找到与数据科学领域的优秀人才合作的机会,而且还可以提升自己的实战能力和理论知识的认识水平。与数据科学相关的著名开源项目如下。

- Apache 基金会:http://www.apache.org/
- KDnuggets:http://www.kdnuggets.com/
- Github:https://github.com/

与数据工程师不同的是,数据科学家不仅需要掌握理论知识和实践能力,更需要具备良好的精神素质——3C 精神,即 Creative Working(创造性地工作)、Critical Thinking(批判性地思考)、Curious Asking(好奇性地提问),如图 1-22 所示。例如,美国白宫第一任数据科学家 D. J. Patil 提出了数据柔术(Data Jujitsu)的概念,并强调将数据转换为产品过程中的"艺术性"——需要将数据科学家的 3C 精神融入数据分析与处理工作之中。

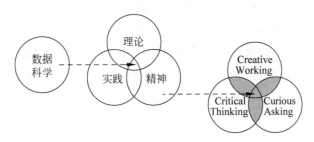

图 1-22 数据科学的"三个要素"及"3C 精神"

3. 数据密集型原则

数据科学的研究和应用侧重的问题是数据密集型(Data-Intensive)应用。数据密集型应用是相对于"计算密集型应用"的一种提法。数据密集型应用中数据成为应用系统的主要难点、瓶颈和挑战。通常,数据密集型应用的计算比较容易,但数据具有显著的复杂性(异构、动态、跨域等)和海量性。例如,当我们在云计算环境下对 PB 级复杂数据进行洞察分析时,"计算"不再是最主要的挑战,而最主要的挑战来自于数据本身的复杂性。数据密集型原则表明了计算机科学与数据科学的不同之处,如图 1-23 所示。计算机科学的研究和应用侧重的是计算密集型问题。

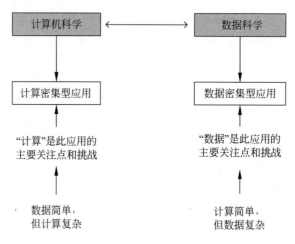

图 1-23　计算密集型应用与数据密集型应用的区别

4. 以数据为中心的原则

数据科学的研究和应用的独特视角为"数据能为我做什么",而不是传统理论中常用的"我能为数据做什么"。这是数据科学与其他数据相关的理论(如数据工程等)的主要区别所在。数据科学中强调的也是数据科学擅长的,是如何从数据中发现潜在的、有价值的、可用的新模式,并将其用于解决实际问题中。例如,数据科学中的数据分析式思维模式(Data-Analytic Thinking)是指一种从数据视角分析和解决实际问题,并"基于数据"来解决问题的思维模式。例如,当某个具体业务的效率较低时,我们考虑是否可以利用数据提升业务效率,并进一步提出如何通过数据提升的方法。可见,数据分析思维模式与传统思维模式不同。前者,主要从"数据"入手,最终改变"业务";后者从"业务"或"决策"等要素入手,最终改变"数据"。因此,数据分析式思维模式改变了我们通常考虑问题的出发点和视角。

5. 数据范式原则

数据科学强调的是"用数据直接解决问题",而不是将"数据"转换为"知识"之后,用"知识"解决实际问题。例如,传统意义上的自然语言理解和机器翻译往往以统计学和语言学知识为主要依据,属于"知识范式"。但是,当数据量足够大时,我们可以通过简单的"数据洞见(Data Insight)"操作,找出并评估历史数据中已存在的翻译记录,同样可以实现与传统

"知识范式"相当的智能水平,如图 1-24 所示。

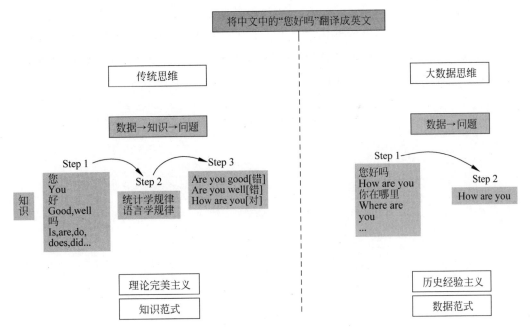

图 1-24　数据范式与知识范式的区别

6. 数据复杂性原则

数据科学中对数据复杂性产生了全新的认识,复杂性被视为是大数据自身的不可分离属性,人们开始注意到传统数据处理方式中普遍存在的"信息丢失"现象,进而数据处理范式从"模式在先、数据在后范式(Schema First, Data Later Paradigm)"转向"数据在先、模式在后范式(Data First, Schema Later Paradigm)"或"数据在先,无模式范式(Data First, Schema Never Paradigm)",尽量通过提升计算的弹性和鲁棒性的方式应对数据复杂性,如图 1-25 所示。

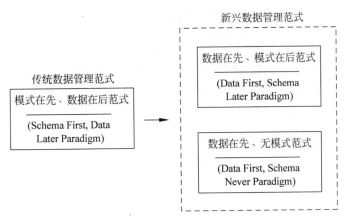

图 1-25　数据管理范式的变化

7.数据资产原则

在数据科学中,对数据价值的认识发生了变化——数据不仅是一种"资源",而且更是一种重要"资产",具有劳动增值、法律权属、财务价值、市场与产业、道德与伦理等新属性,数据的"资产"属性成为数据科学的重要研究课题之一,如图 1-26 所示。

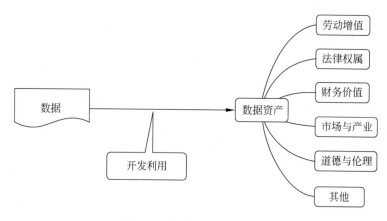

图 1-26 数据的"资产"属性

数据科学的研究目的是实现从数据(Data)到信息(Information)、知识(Knowledge)、理解(Understanding)以及智慧(Wisdom)的转化。

如何找到"大数据"

除了利用网络爬虫收集数据、数据生成和存储部门的供给之外,我们还可以通过以下方式获得大数据。

(1)统计数据。

- 各类统计年鉴,如《中国统计年鉴》等。
- 统计数据库,如联合国数据目录(undatacatalog.org)等。
- 统计学领域论文或书籍中的数据集,如数据集 women 等。

(2)机器学习。

- UCI:https://archive.ics.uci.edu/ml/datasets.html。
- Delve Datasets:http://www.cs.toronto.edu/~delve/data/datasets.html。

(3)竞赛平台。

- Kaggle:https://www.kaggle.com/datasets。
- Past KDD Cups:http://www.kdd.org/kdd-cup。
- Driven Data:https://www.drivendata.org/。

（4）政府网站。

- 美国政府公开的数据集：https://www.data.gov/。
- 美国交通事故数据集：https://www-fars.nhtsa.dot.gov/Main/index.aspx。
- 美国空气质量数据集：http://aqsdr1.epa.gov/aqsweb/aqstmp/airdata/download_files.html。
- 印度政府公开的数据：https://data.gov.in/。
- 英国政府公开的数据集：https://data.gov.uk/。

（5）企业或公益机构网站。

- Amazon Web Services（AWS）datasets：https://aws.amazon.com/datasets/。
- Google datasets：https://cloud.google.com/bigquery/public-data/。
- Youtube labeled Video Dataset：https://research.google.com/youtube8m/。
- NASA：https://data.nasa.gov/。
- 世界银行：http://www.shihang.org/。
- 纽约出租车：http://chriswhong.github.io/nyctaxi/。

（6）其他。

- R 包中的数据集，如数据集 women、mtcars 等。
- 开放数据搜索引擎，如 Namara.io 等。
- 产业开放数据，如 http://en.openei.org 等。

8. 数据驱动原则

数据科学主要研究的是如何基于数据提出问题，在数据层次上分析问题，以数据为中心解决问题。因此，与传统科学不同的是，数据科学并不是由目标、决策、业务或模型驱动，而是由"数据"驱动，即数据是业务、决策、战略、市场甚至组织结构变化的主要驱动因素。常用驱动方式如图 1-27 所示。

9. 协同原则

数据科学不是"一个人的舞台"，而是"一个团队的平台"。数据科学所涉及的领域多，对每个领域知识和经验的要求高，因此，在实际数据科学项目中我们难以找到（或其成本过高）在数据统计、机器学习、数据可视化和领域实战方面均很优秀的人才。因此，数据科学关注的是如何合理配置数据科学团队的问题，即如何实现不同数据科学家的优势互补。另外，数据科学中还强调人机合作以及如何充分调动来自机构数据链长尾的"专家余（Pro-Am）"的积极性。

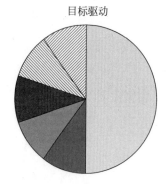

目标驱动

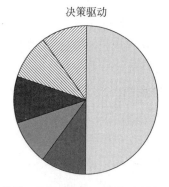

决策驱动

□目标　■决策　■业务　■模型　◪数据　◪…

□决策　■目标　■业务　■模型　◪数据　◪…

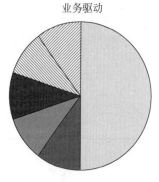

业务驱动

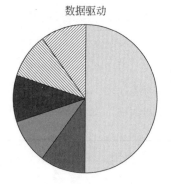

数据驱动

□业务　■目标　■决策　■模型　◪数据　◪…

□数据　■目标　■决策　■模型　◪业务　◪…

图 1-27　常用驱动方式

卡内基梅隆大学 ReCAPTCHA 项目

2000 年,Luis von Ahn 基于计算机识别不规则文字的能力远远低于人类的现实,提出了一种新的方法——全程自动区分计算机和人的图灵测试(Completely Automated Public Turing Test to Tell Computers and Humans Apart,CAPTCHA)的方法。由于能够较好地区分操作主体是人还是计算机,他的这种方法在各大网站中得到广泛使用,较好地避免了计算机冒充人类情况的出现。图 1-28 中给出了该方法在 Google 新用户注册中的应用。

图 1-28　CAPTCHA 方法
　　　　　的应用

但是,从用户角度看,CAPTCHA 方法的应用却增加了他们的负担,因为他们所输入的验证码意义不大。于是,Luis von Ahn 启动了 reCAPTCHA 项目,将 CAPTCHA 思想引入古籍(计算机时代之前的书籍)的数字化过程中,用于解决 OCR 技术还无法胜任古籍文字的自动识别。他的基本想法如下：向用户显示两个文字，其中一个是"已识别文字"，而另一个是从古籍中抽取的难以识别或存在疑问的"未识别文字"。这样，验证码的功能变为两个："已识别文字"的输入具有验证作用，而"未识别文字"的输入则具有另一种作用，如文字识别、录入或转换等。为了提高对"未识别文字"的识别准确度，系统将同一个"未识别文字"同时发给不同用户，并通过对来自不同用户的提交结果进行比对分析来确定用户输入中与"未识别文字"对应的内容是否可靠。

2009 年，Google 公司收购了 ReCAPTCHA 项目，并将其应用于图书扫描工作中，取得了较好的效果，如图 1-29 所示。

图 1-29 ReCAPTCHA 项目

10. 从简原则

数据科学对"智能的实现方式"有了新的认识——从"基于算法的智能"到"基于数据的智能"的过渡。"基于数据的智能"的重要特点是"数据复杂，但算法简单"。数据与算法的关系如图 1-30 所示。因此，数据科学追求的是简单且高效、面向一个具体应用需求的数据处理方法，而不是传统数据管理中追求的通用性较高的复杂算法[①]。例如，MapReduce 是面向分布式批处理的一种简单计算模型。再如，著名的计算机科学家和人工智能专家、Google 公司研究总监 Peter Norvig 曾说"我们（谷歌）没有更好的算法，只是多了点数据而已（We don't have better algorithms. We just have more data）。"

---

① 有人称之为 The unreasonable effectiveness of data，参见 Halevy A，Norvig P，Pereira F. The unreasonable effectiveness of data[J]. IEEE Intelligent Systems，2009，24(2)：8-12.

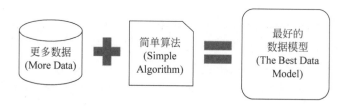

图 1-30　数据与算法之间的关系

为什么获得"Netflix 大奖"的算法没有投入使用

　　Netflix 是美国最大的在线 DVD 租赁商。2006 年 10 月,Netflix 公司宣布启动一项名为"Netflix 大奖(Netflix Prize)"的推荐系统算法竞赛。该奖项高达 100 万美元,周期长达 3 年,吸引了超过 5 万名计算机科学家、专家、爱好者的激烈角逐。

　　Netflix 大奖的要求很明确——"以 Cinematch(当时的 Netflix 正在使用的推荐系统)为基准,并规定推荐效率至少提高 10％才有资格获得 100 万美元的奖励"。竞赛刚开始,大家觉得"这个 10％的目的应该并不难",于是纷纷加入参赛队伍。但是,后来才意识到"这个10％,简直是无法逾越的瓶颈"。直至 2009 年 6 月 26 日,一个名叫 BellKor's Pragmatic Chaos 的团队第一次达到"获奖资格",他们的成绩是"把推荐效率提高了 10.06％"。之后,按照比赛规则,Netflix 公司宣布进入最后 30 天的决赛。如果没有其他的队伍提交的算法超越 BellKor's Pragmatic Chaos 团队,那么他们无疑就是这场比赛的最大赢家。

　　但是,就在决赛第 29 天,另一个叫 The Ensemble 的团队提交了自己的算法,并超过了 BellKor's Pragmatic Chaos 团队的成绩。更加戏剧性的是,Netflix 将 100 万美元大奖给了 BellKor's Pragmatic Chaos 团队(见图 1-31),Netflix 的解释是这样的——The Ensemble 团队虽然在性能上略有超过 BellKor's Pragmatic Chaos 团队(见图 1-32),但 BellKor's Pragmatic Chaos 团队提交得更早。

图 1-31　BellKor's Pragmatic Chaos 团队获得 Netflix 奖

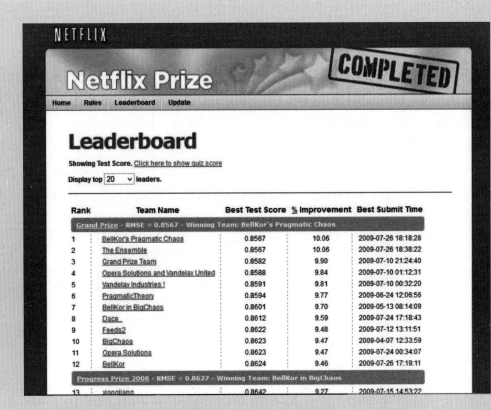

图 1-32 Netflix 奖公测结果

但是，人们后来发现了一个更"奇怪"的现象——获得这个高达 100 万美元的 Netflix 大奖的算法一直没有被投入使用。Netflix 高管透露的主要原因是该算法过于复杂。（注：也有人怀疑 Netflix 组织这次大赛的目的是"做营销"。真正的原因是什么？建议读者自行调查。）

1.7 相关理论

与数据科学相关的理论很多，包括计算机科学、统计学、商务智能、数据工程、人工智能、机器学习、材料科学、医学、金融学、新闻学、社会科学等。因此，数据科学具有明显的跨学科的特点。其主要原因有两个：一是数据科学中采用的理论、方法、技术和工具具有跨学科性，涉及计算机科学、统计学、人工智能等；二是数据科学可以应用于多个领域，如材料科学、医学、金融学、新闻学、社会科学等，换一句话说，多个不同领域的专家学者都在研究数据科学。

其中,初学者容易混淆的概念是数据科学与商务智能(Business Intelligence,BI),图 1-33 给出了二者的区别和联系。

- 商务智能主要关注的是对"过去时间"的"解释性研究",主要回答的是诸如:上个季度发生了什么,销量如何,哪里存在问题,在什么情况下出现的等问题。商务智能的主要处理对象以结构化数据为主。当然,商务智能也在不断变化和拓展之中,已开始关注未来时间的预测性研究。

- 数据科学主要关注的是对"未来时间"的"探索性研究",主要回答的是诸如:如果……将来会怎么样,最佳业务方案是什么,接下来将会发生什么,如果这些趋势继续下去会怎么样,为什么会发生等问题。数据科学的处理对象以非结构化数据为主。

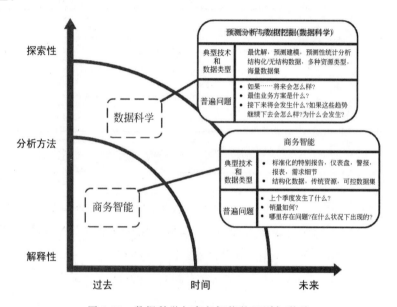

图 1-33　数据科学与商务智能的区别与联系

(来源:EMC Education Services. Data Science & Big Data Analytics:Discovering,Analyzing,
Visualizing and Presenting Data[M]. Hoboken:John Wiley & Sons,Inc.,2015)

另两个容易混淆的概念是数据科学(Data Science)和数据工程(Data Engineering)。数据工程是采用大数据技术进行"数据本身的处理与管理",主要关注的是数据本身的备份/恢复、抽取-加载-转换、集成、标注、接口设计以及数据库/数据仓库的设计、实现与维护等工作;数据科学属于"基于数据的处理与管理",主要关注的是如何基于数据进行辅助决策(或决策支持)、商业洞察、预测未来、发现潜在模式以及如何将数据转换为智慧或产品。图 1-34 给出了二者在企业应用中的区别与联系,数据科学建立在数据工程之上,并通过数据驱动决策支持(Data-Driven Decision Support)为整个企业(跨部门)的决策制定提供支持,进而实现数据驱动型辅助决策或数据驱动型决策支持。

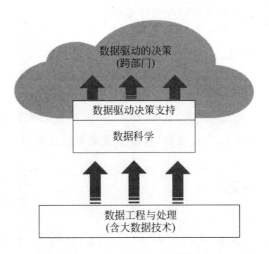

图 1-34　数据科学与数据工程在企业应用中的区别与联系

1.8　人才类型

从用人单位的岗位设置看,数据科学相关的岗位有很多,如数据科学家、数据分析师、数据工程师、业务分析师、数据库管理员、统计师、数据架构师、数据与分析管理员等,图 1-35 给出了 DataCamp 调研的数据科学人才类型及其收入。

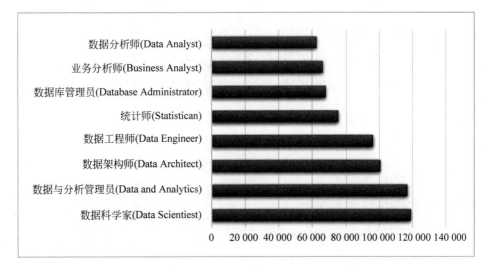

图 1-35　数据科学人才类型及其收入(单位:美元)

(来源:DataCamp,2018)

但是,从人才成长与培养角度看,数据科学的学习中应重点关注发展三个方向:数据科学家、数据分析师和数据工程师。其中,数据科学家是大数据时代到来后出现的新人才类型,应重点学习其岗位职责与能力要求。当然,数据分析师和数据工程师并非大数据时代新产生的岗位,但其能力要求和岗位也在发生变化。

1.8.1　数据科学家

数据科学家是将"现实世界中的问题"映射或转换为"数据世界中的问题",然后采用数据科学的理念、原则、理论、方法、技术、工具,将数据,尤其是大数据转换为知识和智慧的过程,为解决"现实世界中问题"提供直接指导、依据或参考的高级专家。

关于什么是数据科学家的疑问

(1) 数据科学家与数据工程师的区别是什么?

数据工程师的主要职责是"数据的管理",数据科学家的主要职责是"基于数据的管理"。注意,"数据的管理"和"基于数据的管理"是两个不同的概念,后者的管理对象并不是数据,可以是基于数据的分析、洞见、决策支持和产品开发。

(2) 数据科学家是"科学家"吗?

数据科学家(Data Scientist)是一种新兴职业名称而已(T. H. Davenport 和 D. J. Patil 曾提出"数据科学家是 21 世纪最性感的职业"),不一定也不要求必须是传统意义上的"科学家"。参见"Davenport T H, Patil D J. Data Scientist: The Sexiest Job of the 21st Century [J]. Harvard Business Review,2012,90(5): 70-76."。

(3) 数据科学家是"数据码农"吗?

通常,码农(Coding Peasant)是指从事软件开发的职员因感到自己年复一年学不到新技术而提出的一种自嘲性称号。"数据码农"无法胜任"数据科学家"的角色,因为数据科学家强调的是 3C 精神,而数据码农并不一定具备这些素质。详见本书"1.6 基本原则"。

---

1. 主要职责

通常,数据科学家的主要职责有:

- 制定"数据战略"。
- 研发"数据产品"。
- 构建"数据生态系统"。
- 设计与评价数据工程师的工作(机器学习算法和统计模型)。
- 提出"(基于数据的)好问题"。
- 定义和验证"研究假设",负责"研究设计",并完成对应"试验"。
- 进行"探索型数据分析"。
- 完成"数据加工(Data Munging or Data Wrangling)"。

- 实现"数据洞见（Data Insight）"。
- 数据的"可视化"或"故事化"。

数据科学家的交流工具——Markdown 技术

数据科学家如何与程序员、数据工程师和决策者等不同类型的干系人沟通？用 Word、Excel 还是 PPT？其实，有比 Word、Excel 和 PPT 更专业的沟通工具——Markdown。以 RMarkdown 为例（见图 1-36），可以很好地：

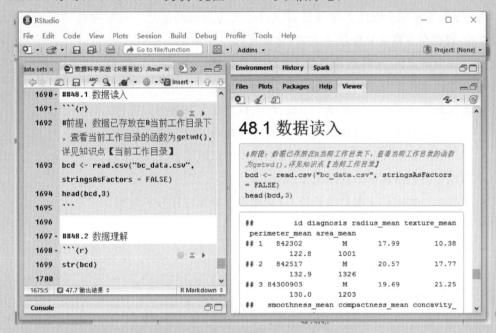

图 1-36　RStudio 中编辑 Markdown 的窗口

- 支持将源代码、注释、文字、段落、图表混排在一起。首先，数据科学家可以先建立一个 RMarkdown 文档，通过图表、文字段落形式给出自己的设计思维；其次，程序员和数据工程师可以继续在同一个文档上编写自己的代码；再次，数据科学家将在程序员和数据工程师交来的 RMarkdown 文档上，查看执行结果，将数据驱动型洞见结果以文字或段落提交给决策者；最后，决策者可以在数据科学家提交的 RMarkdown 文档中看到自己所关注的洞见与结论。可见，RMarkdown 在数据科学家、程序员、数据工程师和决策者之间提供了一个协作平台。
- 提供 PDF、Word、PPT、HTML 等多种导出形式。RMarkdown 可以将程序员、数据工程师的工作直接转换成数据科学家关注的"基于数据的管理问题"，甚至进一步抽象为决策者所关心的结论与洞见。可见，RMarkdown 为数据科学家、程序员、数据工程师和决策者提供了从不同视角看待同一个数据科学项目的机制。

- 以代码块为单位,可以将执行结果直接插入到对应的程序代码块中,进而方便数据科学家直接阅读程序源代码,不需要像程序员那样编译或执行程序代码,使自己的精力集中在"基于数据的管理问题"。可见,RMarkdown为数据科学家提供了"在不需要亲自执行程序源代码的情况下,跟踪源代码及其运行结果"的机制。

2．能力要求

从数据科学家的主要任务以及目前国内外大公司招聘信息中对数据科学家给出的能力要求看,**数据科学家应具备以下能力(含素质)。**

- 具备创新意识、独特的视角及不断进取的精神。
- 喜欢团队合作与协同工作。
- 掌握数据科学的理论基础——统计学、机器学习和数据可视化。
- 学会数据科学的基础理论,尤其是其主要理念、原则、理论和方法。
- 提出"好"的研究假设或问题,并完成对应的试验设计。
- 熟练掌握数据科学中常用的技术与工具。
- 积累参与数据科学项目的经验,包括编程经验和统计分析经验。
- 灵活运用领域实务知识与经验。
- 拥有数据产品的研发能力。

贝尔实验室招聘公告

招聘单位：Bell Labs,Alcatel-Lucent

办公地点：Murray Hill,NJ

单位网站：www.bell-labs.com

招聘岗位名称：数据科学家

招聘岗位任务：

- 解决富有挑战性的问题,并研发分析型产品。
- 设计并实现适用于大规模数据处理的、高效的、高精度的算法。
- 进行面向问题解决的原创性研究。
- 参与研究工作的全生命期,包括数据收集、大数据系统、数据预处理和数据后处理。
- 作为团队成员,与不同学科背景的同事一起合作。

应聘者能力要求：

- 计算机科学、统计学或相关专业的博士,应参加过机器学习和数据挖掘方面的培训。
- 在统计理论方法有较深的理论功底。

- 熟悉统计学与机器学习领域的传统工具和新兴工具。
- 优先考虑在大规模数据分析方面有经验者。
- 在具有影响深远的原创性研究方面有很大潜力。
- 具备团队精神、广泛的技术和应用领域的兴趣、较强的沟通技巧。

表 1-2 给出了某位数据科学家的画像（Profile）。数据科学家必须具备很强的跨学科知识结构。如果想成为一名真正的数据科学家，我们不仅需要回答"我们到底会什么"，更需要回答"我们到底不知道什么"。

表 1-2　某数据科学家的画像（Profile）[①]

能　　力	无	弱	中	强	备　　注
创新意识、独特视角及进取精神				■	
团队合作与协同工作				■	
统计学			■		
机器学习				■	有 10 项发明专利
数据可视化			■		
数据科学基础理论			■		
数据科学技术			■		
数据科学工具			■		
编程经验				■	
统计分析经验			■		
领域实务知识			■		
数据产品的研发能力		■			无参与此类项目的经验

- 如果你是一名数据库管理员（Database Administrator，DBA），那么需要掌握非结构化数据的处理方法。
- 如果你是一名统计学家，那么需要学会机器学习和内存数据的处理能力。
- 如果你是一名软件工程师，那么需要学习统计学知识和数据可视化的知识。
- 如果你是一个业务分析专家，那么需要掌握机器学习的算法和大数据管理技术。

3. 常用工具

从国内外数据科学家岗位的招聘要求及著名数据科学家的访谈内容看，推荐数据科学家常用的工具有：

- Python、R、Scala、Clojure、Haskell 等数据科学语言工具。
- NoSQL、MongoDB、Couchbase、Cassandra 等 NoSQL 工具。
- SQL、RDMS、DW、OLAP 等传统数据库和数据仓库工具。
- HadoopHDFS&MapReduce、Spark、Storm 等支持大数据计算的工具。

[①]　本表中的分值为虚构。

- HBase、Pig、Hive、Impala、Cascalog 等支持大数据管理、存储和查询的工具。
- Webscraper、Flume Avro、Sqoop、Hume 等支持数据采集、聚合或传递的工具。
- Weka、KNIME、RapidMiner、SciPy、Pandas 等支持数据挖掘的工具。
- ggplot2、Tableau、D3.js、Shiny、Flare、Gephi 等支持数据可视化的工具。
- SAS、SPSS、Matlab 等数据统计分析工具。

4. 工作方式

数据科学家往往以团队方式工作。从上述数据科学家的能力要求看,一个人难以达到数据科学家的所有要求。例如,从数据科学家所具备的知识面看,很难找到一个在统计学、机器学习、数据可视化、软件开发、领域实务知识、(数据科学)基础理论及常用工具等方面都很精通的专家。因此,数据科学家往往以团队合作方式弥补各自的劣势,充分发挥自己的优势和特长,如图 1-37 所示。可见,与其他领域的科学家不同的是,数据科学家往往以团队合作为主要工作方式。

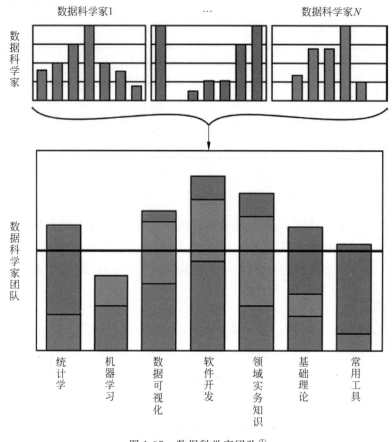

图 1-37　数据科学家团队①

---

① 来源：Schutt R,O'Neil C. Doing data science：Straight talk from the frontline[M]. Sebastopol：O'Reilly Media,Inc.,2013.

值得一提的是,在大数据时代,尤其是数据科学中,人文与社会科学知识的重要性日益突显,人文与社会科学领域的专家学者将在数据科学中发挥重要作用,进而社会科学和自然科学领域等来自不同领域的专家之间的深度合作将成为现实。

1.8.2　数据工程师

在大数据时代,数据工程师与数据科学家的主要区别在于:前者聚焦的是数据本身的管理,而后者关注的是基于数据的管理,其管理对象并不是数据本身,而是基于数据的管理。大数据时代对数据工程师的岗位职责如下。

(1)数据保障:根据机构(大)数据战略,保证数据的安全、可用和可信,确保机构决策制定及业务活动处于连续性和可持续性状态。

(2)数据的备份与恢复:根据机构业务和战略需求,制定(大)数据备份和恢复策略以及(大)数据应急预案,并按相关规章制度和工作计划进行数据的备份与恢复工作。

(3)数据的ETL(Extract-Transform-Load,抽取-转换-加载)操作:根据数据科学家和数据分析师的实际需求,对(大)数据进行抽取-转换-加载活动。

(4)主数据管理及数据集成:识别机构的主数据(Master Data),并根据数据科学家和(大)数据分析师的实际需求以及机构(大)数据战略及业务活动的要求对多源、异构数据进行集成操作。

(5)数据接口及其访问策略的设计:根据业务和战略需求,对机构内外用户设计(大)数据接口及其访问策略。

(6)数据库/数据仓库的设计、实现与维护,包括机构业务数据库和历史数据仓库的设计、实现和维护工作。

从能力要求看,数据工程师必须有较强的计算机科学与技术的知识,需要具备数据库、数据仓库、大数据技术与平台具的理论知识和操作能力。

1.8.3　数据分析师

数据分析师与数据科学家和数据工程师的能力要求不同。数据分析师必须有较强的某一(或多个)领域或行业专长,如金融数据的分析师除了掌握必要的统计学和计算机知识外,还需要熟练掌握金融及其相关专业的知识和经验。

从知识和经验的准备度看,数据科学相关的人才应具备的知识结构如图1-38所示。

- 数据工程师:计算机科学＞统计学＞其他应用领域专长。
- 数据科学家:统计学＞计算机科学＞其他应用领域专长。
- 数据分析师:其他应用领域专长＞统计学＞计算机科学。

在大数据时代,(大)数据分析师的主要岗位职责如下。

- 数据准备,包括(大)数据的特征工程、ETL转换、规整化、清洗以及其他数据预处理

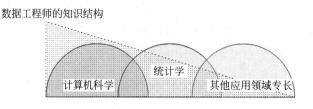

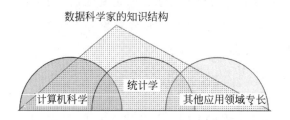

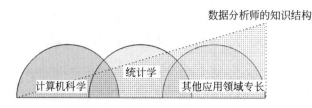

图 1-38　大数据人才应具备的不同知识结构

操作。
- 数据分析的执行,包括面向(大)数据的试验设计、模型/算法的选择、优化和设计、模型/算法的实现与应用以及(大)数据分析信度和效度的评估。
- 分析结果的呈现,包括(大)数据分析结果的可视化呈现和故事化呈现。

从能力要求看,(大)数据分析师至少应具备以下知识和能力。
- 大数据分析的理论基础,包括数据科学、人工智能、数据挖掘、数据工程及某一个应用领域的知识。
- 编程开发能力:包括 R/Python、Spark/Hadoop、SQL/NoSQL/NewSQL/关系云以及数据仓库的编程开发能力。
- 应用统计学:包括试验设计、统计建模、统计验证和高级应用统计学。
- 应用机器学习:包括算法设计、算法优化、算法选择、深度学习及特征工程。
- 数据准备:包括数据 ETL 转换、数据规整化处理、数据清洗、数据审计和特征工程等。
- 沟通能力:包括与项目中的其他干系人的沟通能力、数据可视化能力和数据故事化描述能力。

需要注意的是,在实际工作中,数据科学家、数据工程师和数据分析师的工作并非截然分离的,而是存在一定的交叉或重叠关系。因此,在数据科学项目中,上述不同数据科学人才之间的有效沟通和分工协作尤为重要。

未来的数据科学家都在学习什么？我们看一下国际一流大学数据科学专业开出的特色课程。

　　(1) 加州大学伯克利分校——信息与数据科学硕士专业(Master of Information and Data Science)。

- Python 与数据科学(Python for Data Science)。
- 研究设计及数据与分析中的应用(Research Design and Application for Data and Analysis)。
- 数据存储与检索(Storing and Retrieving Data)。
- 应用机器学习(Applied Machine Learning)。
- 实验与因果分析(Experiments and Causality)。
- 大数据——人与价值(Behind the Data：Humans and Values)。
- (纵向扩展及真正的)大数据(Scaling Up! Really Big Data)。
- 数据可视化与沟通(Data Visualization and Communication)。
- (数据科学)综合毕业项目(Synthetic Capstone Course)。

　　(2) 约翰·霍普金斯大学——数据学科理学硕士(Master of Science in Data Science)。

- 数据科学(Data Science)。
- 数据可视化(Data Visualization)。
- 随机优化与控制(Stochastic Optimization and Control)。
- 数据科学家的工具箱(Data Scientist's Toolbox)。
- 数据采集与清洗(Getting and Cleaning Data)。
- 探索性数据分析(Exploratory Data Analysis)。
- 可重复研究(Reproducible Research)。
- 实用机器学习(Practical Machine Learning)。
- 数据产品开发(Developing Data Products)。
- 数据科学毕业项目(Data Science Capstone)。

　　(3) 华盛顿大学——数据科学理学硕士(Master of Science in Data Science)。

- 数据可视化与探索性分析(Data Visualization & Exploratory Analytics)。
- 应用统计与实验设计(Applied Statistics & Experimental Design)。
- 数据管理与数据科学(Data Management for Data Science)。
- 数据科学家常用的统计机器学习(Statistical Machine Learning for Data Scientists)。
- 面向数据科学的软件设计(Software Design for Data Science)。
- 可扩展的数据系统与算法(Scalable Data Systems & Algorithms)。
- 以人为中心的数据科学(Human-Centered Data Science)。
- 数据科学毕业项目(Data Science Capstone Project)。

（4）纽约大学——数据科学理学硕士(MS in Data Science)。

- 数据科学导论(Introduction to Data Science)。
- 大数据(Big Data)。
- 推理与表示(Inference and Representation)。
- 机器学习与计算统计学(Machine Learning and Computational Statistics)。
- 数据科学毕业项目(Capstone Project in Data Science)。

（5）卡内基梅隆大学——计算数据科学硕士(The Master of Computational Data Science)。

- 高级云计算(Advanced Cloud Computing，另有一门云计算基础的课程)。
- 多媒体数据库及数据挖掘(Multimedia Databases and Data Mining)。
- 移动与普适计算(Mobile and Pervasive Computing)。
- 大数据集的机器学习(Machine Learning with Big Data Sets)。
- 智能信息系统的设计与开发(Design and Engineering of Intelligent Info Systems)。
- 大数据分析学(Big Data Analytics)。

（6）哥伦比亚大学(纽约)——数据科学理学硕士(Master of Science in Data Science)。

- 数据科学导论(Introduction to Data Science)。
- 面向数据科学的计算机系统(Computer Systems for Data Science)。
- 探索性数据分析与可视化(Exploratory Data Analysis & Visualization)。
- 因果推理与数据科学(Causal Inference for Data Science)。
- 大数据分析学(Big Data Analytics)。
- 数据科学毕业项目及伦理(Data Science Capstone & Ethics)。

（7）伦敦城市大学——数据科学理学硕士(MS in Data Science)。

- 数据科学原理(Principles of Data Science)。
- 大数据(Big Data)。
- 可视分析学(Visual Analytics)。
- 数据可视化(Data Visualisation)。
- 神经计算(Neural Computing)。

（注：以上内容的调查时间为 2018 年 9 月）

 ## 如何继续学习

【学好本章的重要意义】

正确理解数据科学的研究目的、理论体系与基本原则等核心问题是学好数据科学的第一步,也是防止学习的盲目性和效率低的重要前提,更是成长为数据科学家的必要条件。

【继续学习方法】

本章介绍了数据科学的基础理论,但数据科学是一门新兴学科,相关理论也在动态变化中。因此,在掌握本章内容的基础上,学会自己跟踪数据科学领域的重要期刊、会议、图书、专家的方法尤为关键。为此,本书在"附录C 数据科学的重要资源"推荐了相关重要资源清单。

【提醒及注意事项】

1. 注意事项

学习数据科学应注意四个基本问题——数据科学的四则运算原则,如图 1-39 所示。

图 1-39　学习数据科学的四则原则

- 加法原则——理论学习＋动手操作。数据科学是一门操作性很强的学科,所以,在学习数据科学过程中需要注重培养自己的动手操作能力,尤其是基于 Python 和 R 的数据科学和数据分析能力。
- 减法原则——全集知识－领域差异性知识。目前,多个学科领域都在研究大数据和数据科学,但不同学科领域(如新闻、医学、材料科学、社会学等)对数据科学的研究视角和侧重点不同,虽然相关图书或论文都命名为"数据科学",但是差异性非常大。因此,在学习数据科学时,应优先学习领域共性的数据科学(专业数据科学),领域差异性知识(专业中的数据科学)可以根据自己的需要进行有针对性的学习。
- 乘法原则——经典理论×最佳实践。目前,以数据科学为命名的理论或实践的文章或图书很多,但不一定全部是数据科学中的核心理论或实践。因此,在学习数据科学时需要注意哪些理论和实践才是数据科学中独有的,并且是能够代表数据科学的经典理论或最佳实践。还有一个问题是,数据科学是实践领先于理论研究的领域,其经典理论源自实践,因此,数据科学的学习应注重理论联系实践。
- 除法原则——最深奥的理论÷最基本逻辑。数据科学是包括理念、理论、方法、技术、工具、实践在内的一整套知识体系,其中有些内容的学习确实有一定难度。因此,在数据科学的学习中,注意用最简单的逻辑和最清楚的语言学习数据科学,注重学习知识的完整性和系统性。

2. 轻松学习数据科学的 8 个步骤

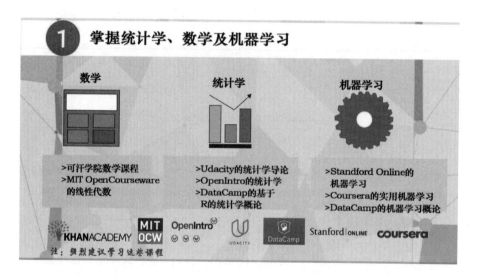

③ 理解数据库技术

学会如何在数据库中存储和管理自己的数据

通过以下平台,学习更多知识:

注:此图给出了你应该学会的SQL\NoSQL技术。

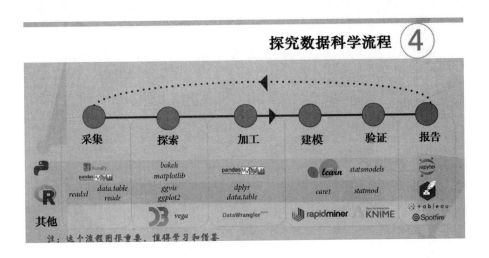

探究数据科学流程 ④

采集　探索　加工　建模　验证　报告

注:这个流程图很重要,值得学习和借鉴。

⑤ 重视大数据

大数据的3V特征　　Hadoop框架　　Spark框架

了解大数据处理的特殊性　　学会分布式存储与处理方法　　理解内存集群计算框架的优点

注:你还是一只小数据的井底之蛙吗?

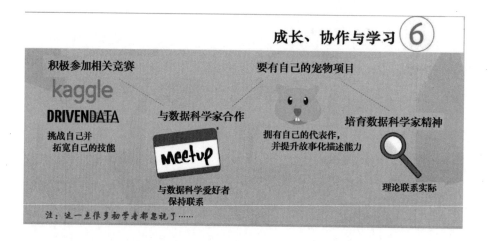

【与其他章节的关系】

本章给出了数据科学的概要理论,为后续章节提供了总体知识地图,详见图 1-19 所示的数据科学的理论体系。后续章节是本章的进一步拓展和详解。

习题

1. 调查分析数据科学家常用方法、技术与工具。

2. 结合自己的专业领域或研究兴趣,调研数据科学及大数据技术在自己所属领域中的应用现状。

3. 调查分析近 3 年在数据科学领域出版的重要专著。

4. 调查分析近 3 年在 CODATA 的《数据科学学报》(The Data Science Journal)等数据科学领域的顶级学术期刊(参见本书"附录 B 数据科学的重要资源")上发表的论文主题。

5. 调查分析近 3 年的 IEEE DSAA 等数据科学领域国际会议(参见本书"附录 B 数据科学的重要资源")的主要主题。

6. 阅读本章所列出的参考文献,并采用数据可视化方法(或故事化描述方法)展示该领域的经典文献数据。

参考文献

[1] Baker M. Data science: industry allure[J]. Nature,2015,520(7546): 253-255.

[2] Bill Howe. Introduction to data science[OL]. [2016-1-8]. https://www.coursera.org/course/datasci.

[3] Carl Anderson. Creating a data-driven organization[M]. Sebastopol: O'Reilly Media,Inc.,2015.

[4] Field Cady. The data science handbook[M]. Hoboken: John Wiely&Sons,Inc.,2015.

[5] Carlos Somohano. Big data & data science: what does a data scientist do[OL]. http://www.slideshare.net/datasciencelondon/big-data-sorry-data-science-what-does-a-data-scientist-do.

[6] Davenport T H,D J Patil. Data scientist: the sexiest job of the 21st century [J]. Harvard business review,2012,90: 70-76.

[7] Davy Cielen, Arno Meysman, Mohamed Ali. Introducing data science[M]. New York: Manning Publications Co.,2016.

[8] Dhar V. Data science and prediction[J]. Communications of the ACM,2013,56(12): 64-73.

[9] Garner H. Clojure for data science[M]. Birmingham: Packt Publishing Ltd,2015.

[10] Gollapudi S. Getting Started with Greenplum for Big Data Analytics[M]. Birmingham: Packt Publishing Ltd,2013.

[11] Janssens J. Data Science at the Command Line: Facing the Future with Time-tested Tools[M]. Sebastopol: O'Reilly Media,Inc.,2014.

[12] Jeff Leek. The elements of data analytic style[M]. Victoria: Leanpub Book,2015.

[13] Jerry Overton. Going pro in data science[M]. Sebastopol: O'Reilly Media,Inc.,2016.

[14] Levy S. Hackers: heroes of the computer revolution[M]. New York: Penguin Books,2001.

［15］ Marz N,Warren J. Big data：principles and best practices of scalable realtime data systems［M］. New York：Manning Publications Co. ,2015.

［16］ Mattmann C A. Computing：a vision for data science［J］. Nature,2013,493(7433)：473-475.

［17］ Mayer-Schönberger V,Cukier K. Big data：a revolution that will transform how we live,work,and think［M］. Boston：Houghton Mifflin Harcourt,2013.

［18］ Mike Barlow. Learning to love data science［M］. Sebastopol：O'Reilly Media,Inc. ,2015.

［19］ Minelli M,Chambers M,Dhiraj A. Big data,big analytics：emerging business intelligence and analytic trends for today's businesses［M］. Hoboken：John Wiley&Sons,Inc. ,2012.

［20］ Ojeda T,Murphy S P,Bengfort B,et al. Practical data science cookbook［M］. Birmingham：Packt Publishing Ltd,2014.

［21］ Patil D J. Building data science teams［M］. Sebastopol：O'Reilly Media,Inc. ,2011.

［22］ Pierson L,Swanstrom R,Anderson C. Data science for dummies［M］. Hoboken：John Wiley & Sons,2015.

［23］ Provost F,Fawcett T. Data science and its relationship to big data and data-driven decision making ［J］. Big Data,2013,1(1)：51-59.

［24］ Provost F,Fawcett T. Data science for business：what you need to know about data mining and data-analytic thinking［M］. Sebastopol：O'Reilly Media,Inc. ,2013.

［25］ Schutt R,O'Neil C. Doing data science：straight talk from the frontline［M］. Sebastopol：O'Reilly Media,Inc. ,2013.

［26］ Tansley,Stewart,Kristin Michele Tolle. The fourth paradigm：data-intensive scientific discovery ［M］. Redmond：Microsoft Research,2009.

［27］ Zumel N,Mount J,Porzak J. Practical data science with R［M］. New York：Manning Publications Co. ,2014.

［28］ EMC Education Services. Data Science&Big Data Analytics：Discovering,Analyzing,Visualizing and Presenting Data［M］. Hoboken：John Wiley&Sons,Inc. ,2015.

［29］ 朝乐门. 数据科学［M］. 北京：清华大学出版社,2016.

［30］ 朝乐门. Python 编程：从数据分析到数据科学［M］. 北京：电子工业出版社,2019.

第 2 章

理论基础

 如何开始学习

【学习目的】

- 【掌握】数据科学的学科地位。
- 【理解】统计学、机器学习、数据可视化理论对数据科学的主要影响。
- 【了解】数据科学的理论基础——统计学、机器学习、数据可视化理论——的知识体系及代表性方法。

【学习重点】

- 数据科学的学科地位。
- 数据科学视角下的统计学知识体系。
- 数据科学视角下的机器学习知识体系。
- 数据科学视角下的数据可视化理论知识体系。

【学习难点】

- 统计学、机器学习、数据可视化之间的区别及它们在数据科学中的不可替代作用。
- 统计学、机器学习和数据可视化之间的融合。

【学习问答】

序号	我 的 提 问	本章中的答案
1	数据科学何去(基于什么理论发展出来的?)何从(在整个学科体系中的地位?)	数据科学的学科地位(2.1节)
2	为了学好数据科学,我应该学习统计学的哪些知识?	统计学(2.2节)
3	为了学好数据科学,我应该学习机器学习的哪些知识?	机器学习(2.3节)
4	为了学好数据科学,我应该学习数据可视化理论的哪些知识?	数据可视化(2.4节)
5	如何在数据科学中综合运用统计学、机器学习和数据可视化理论?	典型案例和代表性人物(2.2节~2.4节)

2.1　数据科学的学科地位

从学科定位看,**数据科学处于数学与统计知识、黑客精神与技能和领域实务知识三大领域的重叠之处**,如图 2-1 所示。

(1)"数学与统计知识"是数据科学的主要理论基础之一。但是,**数据科学与(传统)数学和统计学是有区别的**,主要体现在以下四方面。

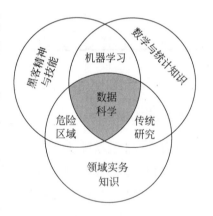

图 2-1　数据科学的理论基础

- 数据学科中的"数据"并不仅仅是"数值",也不等同于"数值"。

- 数据科学中的"计算"并不仅仅是加、减、乘、除等"数学计算",还包括数据的查询、挖掘、洞见、分析、可视化等更多类型。

- 数据科学关注的不是"单一学科"的问题,超出了数学、统计学、计算机科学等单一学科的研究范畴,进而涉及多个学科(统计学、计算机科学等)的研究范畴,它强调的是跨学科视角。

- 数据科学并不仅仅是"理论研究",也不是纯"领域实务知识",它关注和强调的是二者的结合。

(2)**"黑客精神与技能"是数据科学家的主要精神追求和技能要求——大胆创新、喜欢挑战、追求完美和不断改进**。在此,特别强调一个问题——什么是黑客(Hacker)?在国内,通常把 Hacker 和 Cracker 均翻译成"黑客",导致了人们对黑客群体的错误认识。

- **黑客(Hacker)**是一个给予喜欢发现和解决技术挑战、攻击计算机网络系统的精通计算机技能的人的称号。其与闯入计算机网络系统,目的在于破坏和偷窃信息的骇客

（Cracker）不同。

- **骇客（Cracker）**是一个闯入计算机系统和网络试图破坏和偷窃个人信息的个体，与没有兴趣做破坏只是对技术上的挑战感兴趣的黑客相对应。

因此，本书中的黑客精神是指热衷挑战、崇尚自由、主张信息共享和大胆创新的精神。与常人理解不同的是，黑客遵循道德规则和行为规范。

黑客道德准则

史蒂夫·利维（Steven Levy）在其代表作《黑客——计算机革命的英雄》（Hackers：Heroes of the Computer Revolution）中明确给出了"黑客道德准则（The Hacker Ethic）"：

- 对计算机的访问以及任何可能帮助你认识这个世界的事物都应不受限制，任何人都有动手尝试的权利；
- 所有的信息都应该可以自由获取；
- 不迷信权威，应提倡分权；
- 评判黑客的标准应该是他们的技术，而不是那些没有实际用途的指标，如学位、年龄、种族或职位；
- 你可以在计算机上创造出艺术与美；
- 计算机将使你的生活更加美好；
- 就像阿拉丁神灯，你可以让它听从你的召唤。

（3）"**领域实务知识**"是对数据科学家的特殊要求——不仅需要掌握数学与统计知识以及具备黑客精神与技能，而且还需要精通某一个特定领域的实务知识与经验。领域实务知识具有显著的面向领域性，不同领域的其领域实务知识不同。

- 数据科学家不仅需要掌握数据科学本身的理论、方法、技术和工具，也应掌握特定领域的知识与经验（或领域专家需要掌握数据科学的知识）；
- 在组建数据科学项目团队时，必须重视领域专家的参与，来自不同学科领域的专家在数据科学项目团队中往往发挥重要作用。

总之，数据科学并不是以一个特定理论（如统计学、机器学习和数据可视化）为基础发展起来的，而是包括数学与统计学、计算机科学与技术、数据工程与知识工程、特定学科领域的理论在内的多个理论相互融合后形成的新兴学科。通常，**把数据科学的理论基础进一步具体化为四个方面**：

- 统计学。
- 机器学习。
- 数据可视化。
- （某一）领域实务知识与经验。

2.2 统计学

1. 统计学与数据科学

统计学是数据科学的主要理论基础之一。数据科学的理论、方法、技术和工具往往来源于统计学。统计学家在数据科学的发展中做出过突出贡献。例如,第一篇以"数据科学(Data Science)"为标题的学术期刊论文 *Data science:an action plan for expanding the technical areas of the field of statistics*(International Statistical Review,2001)是由统计学家 W. S. Cleveland 完成,该论文的发表引起了学术界的高度关注。再如,数据科学领域常用的工具之一——R 语言也是统计学家发明的语言。

2. 数据科学中常用的统计学知识

从行为目的与思维方式看,数据统计方法可以分为两大类——描述统计和推断统计,如图 2-2 所示。

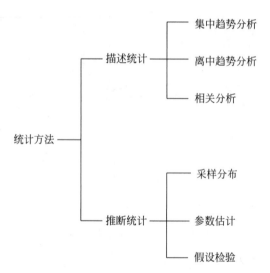

图 2-2 统计方法的分类(行为目的与思路方式视角)

- **描述统计**。采用图表或数学方法描述数据的统计特征,如分布状态、数值特征等。通常,描述统计分为集中趋势分析(如数值平均数、位置平均数等)、离中趋势分析(如极差、分位差、平均差、方差、标准差、离散系数等)和相关分析(如正相关、负相关、线性相关、线性无关等)等三个基本类型。
- **推断统计**。在数据科学中,有时需要通过"样本"对"总体"进行推断分析,如图 2-3 所示。常用的推断方法有两种:参数估计和假设检验。二者的主要区别如表 2-1 所示。

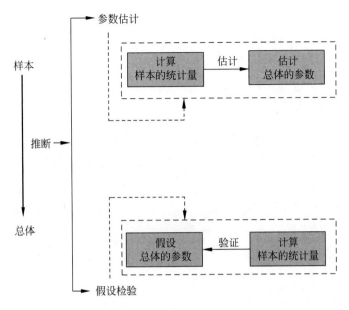

图 2-3 统计学中的数据推断

表 2-1 参数估计与假设检验的主要区别

推断方法	含 义	举 例	分 类
参数估计	根据"样本的统计量"来估计"总体的参数"	利用样本均值 $\bar{x}$ 估计总体的均值 μ	点估计、区间估计
假设检验	先对"总体的某个参数"进行假设,然后利用"样本统计量"去检验这个假设是否成立	先对总体的参数 μ 的值提出一个假设,然后利用样本统计量来检验这个假设是否成立	参数假设检验、非参数假设检验

从方法论角度看,基于统计的数据分析方法又可分为两个不同层次——基本分析方法和元分析方法,如图 2-4 所示。

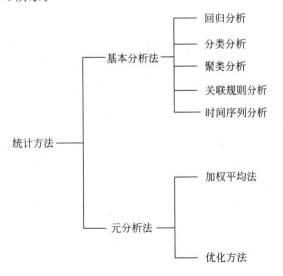

图 2-4 数据统计方法的类型(方法论视角)

- **基本分析法**。用于对"低层数据(零次或一次数据)"进行统计分析的基本统计分析方法。常用的基本分析方法有回归分析、分类分析、时间序列分析、线性分析、方差分析、聚类分析等,如图 2-5 所示。

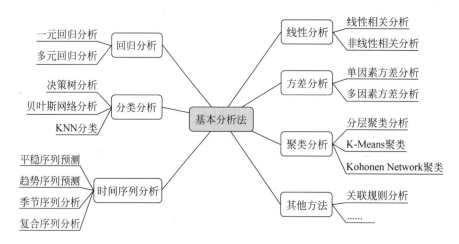

图 2-5 数据统计基本方法

- **元分析法**。用于对"高层数据(二次或三次数据)",尤其是对基本分析法得出的结果进行进一步分析的方法。常用的元分析法有两种——加权平均法和优化方法。在数据科学任务中,并不是所有的分析统计工作都由数据科学家本人完成。有时,数据科学家需要在他人的统计结果上进行二次分析。在这种情况下,数据科学家们需要的是另一种统计分析方法——元分析(Meta-Analysis)方法。元分析法是一种在已有统计分析结果的基础上进一步进行统计分析的方法,如图 2-6 所示。可见,元分析方法可以应用于对"已有分析结果"进行集成性的定量分析,例如加权平均法和优化方法等。

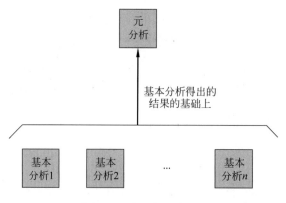

图 2-6 元分析与基本分析

3. 统计学在数据科学中的应用案例——谷歌流感趋势分析[①]

2009年,在H1N1爆发之前,谷歌公司的工程师J. Ginsberg, M. H. Mohebbi和R. S. Patel等在《自然》(Nature)杂志上发表了一篇标题为"基于搜索引擎查询数据的流感疫情监测(Detecting influenza epidemics using search engine query data)"的论文[②],文中介绍了谷歌公司于2008年推出的一种预测流感疫情工具——**谷歌流感趋势**(Google Flu Trends, GFT),并在数据科学领域引起了广泛且深远影响。当时官方数据具有严重的滞后性,例如美国疾控中心也只能做到在流感爆发一两周后才能发布。然而,GFT实时地预测了当年的H1N1在全美范围的传播,其及时性和准确性(见图2-7)震惊了当时的学界和政界。GFT的成功引发了人们对大数据思维的热烈讨论。

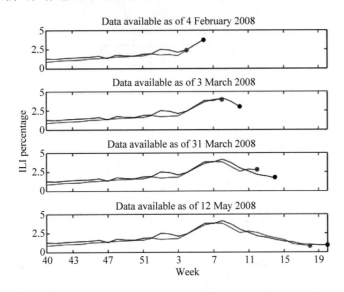

图2-7 GFT预测与美国疾病控制中心数据的对比

(来源:Ginsberg J, Mohebbi M H, Patel R S, et al. Detecting influenza epidemics using search engine query data[J]. Nature, 2009, 457(7232):1012-1014.)

然而,2013年1月,美国流感发生率达到峰值,GFT估计比实际数据高两倍(见图2-8),人们发现其精确度不再与前几年一样高,再度引起了广泛关注。

2014年3月,D. Lazer, R. Kennedy和G. King等在*Science*上发表了一篇标题为谷歌流感的寓言:大数据分析的陷阱(The Parable of Google Flu: Traps in Big Data Analysis)

[①] 谷歌流感趋势并非仅使用统计学方法实现的,而是使用了数据挖掘等其他领域的方法,详见http://www.google.org/flutrends/。

[②] Ginsberg J, Mohebbi M H, Patel R S, et al. Detecting influenza epidemics using search engine query data[J]. Nature, 2009, 457(7232):1012-1014.

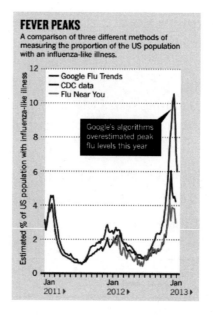

图 2-8　GFT 估计与实际数据的误差(2013 年 2 月)

(来源：Butler D. When Google got flu wrong[J]. Nature,2013,494(7436)：155.)

的论文[①]，提出了 GFT 出现预测不准确性的主要原因有两个方面。

- **大数据浮夸**（**Big Data Hubris**）是指在没有拥有真正的"大数据"或没有掌握"大数据管理与分析能力"的情况下，人们对"大数据"寄予盲目期望的现象。大数据浮夸带来的核心挑战是大数据受到了广泛的关注，但人们并不具备真正的大数据及其管理与分析能力。

- **算法动态性**（**Algorithm Dynamics**）和用户使用行为习惯的进化。自 2009 年以来，谷歌公司为改善其服务为目的改变了算法，且用户使用习惯也发生了进化，导致 GFT 的高估。

统计学与机器学习的区别与联系

通常认为，统计学更关注的是"可解释性"，侧重"模型"；机器学习则更关注的是"预测能力"，侧重"算法"。但是，统计学和机器学习并不是截然对立的领域，反而相互融合趋势越来越显著。

- 从理论和方法角度看，统计学的方法可以应用于机器学习，反之亦然。例如，主成分分析法（Principal Components Analysis，PCA）原本是数学家 Karl Pearson 发明的一个统计方法，后来在机器学习中得到广泛的应用，成为机器学习的典型算法之一，而且在算法实现上发生了细节性变化。

---

① Lazer D,Kennedy R,King G,et al. The Parable of Google Flu：Traps in Big Data Analysis[J]. Science,2014,343(6176)：1203-1205.

- 从统计学家(或机器学习)的角度看,很多统计学家(或计算机科学家)也是计算机科学家(或统计学家)。例如,支持向量机(Support Vector Machine,SVM)的提出者之一 Vladimir N. Vapnik 既是统计学家,又是计算机科学家。
- 统计学和机器学习的主要区别在于:统计学需要事先对处理对象(数据)的概率分布做出假定(如正态分布等),而机器学习则不需要做事先假定;统计学通过各种统计指标(如 R 方、置信区间等)来评价统计模型(如线性回归模型)的拟合优度,而机器学习通过交叉验证或划分训练集和测试集的方法评价算法的准确度。当然,二者之间也存在一定的内在联系,表 2-2 给出了二者的主要术语之间的对照关系。

表 2-2　统计学与机器学习的术语对照表

序　号	机 器 学 习	统 计 学
1	训练(Train)	拟合(Fit)
2	算法(Algorithm)	模型(Model)
3	分类器(Classifier)	假设(Hypothesis)
4	无监督学习(Unsupervised Learning)	聚类(Clustering)
5	有监督学习(Supervised Learning)	分类(Classification)
6	网络(Network)/图(Graph)	模型(Model)
7	权重(Weight)	参数(Parameter)
8	变量(Variable)	特征(Feature)

4. 数据科学视角下的统计学

随着理论研究与实践需求的发展,尤其是大数据的出现,统计学的研究不断面临着新的视角和研究课题,其研究范围和研究方法也在不断地被挑战和更新。V. Mayer-Schönberger 和 K. Cukier 在其著名论著 *Big data:A revolution that will transform how we live,work,and think* 中提出了大数据时代统计的思维变革(见图 2-9),值得思考。

- **不是随机样本,而是全体数据**。大数据时代应遵循"样本=总体"的理念,需要分析与某事物相关的所有数据,而不是依靠分析少量的数据样本。
- **不是精确性,而是混杂性**。大数据时代应承认数据的复杂性,数据分析目的不应追求精确性,数据分析的主要瓶颈是如何提升效率而不是保证分析结果的精确度。
- **不是因果关系,而是相关关系**。大数据时代的思想方式应转变——不再探求难以捉摸的因果关系,转而关注事物的相关关系。关于因果关系与相关关系的区别请参考本书"3.4 数据分析"中的专门讨论。

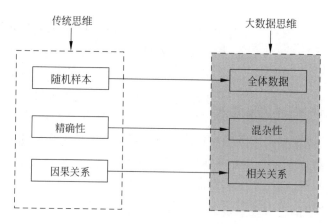

图 2-9　大数据时代的思维模式的转变

2.3　机器学习

1. 机器学习与数据科学

机器学习为数据科学中充分发挥计算机的自动数据处理能力,拓展人的数据处理能力以及实现人机协同数据处理提供了重要手段。机器学习的主要议题是如何实现和优化机器的自我学习。从语义层次看,机器学习是指计算机能模拟人的学习行为,通过学习获取知识和技能,不断改善性能,实现自我完善。

TD-Gammon 系统——西洋双陆棋学习

该系统通过 100 多万次以上与自己对弈的方法学习了下西洋双陆棋的策略,并已达到人类世界冠军的水平,成为博弈类机器学习领域的最典型的应用案例之一(见图 2-10)。

ALVINN 系统——机器人驾驶学习

该系统使用学习到的策略在高速公路上以 70 英里每小时(1 英里约等于 1.6 千米)的速度自动行驶了 90 英里,成为动态控制类机器学习的成功案例之一(见图 2-11)。

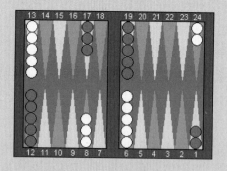

图 2-10　西洋双陆棋

图 2-11　机器人驾驶

机器学习的基本思路可以总结为(见图 2-12)：**以现有的部分数据(称为训练集)为学习素材(输入),通过特定的学习方法(机器学习算法),让机器学习到(输出)能够处理更多或未来数据的新能力(称为目标函数)。**在多数情况下人们很难找到目标函数的精确定义,所以,通常采用函数逼近算法进行估计目标函数。

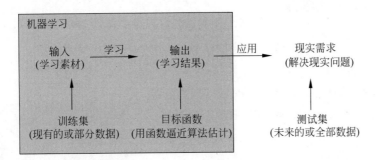

图 2-12 机器学习的基本思路

人类历史上的五次"人机大战"

(1) Mechanical Turk vs 拿破仑、富兰克林等。

【时间】1770—1854 年

【项目】国际象棋

【机方】匈牙利发明家 Wolfgang von Kempelen 研制的 Mechanical Turk

Mechanical Turk

【人方】诸多名人,如拿破仑、富兰克林等

【结果】多数情况下"机器"获胜

【关键技术】期初,Mechanical Turk 被认为是机器人。后来,人们才发现它只是个道具,由躲在机器里面的下棋高手操纵

【影响】亚马逊将其大规模协同数据处理平台称为 Amazon Mechanical Turk

(2) 萨姆尔西洋跳棋程序 vs 康涅狄格州的跳棋冠军。

【时间】1961 年

【项目】西洋跳棋

【机方】Arthur Lee Samuel 开发的 The Samuel Checkers-Playing Program(萨姆尔西洋跳棋程序。Samuel 是术语"机器学习"的创始人)

【人方】康涅狄格州的跳棋冠军

【结果】机方获胜

【关键技术】机器学习

【影响】成为人工智能和机器学习领域的经典案例

Deep Blue(右)

（3）Deep Blue vs Garry Kasparov。

【时间】1997 年

【项目】国际象棋

【机方】IBM 公司的 Deep Blue

【人方】当时世界排名第一的棋手 Garry Kasparov

【结果】3.5：2.5（机器方获胜）

【关键技术】超级并行计算

【影响】对计算能力的关注及人机关系的大讨论

（4）Watson vs Brad Rutter 与 Ken Jennings。

【时间】2011 年

【项目】电视问答节目

【机方】IBM 公司的 Watson

【人方】美国综艺节目 Jeopardy 最高奖的得主 Brad Rutter 与连胜纪录保持者 Ken Jennings

Watson(中)

【结果】前两轮打平,第三轮 Watson 赢（机器方获胜）

【核心技术】Deep QA 技术

【影响】非结构化数据分析的重视及 Watson 的广泛应用

AlphaGo(左)

（5）AlphaGo vs Lee Sedol。

【时间】2016 年

【项目】围棋

【机方】Google 公司旗下 DeepMind 公司开发的 AlphaGo

【人方】围棋世界冠军、职业九段选手 Lee Sedol

【结果】4：1（机器方获胜）

【核心技术】深度学习与增强学习

【影响】深度学习的兴起及人工智能的热议

　　在上述语义层次探讨的基础上,对机器学习给出如下语法定义：如果一个计算机系统在完成某一类任务 T 的性能 P 能够随着经验 E 而改进,则称该系统在从经验 E 中学习[①],并将此系统称为一个**学习系统**。

---

　　① 通常,可将"机器学习"理解成"搜索问题"。机器学习的搜索空间（又称假设空间）是所有可能的目标函数（又称假设）；目标函数的表达方式决定了搜索空间的结构；搜索目的是寻找与训练例最为匹配且满足系统的一般约束条件的假设；搜索策略是针对各种不同结构的搜索空间的学习算法,是机器学习领域的主要研究对象。

从学习或学习系统的定义可以看出,要想描述一个完整的学习系统,首先必须明确其三个关键组成要素(图 2-13):

- 任务(T)。
- 性能指标(P)。
- 经验来源(E)。

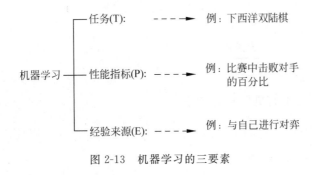

图 2-13 机器学习的三要素

TD-Gammon 学习系统的三个关键要素

任务(T):下西洋双陆棋;

性能指标(P):比赛中击败对手的百分比;

经验来源(E):与自己进行对弈。

机器人驾驶学习的三个关键要素

任务(T):通过视觉传感器在四车道高速公路上驾驶;

性能指标(P):平均无差错行驶里程;

经验来源(E):注视人类驾驶时录制的一系列图像和价值指令。

需要注意的是,与其他人工智能技术不同,机器学习中的"智能"并不是"预定义"的,而是计算机系统自己从"经验"中通过自主学习后得到的。机器学习的理论基础涉及多个学科领域,包括人工智能、贝叶斯方法、计算复杂性理论、控制论、信息论、哲学、心理学与神经生物学、统计学等,如表 2-3 所示。

表 2-3 机器学习的相关学科

序号	学 科	对机器学习的主要影响
1	人工智能	概念符号表达、搜索方法、先验知识和训练数据等在机器学习中的应用
2	贝叶斯方法	贝叶斯定理在机器学习,尤其是贝叶斯学习中的应用
3	计算复杂性理论	各种学习任务的内在复杂性的理论边界,而复杂性是以学习所需的计算量、训练例数、错误数等来度量
4	控制论	学习控制进程以优化预定义对象,学习预测所控制进程的下一状态

续表

序号	学 科	对机器学习的主要影响
5	信息论	信息熵、条件熵、训练序列的最佳编码等在机器学习中的应用
6	哲学	Occam 的剃刀法则(简单的假设优于复杂的假设)对机器学习的指导意义
7	心理学与神经生物学	训练的幂法则(人的反应速度随着其练习次数的幂级提高)对机器学习的指导意义
8	统计学	偏差和方差分析、信任区间、统计检验在机器学习中的广泛应用

2. 数据科学中常用的机器学习知识

机器学习领域对机器学习的划分视角有两个:理论视角和应用视角。但是,数据科学中常用的机器类型如图 2-14 所示。

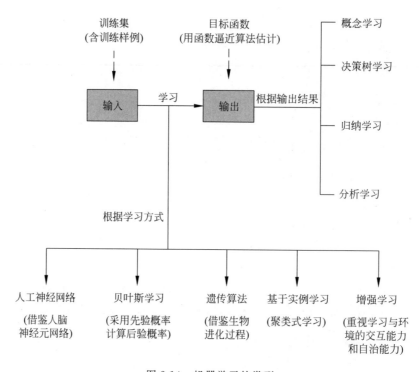

图 2-14　机器学习的类型

1) 基于实例学习

基于实例学习(Instance Based Learning)的基本思路是事先将训练样本存储下来,然后每当遇到一个新增查询实例时,学习系统分析此新增实例与以前存储的实例之间的关系,并据此把一个目标函数值赋给新增实例。

基于实例学习的常用方法有三种:K 近邻方法、局部加权回归法、基于案例的推理。

KNN(K-Nearest Neighbor,K 近邻)算法

KNN 算法主要解决的是在训练样本集中的每个样本的分类标签为已知的条件下，如何为一个新增数据给出对应的分类标签。KNN 算法的基本步骤如图 2-15 所示。

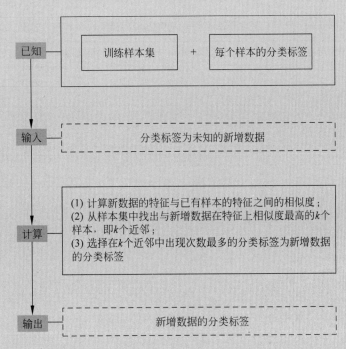

图 2-15　KNN 算法的基本步骤

从图 2-15 可以看出，KNN 算法的基本原理如下：在训练集及其每个样本的分类标签信息为已知的前提条件下，当输入一个分类标签为未知的新增数据时，将新增数据的特征与样本集中的样本特征进行对比分析，并计算出特征最为相似的 k 个样本(即 k 个近邻)[①]。最后，选择 k 个最相似样本数据中出现最多的"分类标签"作为新增数据的"分类标签"。

可见，KNN 算法的关键在于"计算新增数据的特征与已有样本特征之间的相似度"。计算特征之间的相似度的方法有很多，最基本且最常用的方法就是欧氏距离法。假如，把任意的实例 x 表示为下面的特征向量：

$$(a_1(x),a_2(x),\cdots,a_n(x))$$

式中，$a_r(x)$ 表示实例 x 的第 r 个属性值。

那么，两个实例 x_i 和 x_j 间的距离定义为 $d(x_i,x_j)$，其中：

$$d(x_i,x_j) \equiv \sqrt{\sum_{r=1}^{n}(a_r(x_i)-a_r(x_j))^2}$$

---

① 通常，k 为不大于 20 的整数。

KNN 算法广泛应用于相似性推荐中。例如,可以采用 KNN 算法,通过对电影中出现的亲吻或打斗次数,自动划分新上映电影的题材类型。假如,已知 6 部电影的类型(样本集及每个样本的分类标签)及其中出现的接吻次数和打斗次数(特征信息),如表 2-4 所示。

表 2-4　已知 6 部电影的类型及其中出现的接吻次数和打斗次数

电 影 名 称	打斗镜头	接吻镜头	电影类型
California Man	3	104	爱情片
He's Not Really into Dudes	2	100	爱情片
Beautiful Woman	1	81	爱情片
Kevin Longblade	101	10	动作片
Robo Slayer 3000	99	5	动作片
Amped Ⅱ	98	2	动作片

那么,如果遇到一部未看过的电影(不知道剧情,但知道其中的打斗次数和接吻次数分别为 18 和 90)时,如何知道它是爱情片还是动作片? 可以通过 KNN 算法找出该片的类型,具体方法如下。

- 计算未知电影与样本集中的其他电影之间的欧式距离,计算结果如表 2-5 所示。例如,未知电影(18,90)与电影 *California Man*(3,104)之间的距离的计算公式为:

$$d = \sqrt{(3-18)^2 + (104-90)^2} = \sqrt{15^2 + 14^2} = \sqrt{421} = 20.5$$

表 2-5　已知电影与未知电影的距离

电 影 名 称	与未知电影的距离
California Man	20.5
He's Not Really into Dudes	18.7
Beautiful Woman	19.2
Kevin Longblade	115.3
Robo Slayer 3000	117.4
Amped Ⅱ	118.9

- 按照距离递增排序,并找到 k 个距离最近的电影。例如,$k=4$,则最靠近的电影依次是 *He's Not Really into Dudes*、*Beautiful Woman*、*California Man* 和 *Kevin Longblade*。
- 按照 KNN 算法,确定未知电影的类型。因为这 4 部电影中出现最多的分类标签为爱情片(3 次),所以,可以推断未知电影也是爱情片。
- 给出未知电影的类型——爱情片。

2）概念学习

概念学习（Concept Learning）的本质是从有关某个布尔函数的输入输出训练样本中推算出该布尔函数。也就是说，概念学习主要解决的是"在已知的样本集合以及每个样本是否属于某一概念的标注的前提下，推断出该概念的一般定义"的问题。

在机器学习领域，概念学习的实现过程可看作一种搜索过程：搜索范围是假设的表示所隐含定义的整个空间；搜索目的是为了寻找能最好地拟合训练样本的假设。因此，搜索策略的选择是概念学习的核心问题之一。

为了便于假设空间的搜索，一般定义假设的一般到特殊偏序结构，具体方法有 Find-S 算法、候选消除算法等。

Find-S 算法

使用一般到特殊序，在偏序结构的一个分支上执行的一般到特殊搜索，以寻找与样本一致的特殊假设，例如：

（1）将 h 初始化为 H 中最特殊假设。

（2）对每个正例 x

　　　对 h 的每个属性约束 a_i

　　　如果 x 满足 a_i

　　　那么不做任何处理

　　　否则将 h 中 a_i 替换为 x 满足的紧邻的更一般约束

（3）输出假设 h。

3）决策树学习

决策树学习（Decision Tree Learning）的本质是一种逼近离散值目标函数的过程。决策树代表的是一种分类过程，如图 2-16 所示。其中：

- 根节点：代表分类的开始。
- 叶节点：代表一个实例的结束。

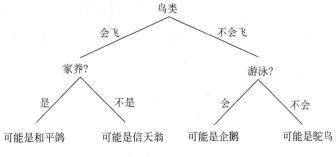

图 2-16　决策树示例——识别鸟类

- 中间节点：代表相应实例的某一个属性。
- 节点之间的边：代表某一个属性的属性值。
- 从根节点到叶节点的每条路径：代表一个具体的实例,同一个路径上的所有属性之间是"逻辑与"关系①。

决策树学习从根节点开始,按照给定实例的属性值判断对应的树枝,并依次下移,直到叶节点为止。绝大多数的决策树学习算法都是基于一个核心算法设计出来的——ID3 算法(Quinlan,1986)。

ID3 算法

ID3 算法是决策树学习的基本算法,其他多数决策树学习方法都是 ID3 算法的变体。

ID3 算法的数学基础是信息熵和条件熵,并以"信息熵下降速度最快"作为属性选择的标准。

- 输入：已知类别的样本集。
- 输出：决策树。

ID3 算法的具体学习过程如下。

- 以整个样本集作为决策树的根节点 S,并计算 S 对每个属性的条件熵。
- 选择能使 S 的条件熵最小的一个属性,对根节点进行分裂,得到根节点下的子节点。
- 再用同样方法对这些子节点进行分裂,直至所有叶节点的熵值都下降为 0 时为止②。
- 得到一棵与训练样本集对应的熵为 0 的决策树。

决策树学习的关键在于"如何从候选属性集中选择一个最有助于分类实例的属性",而其选择是以"信息熵(条件熵)"为依据的,即"信息熵下降速度最快的属性就是最好的属性"。

- **信息熵**：是对信源整体不确定性的度量,假设 X 为信源,x_i 为 X 发出的单个信息,$P(x_i)$ 为 X 发出 x_i 的概率,则 X 的信息熵 $H(X)$ 为：

$$H(X) = -\sum_{i=1}^{k} P(x_i) \log P(x_i)$$

- **条件熵**：是接收者在收到信息后对信源不确定性的度量,假设 Y 为接收者,X 为信源,$P(x_i|y_j)$ 为当 Y 为 y_j 时,X 为 x_i 的条件概率,则条件熵 $H(X/Y)$ 的定义为：

$$H(X/Y) = -\sum_{j=1}^{m} \sum_{i=1}^{n} P(x_i, y_j) \log P(x_i \mid y_j)$$

---

① 为了提高可读性,有时将学习得到的决策树转换成由多个 if-then 的规则集。

② 在决策树的构造过程中,每当选择例子集中的属性时,对决策树进行扩展就相当于引入了一个信源。

4）人工神经网络学习

人工神经网络（Artificial Neural Network，ANN）学习借鉴了生物学的一小部分简单理论，其目的是从训练样本中学习到目标函数。根据生物学的观点，学习系统是由相互连接的神经元（Neuron）组成的复杂网络。与生物学习系统类似，人工神经网络也是由一系列比较简单的人工神经元相互连接的方式形成的网状结构。

人工神经元是人工神经网络的最基本的组成部分。在人工神经网络中，实现人工神经元的方法有很多种，如感知器（Perceptron）、线性单元（Linear Unit）和 Sigmoid 单元（Sigmoid Unit）等。

以感知器为例，可以将对应的每个人工神经元表示为如图 2-17 所示的感知器。

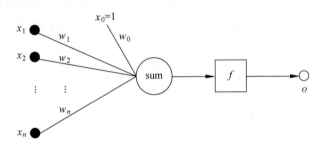

图 2-17　感知器示例

人工神经网络中的神经元之间的连接方式对于选择具体学习算法具有重要影响。根据连接方式不同，通常把人工神经网络分为无反馈的前向神经网络（见图 2-18）和相互连接型网络（反馈网络）。

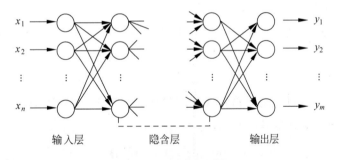

输入层　　　　隐含层　　　　输出层

图 2-18　前向神经网络

深度学习

深度学习（Deep Learning）是一种特征学习方法，采用一组简单转换方法将原始数据转换成更高层次和更抽象的表达的过程。也就是说，通过足够多的简单转换函数及其各种组合方式来学习一个复杂的目标函数。

例如,某幅图像的原始格式为一个像素数组,其深度学习可以描述为多个层次:在第一层上的学习特征表达可以是"判断在图像的特定位置和方向上是否存在'边'";第二层可以根据这些"边"的排列方式检测图案;第三层或许会把那些图案进行组合,从而使其对应于熟悉目标的某部分;随后的一些层会将这些部分再组合,从而构成待检测目标。值得注意的是,在深度学习中上述各层的特征必须是通过机器学习方式得出的,而不是通过人工工程设计或实现。

因此,深度学习的关键在于计算观测数据的分层特征及其表示,其中高层特征或因子由底层得到。深度学习可以进一步分为:

- 无监督和生成式学习深度网络,如深度置信网络(Deep Belief Network,DBN)、受限玻尔兹曼机(Restricted Boltzmann Machine,RBM)以及和积网络(Sum-Product Network,SPN)等。
- 监督学习深度网络,如卷积神经网络(Convolutional Neural Network,CNN)、层级时间记忆模型(Hierarchical Temporal Memory,HTM)等。
- 混合深度网络:如利用生成式 DBN 预训练 CNN,即 deep-CNN。

5) 贝叶斯学习

贝叶斯学习是一种以贝叶斯法则为基础的,并通过概率手段进行学习的方法。贝叶斯概率分析是相对于频数概率(Frequency Probability)分析的一种分析方法,二者的区别在于:贝叶斯概率引入先验知识和逻辑推理来处理不确定命题;频数概率只从数据本身获得结论,不考虑逻辑推理及先验知识。

朴素贝叶斯分类器(Naive Bayes Classifier)[①]是最基本的,也是最常用的贝叶斯学习方法之一。通常,其性能可达到人工神经网络和决策树学习的水平。

朴素贝叶斯分类器建立在一个简单的假定基础上,即在给定"目标值"时,"属性值"之间互为"条件独立"。该假定说明给定实例的目标值情况下,观察到联合的 $a_1,a_2,\cdots,a_n$ 的概率等于对每个单独属性的概率乘积:

$$P(a_1,a_2,\cdots,a_n \mid v_j) = \prod_i P(a_i \mid v_j)$$

6) 遗传算法

遗传算法(Genetic Algorithm,GA)主要研究的问题是"从候选假设空间中搜索出最佳假设"。此处,**"最佳假设"**指**"适应度(Fitness)"**指标为最优的假设。其中,"适应度"是为当前问题预先定义的一个评价度量值。例如,在学习下国际象棋的策略时,可以将"适应度"定义为"该个体在当前总体中与其他个体对弈的获胜率"。

遗传算法的实现方式可以有多种,但均具备一个共同结构——**遗传算法的总体**

---

① "朴素"是指整个形式化过程只做最原始、最简单的假设。

（Population）。遗传算法借鉴的生物进化的**三个基本原则**——适者生存、两性繁衍及突变，分别对应遗传算法的**三个基本算子**：选择、交叉和突变。

遗传算法维护一个由竞争假设组成的多样化总体，而其每一次迭代选出总体中适应度最高的成员来产生后代，替代总体中适应度最差的成员。

GA 算法示例

GA（Fitness，Fitness_threshold，p，r，m）

Fitness：适应度评分函数，为给定假设赋予一个评估得分。

Fitness_threshold：指定终止判据的阈值。

p：总体中包含的假设数量。

r：每一步中通过交叉取代总体成员的比例。

m：变异率。

初始化总体：$P\leftarrow$随机产生的 p 个假设。

评估：对于 P 中的每一个 h，计算 Fitness(h)。

当 $\left[\max_{h}\text{Fitness}(h)\right]<$Fitness_threshold，则产生新的一代 P_s。

（1）选择：用概率方法选择 P 的$(1-r)p$ 个成员加入 P_s。从 P 中选择假设 h_i 的概率 $Pr(h_i)$ 通过下面公式计算：

$$Pr(h_i) = \frac{\text{Fitness}(h_i)}{\sum_{j=1}^{p}\text{Fitness}(h_j)}$$

（2）交叉：根据上面给出的 $Pr(h_i)$，从 P 中按概率选择 $rp/2$ 对假设。对于每一对假设$<h_1,h_2>$应用交叉算子产生两个后代。把所有的后代加入 P_s。

（3）变异：使用均匀的概率从 P_s 中选择 m 百分比的成员。对于选出的每个成员，在它的二进制表示中随机选择一个位取反。

（4）更新：$P\leftarrow P_s$。

（5）评估：对于 P 中的每一个 h 计算 Fitness(h)。

从 P 中返回适应度最高的假设。

7）分析学习

分析学习是相对于**归纳学习**的一种提法，其特点是使用先验知识来分析或解释每个训练样本，以推理出样本的哪些特征与目标函数相关或不相关。因此，这些解释能使机器学习系统比单独依靠数据进行泛化有更高的精度。

分析学习使用先验知识来减小待搜索假设空间的复杂度，减小了样本复杂度并提高了机器学习系统的泛化精度。可见，分析学习与归纳学习的优缺点在一定程度上具有互补性（见表2-6）。

表 2-6　分析学习和归纳学习的比较

	归纳学习	分析学习
目标	拟合数据的假设	拟合领域理论的假设
论证	统计推理	演绎推理
优点	需要很少先验知识	从稀缺的数据中学习
缺陷	稀缺的数据,不正确的偏置	不完美的领域理论

　　分析学习方法优点在于可用先验知识从较少的数据中更精确地泛化以引导学习。但是,当先验知识不正确或不足时,分析学习的缺点也会被凸显;归纳学习具有的优点是不需要显式的先验知识,并且主要基于训练数据学习到规律。然而,若训练数据不足时它可能会失败,并且会被其中隐式的归纳偏置所误导,而归纳偏置是从观察数据中泛化所必需的过程。因此,可以考虑如何将二者结合成一个单独的算法,以获得它们各自的优点,如图 2-19 所示。

图 2-19　归纳学习与分析学习

8) 增强学习

　　增强学习主要研究的是如何协助自治 Agent①的学习活动,进而达到选择最优动作的目的。增强学习中讨论的 Agent 需要具备与环境的交互能力和自治能力,如图 2-20 所示。

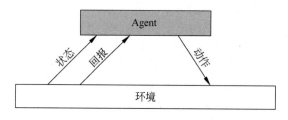

图 2-20　增强学习

　　增强学习的基本思路是当 Agent 在其环境中做出每个动作时,施教者会提供奖赏或惩罚信息,以表示结果状态的正确与否。例如,在训练 Agent 进行棋类对弈时,施教者可在游戏胜利时给出正回报,而在游戏失败时给出负回报,其他时候为零回报。

---

① 在增强学习中,Agent 是指具有与环境交互能力的自治主体,如机器人。

因此,增强学习中 Agent 的任务就是从这些有延迟的回报中学习"控制策略",以便后续的动作产生最大的累积回报。控制策略的学习问题形式化表示方法有多种,其中最常用的是基于马尔可夫决策过程定义方法。

根据学习任务的不同,机器学习算法分为有监督学习(Supervised Learning)、无监督学习(Unsupervised Learning)和半监督学习,如图 2-21 所示。

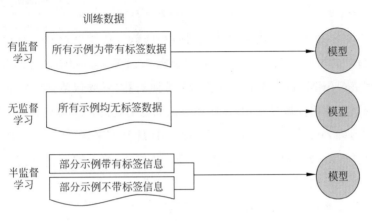

图 2-21　机器学习的类型

有监督学习用已知模式去预测数据,其使用前提是训练集为带标签数据(Labeled Data),即训练集中的每个示例(Example)均带有自己的输出值——标签(Label);无监督学习常用于从数据中发现未知的模式信息,当训练集中未带标签信息时,通常采用无监督学习。当训练集中的部分样本缺少标签信息时,通常采用半监督学习(Semi-supervised learning)。常见机器学习算法如下。

- 有监督学习:最近邻(Nearest Neighbor)、朴素贝叶斯、决策树、随机森林、线性回归、支持向量机和神经网络分析等算法。
- 无监督学习:K-Means 聚类、主成分分析、关联规则分析等。
- 半监督学习:分为半监督分类方法(如生成式方法、判别式方法等),半监督回归方法(如基于差异的方法、基于流形学习的方法),半监督聚类方法(如基于距离的方法和大间隔方法等)和半监督降维方法(如基于类标签的方法和基于成对约束的方法)。

3. 机器学习在数据科学中的应用

IBM Watson 是一款基于 IBM DeepQA 架构,并运行在基于 IBM POWER7 处理器的服务器中的工作负载优化系统,在机器学习和认知计算领域具有重要地位。IBM Watson 于 2011 年 2 月在 *Jeopardy*! 智力竞赛中与该节目最优秀的两位冠军选手 Ken Jennings 和 Brad Rutter 一决胜负。IBM Watson(见图 2-22)拥有大概两亿多页的自然语言内容,并采用 Apache Hadoop 框架对大量数据进行预处理,以便创建存储器内部运行时使用的数据集。从机器学习角度看,IBM Watson 主要技术特征如下[①]。

图 2-22　IBM Watson

（1）**机器学习的应用**。IBM Watson 中采用的是基于 DeepQA 的机器学习框架——以"候选答案"及其"证据等级分数"为输入,并以训练出用于排序和估计每个候选答案的置信度的模型为学习目的。该框架具有显著的"基于阶段"的特征,可以自定义所需"阶段"的数量以及每个"阶段"的功能。为了参加 Jeopardy 竞赛,IBM Watson 中设置了以下 7 个"阶段"。

- 命中列表(Hitlist)的规范化。对候选答案进行排序,并保留前 100 个候选答案。
- 问题分类。找出问题的类型,不同类型的问题需要的证据等级方案可能不同。
- 迁移学习(Transfer Learning)。利用已知问题类型来帮助学习未知问题类型。
- 答案合并(Answer Merging)。合并相同(或相似)答案的证据,更新证据等级分数,并采用规范形式表示。
- 最优答案选择:挑选出排名前 5 的答案。
- 证据扩散(Evidence Diffusion):在相互联系的答案之间扩散证据。
- 多项答案(Multi-Answers):为需要多选答案的问题提供候选答案。

（2）**机器学习与其他技术的集成应用**。IBM Watson 中综合运用了多种技术,实现了机器学习与其他技术的集成应用。

- 统计分析。
- 信息检索。
- 自然语言处理。
- 知识表示与推理。
- 人机接口(Human Computer Interface,HCI)等相关知识领域的融合,较好地反映了这些不同技术的集成化应用趋势。

除了上述两个特点外,IBM Watson 还有一些突出的特点,例如:基于机器学习的置信度估计技术,即不是由单独组件来回答问题,而是由所有组件产生的特性和相关置信度来评估不同的问题和对内容进行诠释;结合机器学习的整合浅层知识和深层知识,平衡使用严格语义学和浅层语义学,充分利用众多松散构成的知识本体。

IBM Watson Developer Cloud 提供了一套完整的 API,允许开发人员利用机器学习技术,如自然语言处理、计算机视觉以及预测功能,支持用户构建应用程序[②]。IBM Watson Developer Cloud 的 API 套件包括语音到文本、文本到语音、权衡分析、独特见解、提问和回

---

① IBM. Watson-A System Designed For Answers[OL]. http://www-03.ibm.com/systems/cn/power/watson/watson.shtml.

② https://developer.ibm.com/watson/.

答、语气分析器以及视觉识别。此外，SoftBank 与 IBM 公司于 2016 年联合推出了 Watson 版机器人——Pepper(见图 2-23)，将 IBM Watson 应用于机器人领域。

图 2-23　Pepper 机器人

4. 数据科学视角下的机器学习

"机器学习"和"机器学习的应用"是两个不同的概念，数据科学家应区分围绕这两个不同的概念给出的多个术语及其内在联系。从图 2-24 可看出，机器学习中所说的训练集与测试集、训练与测试、验证与测试是不同的概念，应避免混淆。目前，机器学习领域所面临的主要挑战包括以下几个方面。

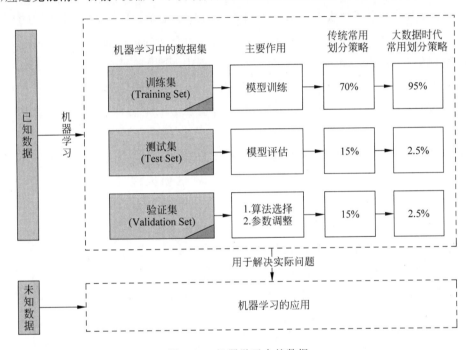

图 2-24　机器学习中的数据

- **过拟合**(**Overfitting**)。所学习到的目标函数在训练集上的准确率很高(如达到 100%)，而在测试集上的准确率非常低(如低于 50%)。防止过拟合现象出现的主要方法有很多，比较常用的是"交叉验证法"，即将训练集随机等分为若干份，并选择其中的一份为测试集，其余作为训练集进行训练，然后将目标函数在该测试集上进行测试，最后用结果来评价其参数设置的性能。

- **维度灾难**(**Curse of Dimensionality**)。一些在低维度空间上表现较好的算法很可能在高维度空间数据上效果低或效率低，甚至不可行。因此，不能把二维或三维空间上的机器算法简单移植到高维空间数据的处理之中。

- **特征工程**(**Feature Engineering**)。通常在机器学习之前需要对训练集的特征进行分析。以 KNN 算法为例,其前提条件是训练集中的每个样本的分类标签信息均为已知,也就是说 KNN 算法中需要分析训练集的样本特征——分类标签信息。但是,在实际数据处理任务中,往往需要自动完成特征信息的分析和提取工作。特征变量的选择不仅需要考虑机器学习算法的需要,而且更应考虑领域知识的支持。因此,特征工程涉及的方法和技术很多,如统计学、领域知识、可视化分析等。

- **算法的可扩展性(Scalability)。**机器学习算法的可扩展性不仅要考虑硬件(如内存、CPU 等)和软件(如跨操作系统、跨平台等)上的扩展性,而且还需要重视训练集上的可扩展性。在理论上,当训练集越接近测试集时,所得到的目标函数在测试集上的运行效果越准确。但是,在实际工作中,训练集无法接近测试集的规模(如垃圾邮件自动处理中,已有的样本垃圾邮件的规模无法接近未来将处理的垃圾邮件的规模)或因样本集的规模太大而导致目标函数过于复杂。因此,在机器学习中需要平衡训练集的规模、目标函数的复杂度、机器学习算法的运行效率三者之间的矛盾。

- **模型集成(Model Ensemble)。**在大数据分析中,往往需要学习多个模型,并对这些模型进行集成处理。模型集成的方法有很多种,例如直接集成(Bagging)法、增强(Boosting)法和堆叠(Stacking)法。其中,增强法的主要特点是对样本集中的每个样本设计动态权重,而堆叠法的特点是多轮递归式的学习。

目前,机器学习广泛应用于 Web 搜索、垃圾邮件处理、欺诈检测、广告投放、信用评价、股票交易等领域。同时,机器学习领域也出现了新的研究课题,例如,深度学习(Deep Learning)和大规模分布式图学习等。机器学习是数据分析的重要手段,也是数据科学家的重要方法之一。本章旨在帮助读者从数据科学视角梳理机器学习知识,并提高读者的对机器学习的自学能力以及解决实际问题的能力。但是,对于一名真正数据科学家而言,本章知识还是不够的。数据科学家不仅需要深入学习机器学习的知识,而且还应以大数据处理为背景将机器学习、数据挖掘、统计学、数据可视化、数据存储和数据计算的知识融合起来,通过大量的实战经验,提升自己的动手能力和核心竞争力。

数据科学中常用的统计模型与机器学习算法

1. 常用统计模型

(1) 广义线性模型(是多数监督机器学习方法的基础,如逻辑回归和 Tweedie 回归)。

(2) 时间序列方法(ARIMA、SSA、基于机器学习的方法)。

(3) 结构方程建模(针对潜变量之间关系进行建模)。

(4) 因子分析(调查设计和验证的探索型分析)。

(5) 功效分析/试验设计(特别是基于仿真的试验设计,以避免分析过度)。

(6) 非参数检验(MCMC)。

(7) K 均值聚类。

（8）贝叶斯方法（朴素贝叶斯、贝叶斯模型平均（Bayesian Model Averaging）、贝叶斯适应性试验（Bayesian Adaptive Trials）等）。

（9）惩罚性回归模型（弹性网络（Elastic Network）、LASSO、LARS 等）以及对通用模型（SVM、XGBoost 等）加罚分，这对于预测变量多于观测值的数据集很有用，在基因组学和社会科学研究中较为常用）。

（10）样条模型（Spline-based Models，MARS 等）：主要用于流程建模。

（11）马尔可夫链和随机过程（时间序列建模和预测建模的替代方法）。

（12）缺失数据插补方法及其假设（missForest、MICE 等）。

（13）生存分析（Survival Analysis，主要特点是考虑了每个观测出现某一结局的时间长短）。

（14）混合建模（Mixture Modeling）。

（15）统计推断和组群测试（A/B 测试以及用于营销活动的更复杂的方法）。

此外，建议读者根据自己所属领域重点学习面向特定领域的专用模型。

2. 核心机器学习算法

（1）回归/分类树。

（2）降维（PCA、MDS、TSNE 等）。

（3）经典的前馈神经网络。

（4）Bagging Ensembles 方法（随机森林、KNN 回归集成）。

（5）Boosting Ensembles 方法（梯度提升、XGBoost 算法）。

（6）参数调整或设计方案的优化算法（遗传算法、量子启发式演化算法、模拟退火（Simulated Annealing）、粒子群优化（Particle-swarm Optimization））。

（7）拓扑数据分析工具，特别适用于小样本量的无监督学习（持续同调（Persistent Homology）、Morse-Smale 聚类、Mapper 等）。

（8）深度学习架构（通用深度学习架构）。

（9）用于局部建模的 KNN 回归、分类。

（10）基于梯度的优化方法（Gradient-based Optimization Methods）。

（11）网络度量（Network Metrics）和算法（中心度量、跳数、多样性、熵、拉普拉斯算子、疫情传播（Epidemic Spread）、谱聚类（Spectral Clustering））。

（12）深层架构中的卷积和池化层（Pooling Layers，特别适用于计算机视觉和图像分类模型）。

（13）分层聚类（与 K 均值聚类和拓扑数据分析工具相关）。

（14）贝叶斯网络（路径挖掘（Pathway Mining））。

（15）复杂性和动态系统（与微分方程有关）。

此外，建议读者根据自己所属领域还可能需要与自然语言处理、计算机视觉相关算法以及面向特定领域的专用算法。

2.4 数据可视化

> 简单的图表为数据分析师提供了比任何其他设备更多的信息。(The simple graph has brought more information to the data analyst's mind than any other device.)
>
> ——John Tukey(美国著名数学家)

与统计处理、机器学习类似,数据可视化也是数据科学的重要研究方法之一。数据可视化在数据科学中的重要地位主要表现在以下三个方面。

(1) 视觉是人类获得信息的最主要途径。

- **视觉感知是人类大脑的最主要功能之一**。据 M. O. Ward(2010)等的研究[1],超过 50%的人脑功能用于视觉信息的处理,视觉信息处理是人脑的最主要功能之一。

- **眼睛是感知信息能力最强的人体器官之一**。相对于人体其他感知器官,眼睛感知信息的能力最为发达,最高带宽可以达到 100 MB/s。

除了科学研究,人们在平时生活中也意识到视觉感知活动的重要性。例如,在英文中,一般用 I see 来表达"我知道了/我明白了/我看懂了"的意思,反映了视觉感知在人类信息感知中的重要地位[2]。

(2) 相对于统计分析,数据可视化的主要优势体现在两个方面。

- **数据可视化处理可以洞察统计分析无法发现的结构和细节**。以 Anscombe 的四组数据(Anscombe's Quartet)为例,统计学家 F. J. Anscombe 于 1973 年提出了四组统计特征基本相同的数据集(见表 2-7)[3],从统计学角度看难以找出其区别[4],但可视化后很容易找出它们的区别(见图 2-25)。

表 2-7　Anscombe 的四组数据(Anscombe's Quartet)

I		II		III		IV	
x_1	y_1	x_2	y_2	x_3	y_3	x_4	y_4
10.0	8.04	10.0	9.14	10.0	7.46	8.0	6.58
8.0	6.95	8.0	8.14	8.0	6.77	8.0	5.76
13.0	7.58	13.0	8.74	13.0	12.74	8.0	7.71
9.0	8.81	9.0	8.77	9.0	7.11	8.0	8.84
11.0	8.33	11.0	9.26	11.0	7.81	8.0	8.47

---

① Ward M O,Grinstein G,Keim D. Interactive data visualization:foundations,techniques,and applications[M]. Abingdon:CRC Press,2010.

② 中文也有类似的表达,如百闻不如一见、有眼不识泰山、有眼无珠、是否有眼力见儿等。

③ Anscombe F J. Graphs in statistical analysis [J]. The American Statistician,1973,27(1):17-21.

④ 该四组数据在均值、方差、相关度等统计特征均为相同,线性回归线都是 $y=3+0.5x$。

续表

I		II		III		IV	
x_1	y_1	x_2	y_2	x_3	y_3	x_4	y_4
14.0	9.96	14.0	8.10	14.0	8.84	8.0	7.04
6.0	7.24	6.0	6.13	6.0	6.08	8.0	5.25
4.0	4.26	4.0	3.10	4.0	5.39	19.0	12.50
12.0	10.84	12.0	9.13	12.0	8.15	8.0	5.56
7.0	4.82	7.0	7.26	7.0	6.42	8.0	7.91
5.0	5.68	5.0	4.74	5.0	5.73	8.0	6.89

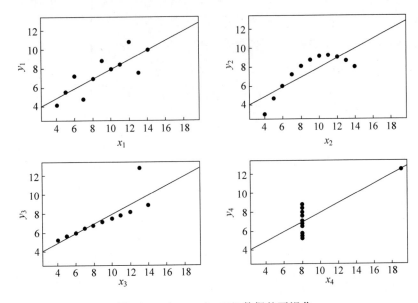

图 2-25　Anscombe 四组数据的可视化

- **数据可视化处理结果的解读对用户知识水平的要求较低**。相对于数据统计结果,可视化结果对读者知识水平的要求不高,不了解统计学专业术语的本质含义也可以较好地理解数据可视化处理结果。

（3）可视化能够帮助人们提高理解与处理数据的效率。例如,英国麻醉学家、流行病学家以及麻醉医学和公共卫生医学的开拓者 John Snow 采用数据可视化的方法研究伦敦西部西敏市苏活区霍乱,并首次发现了霍乱的传播途径及预防措施[①]。当时,霍乱一直被认为是致命的疾病,但病原体尚未发现,人们既不知道它的病源,也不了解治疗方法。1854 年,伦敦再次暴发霍乱事件,尤其在个别街道上的灾情更为严重,在短短 10 天之内就死了 500 余人。为此,John Snow 采用了基于信息可视化的数据分析方法,在一张地图上标明了所有死者居住过的地方(见图 2-26)之后,他发现许多死者生前居住在宽街的水泵附近,如 16、37、38、40 号住宅。同时,他还惊讶地看到宽街 20 号和 21 号以及剑桥街上的 8 号和 9 号等住宅却无死

---

① Snow J. On the mode of communication of cholera[M]. John Churchill, 1855.

亡报告。进一步调查发现,上述无死亡的住宅的人们都在剑桥街7号的酒馆里打工,且该酒馆为他们免费提供啤酒。相反,霍乱流行最为严重的两条街的人们喝的是源自被霍乱患者粪便污染过的脏水。因此,他断定这场霍乱与水源有关系,并提议通过拆掉灾区水泵的把手的方法防止人们接触被污染的水,最终成功地阻止了此次霍乱的继续蔓延,推动了蔓延病学的兴起。

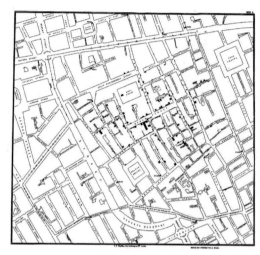

图 2-26 　John Snow 的鬼地图(Ghost Map)①

此外,数据可视化在人类数据处理和科学技术的发展中扮演着重要角色。例如,1736年,29 岁的欧拉(Leonhard Euler)向圣彼得堡科学院递交了《哥尼斯堡的七座桥》的论文,采用可视化方法(将每一块陆地考虑成一个点,连接两块陆地的桥以线表示)解答了七桥难题,并推动了图论与几何拓扑学的诞生。

上文主要介绍了信息可视化与数据科学的关系。关于数据可视化的更多内容,见本书"3.5 数据可视化"。

Tableau 与 VizQL 技术

近年来,Tableau 以其简单易用、快速分析、支持大数据、智能仪表板、便于分享以及交互式可视化等特点在数据科学中得到了广泛应用,如图 2-27 所示。Tableau 不仅支持数据可视化,而且也开始涉及数据呈现的另一个问题——数据故事化(Data Story Telling),如 Tableau Public 支持数据故事化处理。

2003 年,Tableau 在斯坦福大学诞生,它起源于一种改变数据使用方式的新技术——VizQL 语言。通过 VizQL 技术,用户只需进行简单拖放操作即可完成较为复杂的可视化处理。

---

① 　该图被后人称为"鬼地图(Ghost Map)",在数据可视化领域产生了深远的影响。

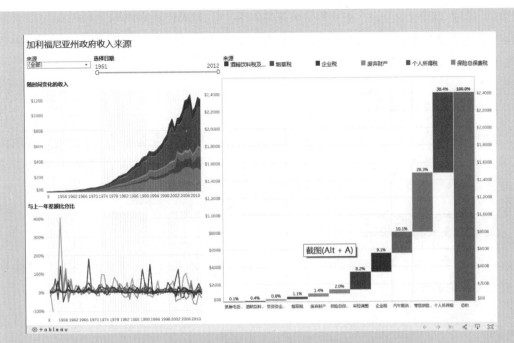

图 2-27　在 Tableau 中加利福尼亚州政府收入来源数据的可视化

（来源：Tableau 官方网站）

　　Tableau 的另一个突破性创新来自于其数据引擎技术——Hyper。Hyper 可以在几秒之内对几十亿行数据完成临时分析，是 Tableau 平台的另一种核心技术，它利用专有的动态代码生成机制和先进的并行方法提高数据提取的生成速度及查询的执行速度①。

 ## 如何继续学习

【学好本章的重要意义】

　　兴趣和信心是学好一门课程的根本保障。学习者对数据科学的理论基础——统计学和机器学习的印象会直接影响学习数据科学的兴趣与信心。本章从数据科学的视角梳理了这些基础理论的知识体系，目的在于帮助读者快速重构自己的知识体系，提升学习的信心和兴趣。

【继续学习方法】

　　很多人害怕统计学和机器学习是因为忽略了它们本有的精彩故事，取而代之的是千篇

　　①　Tableau 公司. Tableau 技术［OL］. https://www.tableau.com/zh-cn/products/technology.

一律的"恐怖"故事——"统计学和数学特别难"。其实,如果你能看到每个理论提出的背景故事,统计学和机器学习是很美的,也是很容易学习的。详见本书"3.6 数据故事化"中的"为什么很多人害怕数学——数学离开了它的故事之后变得如此'恐怖'"。

【提醒及注意事项】

理论基础和基础理论是两个不同的概念,统计学和机器学习是数据科学的理论基础而不是其基础理论,也就是说,数据科学不等于"统计学+机器学习"。因此,数据科学的学习应凸显数据科学本身,而不能仅仅停留在学习统计学和机器学习之上。

【与其他章的关系】

本章是"第1章 基础理论"中给出的数据科学理论体系的进一步详解,为后续章的学习提供了理论基础。

习题

1. 调查分析 SPSS Statistics、SPSS Modeler、SPSS Analytic Server 和 SPSS Catalyst 的区别与联系。

2. 结合自己的专业领域或研究兴趣,调研自己所属领域的统计分析方法、技术与工具。

3. 调研常用统计分析工具软件(包括开源系统),并进行对比分析。

4. 调查并对比分析机器学习领域的国际顶级会议及学术期刊。

5. 调查并对比分析机器学习开发包 Open CV 与 Weka。

6. 结合自己的专业领域或研究兴趣,调研自己所属领域常用的机器学习方法、技术与工具。

7. 调研常用机器学习工具软件(包括开源系统),并进行对比分析。

8. 阅读本章所列出的参考文献,并采用数据统计方法分析该领域的经典文献数据。

参考文献

[1] Alpaydin E. Introduction to machine learning[M]. Cambridge：MIT Press,2014.

[2] Cleveland W S. Data science：an action plan for expanding the technical areas of the field of statistics[J]. International Statistical Review,2001,69(1)：21-26.

[3] Deng L,Yu D. Deep learning：methods and applications[J]. Foundations and Trends® in Signal Processing,2014,7(3-4)：197-387.

[4] Dhar V. Data science and prediction[J]. Communications of the ACM,2013,56(12)：64-73.

[5] Domingos P. A few useful things to know about machine learning[J]. Communications of the ACM,2012,55(10)：78-87.

［6］ Flach P. Machine learning：the art and science of algorithms that make sense of data［M］. Cambridge：Cambridge University Press,2012.

［7］ Han J,Kamber M,Pei J. Data mining：concepts and techniques［M］. Amsterdam：Elsevier,2011.

［8］ Harrington P. Machine learning in action［M］. New York：Manning Publications Co.,2012.

［9］ IBM. Watson-a system designed for answers［OL］(2015-12-28). http://www-03.ibm.com/systems/cn/power/watson/watson.shtml.

［10］ Lazer D,Kennedy R,King G,et al. The parable of Google Flu：traps in big data analysis［J］. Science,2014,343(14).

［11］ LeCun Y,Bengio Y,Hinton G. Deep learning［J］. Nature,2015,521(7553)：436-444.

［12］ Ryszard S M,Jaime G C,Tom M M. Machine learning：An artificial intelligence approach［M］. Dordrecht：Springer Science & Business Media,2013.

［13］ Mayer-Schönberger V,Cukier K. Big data：a revolution that will transform how we live,work,and think［M］. Boston：Houghton Mifflin Harcourt,2013.

［14］ McNeil D R. Interactive Data Analysis［M］. Hoboken：Wiley,1977.

［15］ Morris H,Mark J S. Probability and statistics(Fourth Edition)［M］. New York：Pearson Education,Inc.,2012.

［16］ Robert K. R in action：data analysis and graphics with R［M］. New York：Manning Publications Co.,2015.

［17］ Tom M M. Machine learning［M］. Burr Ridge：McGraw Hill,1997.

［18］ Witten I H,Frank E. Data Mining：Practical machine learning tools and techniques［M］. Burlington：Morgan Kaufmann,2005.

［19］ Zumel N,Mount J,Porzak J. Practical data science with R［M］. New York：Manning Publications Co.,2014.

［20］ 朝乐门.数据科学［M］.北京：清华大学出版社,2017.

［21］ 贾俊平,何晓群,金勇进.统计学［M］.6版.北京：中国人民大学出版社,2014.

［22］ 汤姆·米切尔.机器学习［M］.曾华军,张银奎,译.北京：机械工业出版社,2003.

［23］ 王万森.人工智能［M］.北京：人民邮电出版社,2011.

［24］ 周志华.机器学习［M］.北京：清华大学出版社,2016.

第 3 章

流程与方法

 如何开始学习

【学习目的】

- 【掌握】数据科学的基本流程及常用方法。
- 【理解】结合数据科学的基本流程和常用方法,理解数据科学与数据工程的区别。
- 【了解】数据科学中的项目管理。

【学习重点】

- 数据加工。
- 探索性数据分析。
- 数据审计。
- 数据可视化。
- 数据故事化。

【学习难点】

- 数据加工。
- 数据可视化。
- 数据故事化。

【学习问答】

序号	我 的 提 问	本章中的答案
1	数据科学涉及哪些主要活动？活动之间的内在联系是什么？	数据加工，重点是数据加工、审计、分析和呈现(3.2节)
2	数据科学流程有什么特殊性？	需要将数据科学家的3C精神融入业务流程之中(3.1节)
3	数据科学流程中的关键活动有哪些？	数据加工(3.2节)、数据审计(3.3节)、数据分析(3.4节)、数据可视化(3.5节)、数据故事化(3.6节)、数据科学项目管理(3.7节)
4	数据科学中的数据呈现方法有哪些？	数据可视化(3.5节)、数据故事化(3.6节)
5	如何完成数据科学中的关键活动及其流程的管理？	数据科学项目管理(3.7节)
6	从数据科学角度看，如何进行数据分析？	数据分析(3.4节)
7	大数据时代流程的两个常用术语 Data Wrangling 和 Data Munging 的含义是什么？	数据加工(3.2节)

3.1 基本流程

数据科学的基本流程如图 3-1 所示，主要包括数据化、数据加工、数据规整化、探索性分析、数据分析与洞见、结果展现以及数据产品的提供。

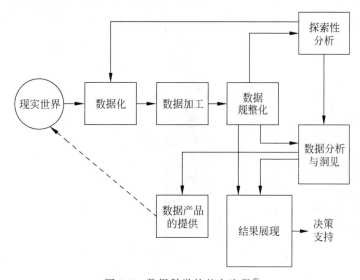

图 3-1 数据科学的基本流程①

---

① 本图是在 Schutt R 和 O'Neil C 的数据科学流程的基础上提出。

1. 数据化

数据化是指捕获人们的生活、业务或社会活动,并将其转换为数据的过程。例如:

- Google 眼镜正在数据化人们的视觉活动。
- Twitter 正在数据化人们的思想动态。
- LinkedIn 正在数据化人们的职场社交关系。

可见,数据化的本质是从现实世界中采集信息,并对采集到的信息进行计量和记录之后,形成原始数据,即零次数据。近年来,随着云计算、物联网、智慧城市、移动互联网、大数据技术的广泛应用,数据化正在成为大数据时代的重要活动,是数据高速增长的主要推动因素之一。

- 纽约证券交易所(The New York Stock Exchange)每天生成 4TB~5TB 的数据。
- Illumina 的 HiSeq 2000 测序仪(Illumina HiSeq 2000 Sequencer)每天可以产生 1TB 的数据,大型实验室拥有几十台类似的机器——LSST 望远镜(Large Synoptic Survey Telescope)每天可以生成 40TB 的数据。
- Facebook 每个月数据增量已达到 7PB。
- 瑞士日内瓦附近的大型强子对撞机(Large Hadron Collider)每年产生约 30PB 的数据。
- 截至 2016 年 10 月,因特网档案馆(Internet Archive)项目已存储超过 15PB 的数据。

量化自我

量化自我(Quantified Self,QS)是数据化运动的一种表现形式,是指人们在日常生活中通过可穿戴设备(如智能手环、手表、手机等)记录自己的运动、睡眠、饮食、社交、情绪、体重、热量消耗、心跳、血压、地理位置等数据,以便跟踪与改善自己的健康状况,如图 3-2 所示。

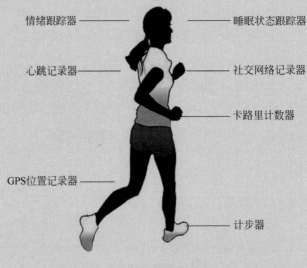

图 3-2　量化自我

需要注意的是,"量化自我"和专业医疗中采用的"精准测量身体数据"是两个不同的概念,前者仅仅通过"可穿戴智能设备"记录人们日常生活中身体状况的数据,目的不在于进行疾病治疗。近年来,可穿戴智能设备越来越多,比较有代表性的是 Apple Watch 系列智能手表、Google 眼镜、SONY 头盔显示器、NIKE HyperAdapt 运动鞋等。

2. 数据加工及规整化处理

数据加工(Data Munging 或 Data Wrangling)的本质是将低层次数据转换为高层次数据的过程。从加工程度看,数据可以分为零次、一次、二次、三次数据。与数据加工相关的概念中,有两个术语容易混淆,应予以区分,如图 3-3 所示。

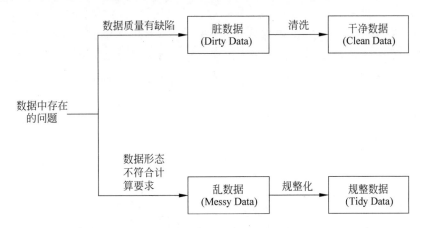

图 3-3 规整数据与干净数据的区别

- **干净数据**(**Clean Data**)是相对于"脏数据(Dirty Data)"的一种提法,主要代表的是数据质量是否有问题,如存在缺失值、错误值或噪声信息等。通常,数据科学家采用数据审计方法判断数据是否为"干净",并用数据清洗(Data Cleaning)的方法将"脏数据"加工成"干净数据"。
- **规整数据**(**Tidy Data**)是相对于"乱数据(Messy Data)"的一种提法,主要代表的是数据的形态是否符合计算与算法要求。需要注意的是,"乱数据"并非代表数据的质量,而是从数据形态角度对数据进行分类。也就是说,"乱数据"也可以是"干净数据"。通常,数据科学家采用数据的规整化处理(Data Tidying)的方法将"乱数据"加工成"规整数据"。

规整数据

一般情况下,算法对数据的形态是有特殊要求的,如 Python、R 语言中实现 KNN 算法的多数函数的输入参数必须为数据框或向量。当数据的形态不符合算法要求时,需要对原始数据进行一定的加工处理,将其转换为"规整数据",以便在算法中直接处理。

以关系表为例,所谓规整数据应同时满足以下三个基本原则,如图 3-4 所示。

- 每个观察占且仅占一行。
- 每个变量占且仅占一列。
- 每一类观察单元构成一个关系(表)。

　　变量　　　　　　　观察　　　　　观察单元

图 3-4　规整数据示意图

通常,数据科学家所面对的数据并非为规整数据,而是乱数据。需要注意的是,乱数据的存在形式会有很多种。例如,表 3-1 和表 3-2 是我们经常遇到的表格,虽然所描述的内容相同,但结构却不一样。从规整数据的三个基本原则看,表 3-1 和表 3-2 均不属于规整数据,对应的规整数据应采用另一种结构,如表 3-3 所示。

表 3-1　测试数据 A

姓　　名	测试 A	测试 B
John Smith	\	2
Jane Doe	16	11
Mary Johnson	3	1

表 3-2　测试数据 B

	John Smith	Jane Doe	Mary Johnson
测试 A	\	16	3
测试 B	2	11	1

表 3-3　测试数据 C

姓　　名	测　　试	结　　果
John Smith	a	\
Jane Doe	a	16
Mary Johnson	a	3
John Smith	b	2
Jane Doe	b	11
Mary Johnson	b	1

再如，表 3-4 是一种典型的乱数据——列名为"取值范围"，而不是"变量名"。表 3-4 对应的规整数据如表 3-5 所示。

表 3-4 Pew 论坛部分人员信仰与收入数据统计（规整化处理之前）

信　仰	＜＄10k	＄10k～20k	＄20k～30k	＄30k～40k	＄40k～50k	＄50k～75k
A 教	27	34	60	81	76	137
B 教	12	27	37	52	35	70
C 教	27	21	30	34	33	58
D 教	418	617	732	670	638	1116
E 教	15	14	15	11	10	35
F 教	575	869	1064	982	881	1486
G 教	1	9	7	9	11	34
I 教	228	244	236	238	197	223
J 教	20	27	24	24	21	30
K 教	19	19	25	25	30	95

（注：本表只显示前 11 行，数据来源：http://religions. pewforum. org/pdf/comparison-Income%20Distribution%20of%20Religious%20Traditions. pdf. ）

表 3-5 Pew 论坛部分人员信仰与收入数据统计（规整化处理之后）

信　仰	收　入	频　率
A 教	＜＄10k	27
A 教	＄10k～20k	34
A 教	＄20k～30k	60
A 教	＄30k～40k	81
A 教	＄40k～50k	76
A 教	＄50k～75k	137
A 教	＄75k～100k	122
…	…	…

（注：本表仅显示前 8 行）

在数据科学中，需要注意"数据加工"的两个基本问题。

- 数据科学中对数据加工赋予了新含义——将数据科学家的 3C 精神融入数据加工之中，数据加工应该是一种增值过程。因此，数据科学中的数据加工不等同于传统数据工程中的"数据预处理"和"数据工程"。
- 数据加工往往会导致信息丢失或扭曲现象的出现。因此，数据科学家需要在数据复杂度和算法鲁棒性之间寻找平衡。

> 正如托尔斯泰所说:"幸福的家庭都是相似的,而不幸福的家庭各有各的不幸",规整数据也一样:"规整的数据都是相似的,而不规整的数据各有各的不规整。"
>
> ——Hadley Wickham(R-Studio 首席科学家,tidyverse 包的开发者)

3. 探索性分析

探索性数据分析(Exploratory Data Analysis,EDA)是指对已有的数据(特别是调查或观察得来的原始数据)在尽量少的先验假定下进行探索,并通过作图、制表、方程拟合、计算特征量等手段探索数据的结构和规律的一种数据分析方法。当数据科学家对数据中的信息没有足够的经验,且不知道该用何种传统统计方法进行分析时,经常通过探索性数据分析方法达到数据理解的目的。

EDA 方法与传统统计学中的验证性分析方法不同,二者的主要区别如下。

- EDA 不需要事先假设,而验证性分析需要事先提出假设。
- EDA 中采用的方法往往比验证性分析简单,如表 3-6~表 3-8 所示。当然,数据科学家还可运用简单且直观的茎叶图、箱线图、残差图、字母值、数据变换、中位数平滑等进行探索性分析。可见,相对于传统验证性分析方法,EDA 更为简单、易学和易用。
- 在一般数据科学项目中,探索分析在先,而验证性分析在后。通常,基于 EDA 的数据计算工作可分为两个阶段:探索性分析和验证性分析阶段。先做探索性数据分析,然后根据 EDA 得出的数据结构和模式特征,提出假设,并选择合适的验证性分析方法。

探索性数据分析主要关注的是以下四个主题。

- **耐抗性(Resistance)**。"耐抗性"是指对于数据局部不良行为的非敏感性,它是探索性分析追求的主要目标之一。对于具有耐抗性的分析结果,当数据的一小部分被新的数据代替时,即使它们与原来的数值差别很大,分析结果也只会有轻微的改变。数据科学家重视耐抗性的主要原因在于"好"的数据也难免有差错甚至是重大差错。因此,数据分析时要有预防大错和破坏性影响的措施。因为强调数据分析的耐抗性,所以探索性数据分析的结果具有较强的耐抗性。例如,中位数平滑是一种耐抗技术,而中位数(Median)是高耐抗性统计量之一。探索性数据分析中常用的耐抗性分析统计量可以分为集中趋势、离散程度、分布状态和频度等四类,如表 3-6~表 3-8 所示。
- **残差(Residuals)**。"残差"是指因变量的观测值与根据估计的方程求出的预测值之差。

$$残差 = 观测值 - 预测值$$

表 3-6　探索性统计中常用的集中趋势统计量

中　文	英　文	含　义
众数	Mode	一组数据中出现最多的变量值
中位数	Median	一组数据排序后处于中间位置的变量值
四分位数	Quartile	一组数据排序后处于 25% 和 75% 位置上的值
和	Sum	一组数据相加后得到的值
平均值	Mean	一组数据相加后除以数据的个数得到的值

表 3-7　探索性统计中常用的离散程度统计量

中　文	英　文	含　义
极差	Range	一组数据的最大值与最小值之差
标准差	Standard Deviation	描述变量相对于均值的扰动程度,即数据相对于均值的离散程度
方差	Variance	标准差的平方
极小值	Minimum	某变量所有取值的最小值
极大值	Maximum	某变量所有取值的最大值

表 3-8　探索性统计中常用的数据分布统计量

中　文	英　文	含　义
偏态	Skewness	描述数据分布的对称性。当"偏态系数"等于 0 时,对应数据的分布为对称,否则分布为非对称
峰态	Kurtosis	描述数据分布的平峰或尖峰程度。当"峰态系数"等于 0 时,数据分布为标准正态分布,否则比正态分布更平或更尖

如果我们对数据集 Y 进行分析后得到了拟合函数 $\hat{y}=a+bx$,则在 x_i 处对应两个值,即实际值(y_i)和拟合值($\hat{y}_i$)。因此,x_i 处的残差 $e_i=y_i-\hat{y}_i$,如图 3-5 所示。

通常,分析一组数据而不仔细考察残差是不完全的数据分析过程。EDA 可以而且应该利用耐抗分析把数据中的主导行为与反常行为清楚地分离开。

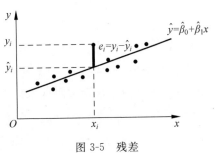

图 3-5　残差

- 重新表达(**Re-expression**)。"重新表达"是指找到合适的尺度或数据表达方式进行一定的转换,使得有利于简化分析。EDA 强调,尽早考虑数据的原始尺度是否合适的问题。如果尺度不合适,重新表达成另一个尺度可能更有助于促进对称性、变异恒定性、关系直线性或效应的可加性等。重新表达也称变换(Transformation),一批数据 x_1, $x_2,\cdots,x_n$ 的变换是指一个函数 T 把每个 x_i 用新值 $T(x_i)$ 来代替,使得变换后的数据值是:

$$T(x_1),T(x_2),\cdots,T(x_n)$$

- **启示（Revelation）**。"启示"是指通过探索性分析，发现新的规律、问题和启迪，进而满足数据加工和数据分析的需要。

4. 数据分析与洞见

在数据理解的基础上，数据科学家设计、选择、应用具体的机器学习算法、统计模型进行数据分析。图3-6给出了数据分析的三个基本类型及其内在联系。

- **描述性分析**：一种将数据转换为信息的分析过程。
- **预测性分析**：一种将信息转换为知识的分析过程。
- **规范性分析**：一种将知识转换为智慧的分析过程。

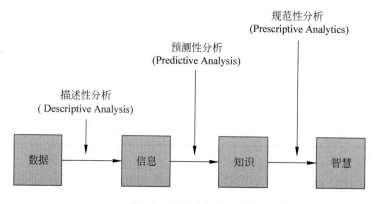

图 3-6 数据分析的类型

从 Analytics 1.0 到 Analytics 3.0

著名管理学家 Thomas H. Davernport 于 2013 年在《哈佛商业论坛》(Harvard Business Review)上发表一篇题为《第三代分析学》(Analytics 3.0)的论文，将数据分析的方法、技术和工具——分析学(Analytics)分为三个不同时代——商务智能时代、大数据时代和数据富足供给时代，如图 3-7 所示。

(1) Analytics 1.0：商务智能时代(1950—2000 年)的主要数据分析技术、方法和工具。Analytics 1.0 中常用的工具软件为数据仓库及商务智能类软件，一般由数据分析师或商务智能分析师负责完成。Analytics 1.0 的主要特点有：

- 分析活动滞后于数据的生成。
- 重视结构化数据的分析。
- 以对历史数据的理解为主要目的。
- 注重描述性分析。

(2) Analytics 2.0：大数据时代(2000—2020 年)的主要数据分析技术、方法和工具，一般由数据科学家负责完成。与 Analytics 1.0 不同的是，Analytics 2.0 中采用了一些

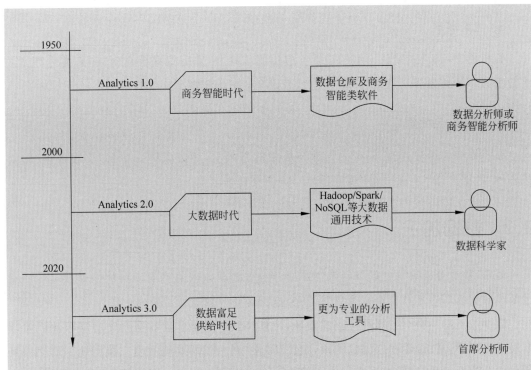

图 3-7　Analytics 1.0～3.0

新兴数据分析技术,如 Hadoop、Spark、NoSQL 等大数据通用技术。Analytics 2.0 的主要特点有:

- 分析活动与数据的生成几乎同步,强调数据分析的实时性。
- 重视非结构化数据的分析。
- 以决策支持为主要目的。
- 注重解释性分析和预测性分析。

(3) Analytics 3.0:数据富足供给时代(Data-enriched Offerings)(2020 年及以后)的主要数据分析技术、方法和工具。与 Analytics 2.0 不同的是,Analytics 3.0 中数据分析更为专业化,从技术实现和常用工具角度看,Analytics 3.0 将采用更为专业的分析工具,而不再直接采用 Hadoop、Spark、NoSQL 等大数据分析技术。同时,数据分析工作也由专业从事数据分析的数据科学家——首席分析师完成,数据科学家的类型将得到进一步细化。Analytics 3.0 的主要特点有:

- 引入嵌入式分析。
- 重视行业数据,而不只是企业内部数据。
- 以产品与服务的优化为主要目的。
- 注重规范性分析。

5．结果展现

在机器学习算法、统计模型的设计与应用的基础上，采用数据可视化、故事描述等方法将数据分析的结果展示给最终用户，进而达到决策支持和产品提供的目的。

6．数据产品的提供

在机器学习算法、统计模型的设计与应用的基础上，还可以进一步将"干净数据"转换成各种"数据产品"，并提供给"现实世界"，方便交易与消费。

3.2　数据加工

通常，数据分析算法的设计与选择需要考虑被处理数据的特征。当被处理数据的质量过低或数据的形态不符合算法需求时，需要进行必要的数据加工处理工作。

数据加工是指在对数据进行正式处理(计算)之前，根据后续数据计算的需求对原始数据集进行审计、清洗、变换、集成、脱敏、归约和标注等一系列处理活动。数据加工的主要目的是提升数据质量，使数据形态更加符合某一算法需求，进而提升数据计算的效果和降低其复杂度。可见，数据加工的主要动机往往来自两个方面，如图 3-8 所示。

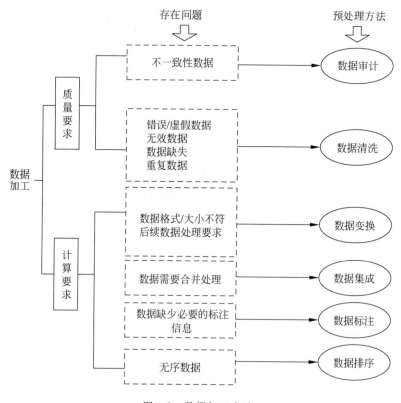

图 3-8　数据加工方法

一方面是**数据质量要求**。原始数据的质量不高,可能导致数据处理活动的"垃圾进、垃圾出(Garbage In Garbage Out)"。在数据处理过程中,原始数据中可能存在多种质量问题(例如存在缺失值、噪声、错误或虚假数据等),将影响数据处理算法的效率与数据处理结果的准确性。因此,对数据进行正式的分析和挖掘工作之前,需要进行一定的预处理工作——发现数据中存在的质量问题,并采用特定方法处理问题数据。

另一方面是**数据计算要求**。原始数据的形态不符合目标算法的要求,后续处理方法无法直接在原始数据上进行。当然,数据质量并不是数据加工的唯一原因。当原始数据质量没有问题,但不符合目标算法的要求(如对数据的类型、规模、取值范围、存储位置等的要求)时,也需要进行数据加工操作。

常用的数据加工方法有数据的清洗、变换、集成、标注、脱敏、归约、排序、抽样、离散化、分解处理等。需要提醒的是,上述数据加工活动之间并非是正交的,可能存在一定的重叠或交叉关系。因此,同一个数据科学项目往往需要综合运用多种数据加工方法。

1. 数据清洗

数据清洗是指在数据审计活动的基础上,将"脏数据"清洗成"干净数据"的过程。在此,"脏数据"是指数据审计活动中发现有质量问题的数据,如含有缺失数据,冗余数据(重复数据、无关数据等),噪声数据(错误数据、虚假数据和异常数据等),如图3-9所示。

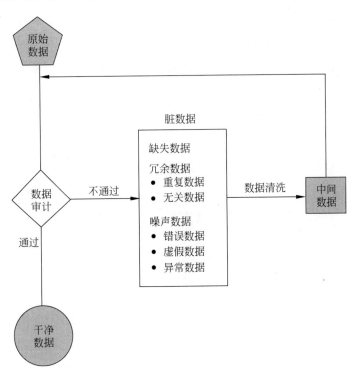

图 3-9 数据审计与数据清洗

值得一提的是,有时需要多轮"清洗"才能"清洗干净"。也就是说,一次数据清洗操作之后得到的仅仅是"中间数据",而不一定是"干净数据"。因此,需要对这些可能含有"脏数据"的"中间数据"进行再次"审计工作",进而判断是否需要再次清洗。

(1) **缺失数据处理**。缺失数据处理主要涉及三个关键活动:缺失数据的识别、缺失数据的分析以及缺失数据的处理,如图 3-10 所示。

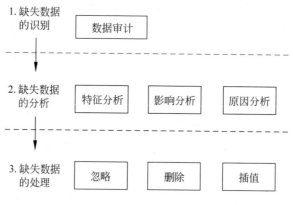

图 3-10　缺失数据处理的步骤

(2) **冗余数据处理**。数据审计可能发现一些冗余数据。冗余数据的表现形式可以有多种,如重复出现的数据以及与特定数据分析任务无关的数据(不符合数据分析者规定的某种条件的数据)。通常,需要采用数据过滤的方法处理冗余数据。例如,我们分析某高校男生的成绩分布情况,需要从该高校全体数据中筛选出男生的数据(即过滤掉"女生"数据),生成一个目标数据集("男生"数据集)。冗余数据的处理也需要三个基本步骤:识别、分析和过滤,如图 3-11 所示。对于重复类冗余数据,通常采用重复过滤方法;对"与特定数据处理不相关"的冗余数据,一般采用条件过滤方法。

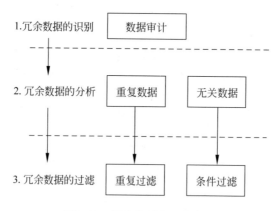

图 3-11　冗余数据处理的方法

(3) **噪声数据处理**:噪声是指测量变量中的随机错误或偏差。噪声数据的主要表现形式有三种:错误数据、虚假数据以及异常数据。其中,异常数据是指对数据分析结果具有重要影响的离群数据或孤立数据。噪声数据处理时常用的方法有分箱、聚类和回归等。以分箱处理为例,其基本思路是将数据集放入若干个"箱子"之后,用每个箱子的均值(或边界值)替换该箱内部的每个数据成员,进而达到噪声处理的目的。下面以数据集 Score＝{60,65,67,72,76,77,84,87,90}的噪声处理为例,介绍分箱处理(采用均值平滑技术的等深分箱方法)的基本步骤。

第 1 步,将原始数据集 Score＝{60,65,67,72,76,77,84,87,90}放入以下 3 个箱子。

箱 1:60,65,67。

箱 2:72,76,77。

箱 3:84,87,90。

第 2 步,计算每个箱子的均值,即:

箱 1 的均值:64。

箱 2 的均值:75。

箱 3 的均值:87。

第 3 步,用每个均值替换对应箱内的所有数据成员,进而达到数据平滑(去噪声)的目的,即:

箱 1:64,64,64。

箱 2:75,75,75。

箱 3:87,87,87。

第 4 步,合并各箱,得到数据集 score 的噪声处理后的新数据集 score∗,即:

score∗ = {64,64,64,75,75,75,87,87,87}

需要补充说明的是,根据具体实现方法的不同,数据分箱可分为多种具体模型(见图 3-12)。

- **根据对原始数据集的分箱策略**。分箱方法可以分为两种:等深分箱(每个箱中的成员个数相等)和等宽分箱(每个箱的取值范围相同)。
- **根据每个箱内成员数据的替换方法**。分箱方法可以分为均值平滑[①]技术(用每个箱的均值代替箱内成员数据,如上例所示)、中值平滑技术(用每个箱的中值代替箱内成员数据)和边界值平滑技术("**边界**"是指箱中的最大值和最小值,"边界值平滑"是指每个值被最近的边界值替换),如图 3-13 所示。

除了离群点、孤立点等异常数据外,错误数据和虚假数据的识别与处理也是噪声处理的重要任务。**错误数据或虚假数据**的存在也会影响数据分析与洞见结果的信度。因此,相对于异常类噪声的处理,错误数据和虚假数据的识别与处理更加复杂,需要与领域实务知识与经验相结合。因此,与缺失数据和冗余数据的处理不同,噪声数据的处理对领域知识和领域专家的依赖程度很高,不仅需要审计数据本身,而且还需要对数据的生成与捕获活

---

① 平滑处理方法主要用于去除数据中的噪声。

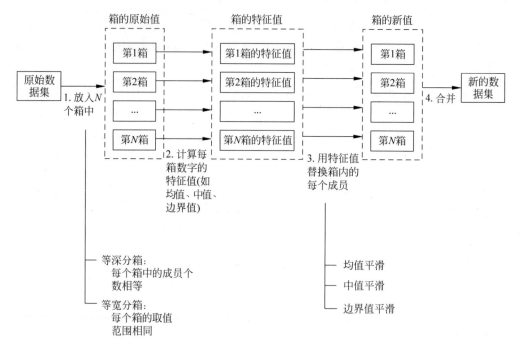

图 3-12　数据分箱处理的步骤与类型

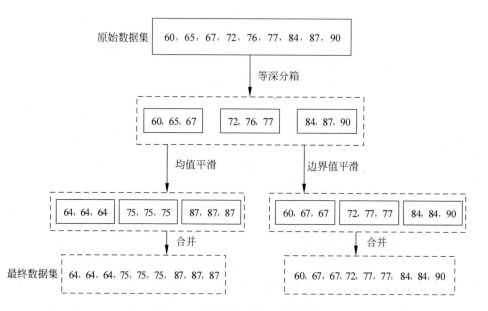

图 3-13　均值平滑与边界值平滑

动等全生命期进行审计。可见,噪声数据的处理在一定程度上与数据科学家丰富的实战经验和敏锐的问题意识相关。

2. 数据变换

当原始数据的存在形式不符合目标算法的要求时,需要对原始数据进行数据变换处理。常见的数据变换策略如表3-9所示。

表 3-9　常见的数据变换策略

序号	方　法	目　　的
1	平滑处理	去除噪声数据
2	特征构造	构造出新的特征(属性)
3	聚集	进行粗粒度计算
4	标准化	将特征(属性)值按比例缩放,使之落入一个特定的区间
5	离散化	用区间或概念标签表示数据

(1) **平滑处理**。去掉数据中的噪声,常用方法有分箱、回归和聚类等。

(2) **特征构造(又称属性构造)**。采用一致的特征(属性)构造出新的属性,用于描述客观现实。例如,根据已知质量和体积特征计算出新的特征(属性)——密度,而后续数据处理直接用新增的特征(属性)。

(3) **聚集**。对数据进行汇总或聚合处理,进而再进行粗粒度计算,例如可以通对日销售量计算出月销售量。

(4) **标准化(又称规范化)**。将特征(属性)值按比例缩放,使之落入一个特定的区间,如0.0~1.0。常用的数据规范化方法有 Min-Max 标准化和 z-score 标准化等。Min-Max 标准化比较简单,但也存在一些缺陷——当有新数据加入时,可能导致最小值和最大值的变化,需要重新定义 min 和 max 的取值。

0-1 标准化(0-1 normalization)

对原始数据进行线性变换,使结果落到[0,1]区间的方法,其转换函数为:

$$x^* = \frac{x - \min}{\max - \min}$$

其中:
- max 和 min 分别为样本数据的最大值和最小值。
- x 与 x^* 分别代表标准化处理前的值和标准化处理后的值。

(5) **离散化**。将数值类型的属性值(如年龄)用区间标签(例如 0~18、19~44、45~59 和 60~100 等)或概念标签(如儿童、青年、中年和老年等)表示。可用于数据离散化处理的方法有很多种,例如分箱、聚类、直方图分析、基于熵的离散化等。

3. 数据集成

数据集成的基本类型有两种：内容集成与结构集成。需要提醒的是,数据集成的实现方式可以有多种,不仅可以在物理上(如生成另一个关系表)实现数据集成,而且还可以在逻辑上(如生成一个视图)实现数据集成。

(1) **内容集成**。目标数据集的结构与来源数据集的结构相同,集成过程对来源数据集中的内容(个案)进行合并处理,如图 3-14 所示。可见,内容集成的前提是来源数据具有相同的结构或可通过变量映射等方式视为相同结构。在实际工作中,内容集成还涉及模式集成、冗余处理、冲突检测与处理等数据清洗操作。

序号	姓名	性别	出生年月	家庭住址
001	张三	男	1990.01	北京市海淀区颐和园路5号
002	李四	女	1992.12	浙江省杭州市西湖区余杭塘路866号
...	...	...	...	...

序号	姓名	性别	出生年月	家庭住址
...	...	...	...	...
008	王五	男	1988.12	哈尔滨市南岗区西大直街92号
009	赵六	女	1993.12	湖北省武汉市武昌区八一路299号
010	张三	女	1992.12	哈尔滨市南岗区西大直街92号

序号	姓名	性别	出生年月	家庭住址
001	张三	男	1990.01	北京市海淀区颐和园路5号
002	李四	女	1992.12	浙江省杭州市西湖区余杭塘路866号
...	...	...	...	
008	王五	男	1988.12	哈尔滨市南岗区西大直街92号
009	赵六	女	1993.12	湖北省武汉市武昌区八一路299号
010	张三	女	1992.12	哈尔滨市南岗区西大直街92号

图 3-14   内容集成

(2) **结构集成**。与内容集成不同的是,结构集成中目标数据集的结构与来源数据集不同。在结构集成中,目标数据集的结构为对各来源数据集的结构进行合并处理后的结果。以图 3-15 为例,目标表的结构是对来源表的结构进行自然连接后得出的结果。因此,结构集成的过程可以分为结构层次的集成和内容层次的集成两个阶段。在结构集成过程中可以进行属性选择操作。因此,目标数据集的结构并不一定是各来源数据集的简单合并。以图 3-15 为例,如果增加属性选择条件,可以得到另一种目标数据结构。

数据集成(包括内容集成和结构集成)中需要注意三个基本问题。

① **模式集成**。主要涉及的问题是如何使来自多个数据源的现实世界的实体相互匹配,即实体识别问题(Entity Identification Problem)。例如：如何确定图 3-15 中两个姓名均为

序号	姓名	性别	出生年月	婚姻状态	...
1	张三	男	1990.01	已婚	...
2	李四	女	1992.12	未婚	...
3	王五	男	1988.12	已婚	...
4	赵六	女	1993.12	再婚	...

序号	姓名	性别	出生年月	家庭住址	月收入	...
1	张三	男	1990.01	北京市海淀区颐和园路5号	7655.00	...
2	李四	女	1992.12	浙江省杭州市西湖区余杭塘路866号	8958.00	...
3	王五	男	1988.12	哈尔滨市南岗区西大直街92号	9958.00	...
4	赵六	女	1993.12	湖北省武汉市武昌区八一路299号	6958.00	...
5	张三	女	1992.12	哈尔滨市南岗区西大直街92号	5000.00	...

序号	姓名	性别	出生年月	家庭住址	婚姻状态	月收入	...
1	张三	男	1990.01	北京市海淀区颐和园路5号	已婚	7655.00	...
2	李四	女	1992.12	浙江省杭州市西湖区余杭塘路866号	未婚	8958.00	...
3	王五	男	1988.12	哈尔滨市南岗区西大直街92号	已婚	9958.00	...
4	赵六	女	1993.12	湖北省武汉市武昌区八一路299号	再婚	6958.00	...
5	张三	女	1992.12	哈尔滨市南岗区西大直街92号	未婚	5000.00	...

图 3-15 结构集成

"张三"的个案是否代表的是同一个实体。通常,数据库与数据仓库以元数据为依据,进行实体识别,进而避免模式集成时发生错误。

② **数据冗余**。若一个属性可以从其他属性中推演出来,那这个属性就是冗余属性。例如,一个顾客数据表中的"平均月收入"属性,就是冗余属性,显然它可以根据月收入属性计算出来。此外,属性命名的不一致也会导致集成后的数据集中出现不一致现象。通常,利用相关分析的方法来判断是否存在数据冗余问题。例如,已知两个属性,则根据这两个属性的数值分析它们之间的相关度。属性 A 和属性 B 之间的相关度可根据以下计算公式分析获得:

$$r_{A,B} = \frac{\sum (A - \overline{A})(B - \overline{B})}{(n-1)\sigma_A \sigma_B}$$

$\overline{A}$ 和 $\overline{B}$ 分别代表属性 A, B 的平均值;σ_A 和 σ_B 分别表示属性 A、B 的标准方差。若有 $r_{A,B} > 0$,则属性 A、B 之间是正关联,也就是说若 A 增加,B 也增加;$r_{A,B}$ 值越大,说明属性 A、B 正关联关系越密。若有 $r_{A,B} = 0$,就有属性 A、B 相互独立,两者之间没有关系。最后若有 $r_{A,B} < 0$,则属性 A、B 之间是负关联,也就是说若 A 增加,B 就减少;$r_{A,B} < 0$ 绝对值越大,说明属性 A、B 负关联关系越密。

③ **冲突检测与消除**。对于一个现实世界实体来讲,来自不同数据源的属性值或许不同。产生这样问题的原因可能是比例尺度不同或编码的差异等。例如,重量属性在一个系

统中采用公制,而在另一个系统中却采用英制。同样价格属性不同地点采用不同货币单位。因此,被集成数据存在的语义差异是数据集成的主要挑战之一。

4. 数据脱敏

数据脱敏(Data Masking)是在不影响数据分析结果准确性的前提下,对原始数据进行一定的变换操作,对其中的个人(或组织)敏感数据进行替换或删除操作,降低信息的敏感性,避免相关主体的信息安全隐患和个人隐私问题,如图 3-16 所示。

脱敏处理前

序号	姓名	性别	出生年月	家庭住址	婚姻状态	月收入	…
1	张三	男	1990.01	北京市海淀区颐和园路5号	已婚	7655.00	…
2	李四	女	1992.12	浙江省杭州市西湖区余杭塘路866号	未婚	8958.00	…
3	王五	男	1988.12	哈尔滨市南岗区西大直街92号	已婚	9958.00	…
4	赵六	女	1993.12	湖北省武汉市武昌区八一路299号	再婚	6958.00	…

脱敏处理后

序号	性别	出生年月	家庭住址	月收入	…
1	男	1990.01	北京市	6000~8000	…
2	女	1992.12	杭州市	8000~10000	…
3	男	1988.12	哈尔滨市	8000~10000	…
4	女	1993.12	武汉市	6000~8000	…

图 3-16　数据脱敏处理

需要注意的是,**数据脱敏操作不能停留在简单地将敏感信息屏蔽掉或匿名处理。数据脱敏操作必须满足以下三个要求。**

(1)**单向性**。数据脱敏操作必须具备单向性——从原始数据可以容易得到脱敏数据,但无法从脱敏数据推导出原始数据。例如,如果字段"月收入"采用每个主体均加 3000 元的方法处理,用户就可能通过对脱敏后数据的分析推导出原始数据的内容。

(2)**无残留**。数据脱敏操作必须保证用户无法通过其他途径还原敏感信息。为此,除了确保数据替换的单向性之外,还需要考虑是否可能以其他途径来还原或估计被屏蔽的敏感信息。例如,在图 3-16 中,仅对字段"家庭住址"进行脱敏处理是不够的,还需要同时脱敏处理"邮寄地址"。再如,仅仅屏蔽"姓名"字段的内容也是不够的,因为我们可以采用"用户画像分析"技术,识别且定位到具体个人。

(3)**易于实现**。数据脱敏操作所涉及的数据量大,所以需要的是易于计算的简单方法,而不是具有较高的时间复杂度和空间复杂度的计算方法。例如,如果采用加密算法(如 RSA 算法)对数据进行脱敏处理,那么不仅计算过程复杂,而且也无法保证无残留信息。

数据脱敏活动需要三个基本活动：识别敏感信息、脱敏处理和脱敏处理的评价。其中，脱敏处理可采用替换和过滤两种方法。数据替换活动可以采用Hash函数的方法进行数据的单向映射。

5．数据归约

数据归约(Data Reduction)是指在不影响数据的完整性和数据分析结果正确性的前提下，通过减少数据规模的方式达到减少数据量，进而提升数据分析的效果与效率的目的。因此，数据归约工作不应对后续数据分析结果产生影响[①]，基于已归约处理后的新数据的分析结果应与基于原始数据的分析结果相同或几乎相同。

常用的数据归约方法有两种：维归约和值归约。

(1) **维归约**(**Dimensionality Reduction**)。为了避免"维灾难"[②]的产生，在不影响数据的完整性和数据分析结果正确性的前提下，通常减少所考虑的随机变量或属性的个数。通常，维归约采用线性代数方法，如主成分分析(Principal Component Analysis，PCA)、奇异值分解(Singular Value Decomposition，SVD)和离散小波转换(Discrete Wavelet Transform，DWT)等。

(2) **值归约**(**Numerosity Reduction**)。在不影响数据的完整性和数据分析结果的正确性的前提下，使用参数模型(如简单线性回归模型和对数线性模型等)或非参数模型(如抽样、聚类、直方图等)的方法近似表示数据，并只存储数据生成方法及参数(而不存储实际数据)，进而实现数据归约的目的。

除了上述两种数据归约方法，还采用其他类型的归约方法。例如，数据压缩(Data Compression)——通过数据重构方法得到原始数据的压缩表示方法。

6．数据标注

数据标注的主要目的是通过对目标数据补充必要的词性、颜色、纹理、形状、关键字或语义信息等标签类元数据，提高其检索、洞察、分析和挖掘的效果与效率。按标注活动的自动化程度，数据标注可以分为手工标注、自动化标注和半自动化标注。从标注的实现层次看，数据标注可以分为两种。

(1) **语法标注**。主要采用语法层次上的数据计算技术，对文字、图片、语音、视频等目标数据给出语法层次的标注信息——语法标签。例如，文本数据的词性、句法、句式等语法标签；图像数据的颜色、纹理和形状等视觉标签。语法标注的特点是：标签内容的生成过程并不建立在语义层次的分析处理技术上，且标签信息的利用过程并不支持语义层次的分析推理。可见，语法标注的缺点在于标注内容停留在语法层次，难以直接支持语义层次上的分析处理。

---

① 或影响较少，可以忽略不计。
② 维灾难是指随着根据维度的增加，数据分析变得困难。

（2）**语义标注**。主要采用语义层次上的数据计算技术，对文字、图片、语音、视频等目标数据给出语义层次的标注信息——语义标签。例如，对数据给出其主题、情感倾向、意见选择等语义信息。与语法标注不同的是，语义标注的过程及标注内容应均建立在语义 Web 和关联数据技术上，并通过 OWL/RDF 语言关联至领域本体及其规则库，支持语义推理、分析和挖掘工作。语义 Web 中常用的技术有：知识表示技术（如 OWL、RDF 等），规则处理（如 SWRL、RDF Rule Language 等），检索技术（如 SPARQL、RDF Query Language 等）。

3.3　数据审计

数据审计是指按照数据质量的一般规律与评价方法，对数据内容及其元数据进行审计，发现其中存在的"问题"。例如：

- **缺失值**。缺少数据，如学生信息表中缺少第 10 条记录的字段"年龄"。
- **噪声值**。异常数据，如学生信息表中第 10 条记录的字段"年龄"为 120。
- **不一致值**。相互矛盾的数据，如某学生的出生日期在两个不同表中的记录不一致。
- **不完整值**。被篡改或无法溯源的数据，如某学生的出生日期已被篡改过，并缺少必要的日志信息，无法溯源至原始值。

1. 预定义审计

一般情况下，来源数据会有自描述性验证规则（Validation Rule），如关系数据库中的自定义完整性、XML 数据中的 Schema 定义等。可以通过查看系统的设计文档、实现代码或测试方法找到这些验证规则。在数据加工过程中，可以依据这些自描述性规则进行识别问题数据。预定义审计中可以依据的数据或方法有以下几种。

- 数据字典。
- 用户自定义的完整性约束条件，如字段"年龄"的取值范围为 20～40。
- 数据的自描述性信息，如数字指纹（数字摘要）、校验码、XML Schema 定义。
- 属性的定义域与值域。
- 数据自包含的关联信息。

2. 自定义审计

当来源数据中缺少自描述性验证规则或自描述性验证规则无法满足数据加工需要时，数据加工者需要自定义规则。数据验证（Validation）是指根据数据加工者自定义验证规则来判断是否为"问题数据"。一般情况下，验证规则并非来源数据自带的，而是数据加工者自定义。验证规则一般可以分为三种。

（1）**变量定义规则**。在单个（多个）变量上直接定义的验证规则，例如离群值的检查。最简单的实现方式有两种：一是给出一个有效值（或无效值）的取值范围，例如，大学生表中的年龄属性的取值范围为$[18,28]$;另一种是列举所有有效值(或无效值),以有效值(无效值)列表形式定义,例如,大学生表中的性别属性为"男"或"女"。

(2) **函数定义规则**。相对于简单变量定义规则,函数定义规则更为复杂,需要对变量进行函数计算。例如,设计一个函数$F()$,并定义规则$F(age) = TRUE$。

数据审计的常用技巧

可以用以下五种方法进行数据审计。需要注意的是,通过这些方法只能做到"数据质量可能存在问题",但无法肯定"数据质量肯定存在问题",是否真的存在质量问题,往往需要领域知识、其他数据审计方法、机器学习和统计学方法。

1. 第一数字定律

第一数字定律(First-Digit Law,又称 Benford 定律)描述的是自然数 1~9 的使用概率,公式为($d \in \{1,2,3,4,5,6,7,8,9\}$):

$$P(d) = \lg(d+1) - \lg(d) = \lg\left(\frac{d+1}{d}\right) = \lg\left(1 + \frac{1}{d}\right)$$

其中,数字"1"的使用概率最多约为 1/3,"2"为 17.6%,"3"为 12.5%,依次递减,"9"的使用概率是 4.6%,如表 3-10 所示。

第一数字定律的主要奠基人 Frank Benford 对人口出生率、死亡率、物理和化学常数、素数数字等各种现象进行统计分析后发现,由度量单位制获得的数据都符合第一数字定律。第一数字定律不但适用于个位数字,多位数也可用。但是,第一数字定律成立有两个前提条件。

- 数据不能经过人为修饰。
- 数据不能是规律排序的,如发票编号、身份证号码等。

表 3-10 十进制第一数字的使用概率

d	1	2	3	4	5	6	7	8	9
$P(d)$/%	30.10	17.60	12.50	9.70	7.90	6.70	5.80	5.10	4.60

注:$P(d)$为在十进制第一数字使用的概率。

2. 小概率原理

其基本思想是一个事件如果发生的概率很小,那么它在一次试验中几乎是不可能发生的,但在多次重复试验中几乎是必然发生的,数学上称之小概率原理。在统计学中,把小概率事件在一次实验中看成是实际不可能发生的事件,一般认为等于或小于 0.05 或 0.01 的概率为小概率。

小概率原理可以用于判断他人提供的数据是否正确。例如,曾有人采用小概率理论探讨了《红楼梦》中掷骰子游戏、主人公生日是否为真实的问题。

3. 语言学规律

每个自然语言都有其自身的语言学特征,主要包括以下三种。

- **频率特征**:在各种语言中,各个字母的使用次数是不一样的,有的偏高,有的偏低,这种现象叫偏用现象。以英文为例,虽然每个单词由 26 个字母中的字母组成,但每个字母在英文单词中出现的频率不同,且每个字母在英文单词中不同位置上出现的频率也不同。

- **连接特征**。包括语言学中的后连接(如字母"q"后总是"u")、前连接(如字母"x"的前面总是字母"i",字母"e"很少与"o"和"a"连接)以及间断连接(如在"e"和"e"之间,"r"的出现频率最高)。

- **重复特征**。字符串重复出现两个字符以上的现象,叫作语言的重复特征。例如,在英文中"th""tion"和"tious"的重复出现率很高。

4. 数据连续性理论

数据连续性理论是指由数据的可关联性、可溯源性、可理解性及其内在联系组成的一整套数据保护措施,其目的是保障数据的可用性、可信性和可控性,降低数据的失用、失信和失控的风险(见图 3-17)。

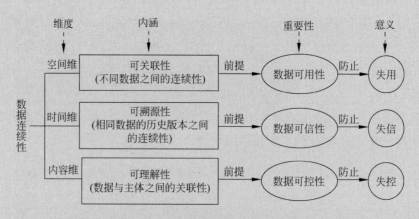

图 3-17 数据连续性的定义及重要性

- **可关联性**是在空间维度上刻画数据连续性,代表的是不同数据对象之间的连续性。它是保障数据可用性的重要前提,代表了数据是否具备支持开放关联和跨域存取的能力,进而避免数据资源的碎片化。因此,研究数据可关联性的意义在于降低数据的"失用"风险。

- **可溯源性**是在时间维度上刻画数据连续性,代表的是同一个数据对象的历史版本之间的连续性。它是保障数据可信性的重要前提,代表了数据是否具备支持证据链管理、可信度评估以及预测分析的能力。因此,研究数据可溯源性的意义在于降低数据的"失信"风险。

- **可理解性**是在内容维度上刻画数据连续性,代表的是数据与其产生、管理和维护的主体(包括人与计算机)之间的连续性。它是降低数据的可控性的重要前提,代表了数据是否具备自描述和自包含信息。因此,研究数据可理解性的意义在于降低数据的"失控"风险。

5. 数据鉴别技术

数据鉴别的目的有两个:一是消息本身的鉴别,即验证消息的完整性,判断信息内容是否被篡改、重放或延迟等;二是主体的鉴别,即发送者是真实的,而不是冒充的,一般采用数字签名技术。数据鉴别的常用方法有三种。

(1) **消息鉴别码(Message Authentication Code,MAC)是一个固定长的鉴别码**,计算方式如下:

$$MAC = C(K, M)$$

式中,M 为输入消息(变长);K 为双方共享的密钥;C 为 MAC 函数,$C(K,M)$ 为 MAC 函数的返回值(固定长度)。消息鉴别码的实现方法有很多种,例如基于 CBC (Cipher Block Chaining-MAC)和基于 CFB(Cipher Feed Back)的 MAC 等。

(2) **Hash 函数。基于 Hash 函数的消息鉴别方法与基于 MAC 的消息鉴别方法之间的主要区别**在于前者不需要加密处理,计算速度更快。通常,一个好的 Hash 函数应具备如下几个特征。

- 容易计算,即给定 M,很容易计算 h。
- 单向性,即如果已知 h,根据 $H(M) = h$ 计算 M 很难。
- 抗碰撞性。即给定 M_1,要找到另一个消息 M_2 并满足 $H(M_1) = H(M_2)$ 很难。

(3) **数字签名**。消息鉴别(Message Authentication)技术主要解决的是保护双方之间的数据交换不被第三方侵犯,但它并不保证双方自身的相互欺骗。例如,B 伪造一个不同的消息,但声称是从 A 收到的;A 可以否认发过该消息,B 无法证明 A 确实发了该消息。因此,还需要借助**数字签名**(Digital Signature)技术来实现实体鉴别的功能,包括:

- 签名者事后无法否认自己的签名,接收者能验证签名,而其他人都不能伪造签名。
- 在有争议时,可由第三方进行验证;对签名的作者、日期和时间、签名时刻消息的内容提供验证。

3. 可视化审计

有时,数据科学家很难用统计学和机器学习等方法发现数据中存在的问题或达到数据理解的目的。此时,数据可视化方法往往是更好的解决方案,可以很容易发现数据中存在的问题。图 3-18 用可视化方法显示了学生基本信息表中缺失数据的分布状况。

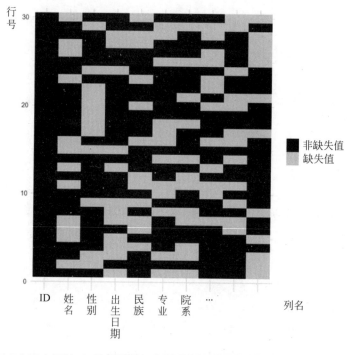

图 3-18　可视化审计示例

3.4　数据分析

从复杂度及价值高低两个维度，可以将数据分析分为描述性分析（Descriptive Analytics）、诊断性分析（Diagnostic Analytics）、预测性分析（Predictive Analytics）和规范性分析（Prescriptive Analytics）四种，如图 3-19 所示的 Gartner 分析学价值扶梯模型。

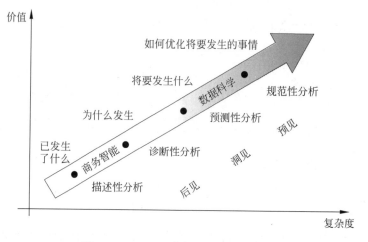

图 3-19　Gartner 分析学价值扶梯模型

1. 描述性分析

- 主要关注的是"过去",回答"已发生了什么"。
- 描述性分析是数据分析的第一步。
- 以"啤酒与尿布"经典案例为例,从过去的销售数据中发现啤酒与尿布的销售量及相关关系。
- 主要采用描述性统计分析方法。
- 描述性分析是诊断性分析的基础。

描述性分析与探索性分析的区别

- 描述性分析是相对于诊断性分析、预测性分析和规范性分析的一种提法,主要指的是对一组数据的各种统计特征(如平均数、标准差、中位数、频数分布、正态或偏态程度等)进行分析,以便于描述测量样本的各种特征及其所对应总体的特征。
- 探索性分析是相对于验证性分析的一种提法,主要指的是在尽量少的先验假定下,对已有的数据(特别是调查或观察得来的原始数据)进行探索,并通过作图、制表、方程拟合、计算特征量等较为简单的方法,探索数据的结构和规律的一种数据分析方法。

2. 诊断性分析

- 主要关注的是"过去",回答"为什么发生"。
- 诊断性分析是对描述性分析的进一步理解。
- 以"啤酒与尿布"经典案例为例,分析啤酒与尿布的销售量之间的相关关系的内在原因。
- 主要采用关联分析法和因果分析法。
- 描述性分析和诊断性分析是预测性分析的基础。

冰激凌的销售量与凶杀案的发生率有关? ——相关关系与因果关系的区别

图 3-20 显示了一项研究发现的冰激凌销售量与谋杀案的发生数量之间的散点图。那么,这是相关关系还是因果关系呢?作为数据科学家,至少应注意三点。

- 相关关系和因果关系是两个不同的概念,不得混淆。
- 通常,数据科学家只能发现"相关关系",而"因果关系"的判断和分析应交由领域专家负责完成。

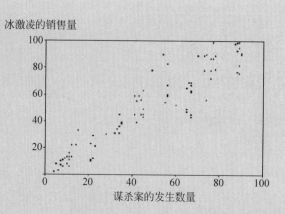

图 3-20　冰激凌的销售量与谋杀案的发生数量

- 数据科学并不抛弃或否认因果关系。在仅仅发现相关关系的前提下,人们并不知道如何优化、调整相关关系,并予以有效利用。

3. 预测性分析

- 主要关注的是"未来",回答"将要发生什么"。
- 以"啤酒与尿布"经典案例为例,在发现啤酒与尿布销量之间的相关关系及其成因的基础上,进一步分析消费者的未来消费趋势。
- 主要采用分类分析方法和趋势分析方法。
- 预测性分析是规范性分析的基础。

孕妇故事

　　一个男人冲进塔吉特(Target)商店,气愤地对经理说:"我女儿还是高中生,你们却给她邮寄婴儿服和婴儿床的优惠券,你们是在鼓励她怀孕吗?"几天过后,当商店经理给那位父亲打电话致歉时发现,男子的态度有了 180° 的转变:"我女儿的预产期是 8 月份,是我完全没有意识到这个事件的发生,该说抱歉的是我。"

　　原来,塔吉特的分析团队发现,怀孕 3 个月的女性会买无香乳液,之后会买镁、钙、锌等营养品,有 20 多种关联物能使零售商较准确地预测到该女生的预产期,并寄出了相应的优惠券招徕顾客。

4. 规范性分析

- 主要关注的是"模拟与优化"的问题,即"如何从即将发生的事情中受惠"以及"如何优化将要发生的事情"。

- 以"啤酒与尿布"经典案例为例,在预测消费者的消费行为的基础上,进一步分析如何为用户提供更好的服务及如何实现更多的盈利目的。
- 主要采用运筹学、模拟与仿真技术。
- 预测性分析是数据分析的最高阶段,可以直接产生产业价值。

2/3 的癌症是因为运气差? 大数据分析的套路与陷阱

2015 年,C. Tomasetti 和 B. Vogelstein 在《科学》(Science)杂志上发表了一篇题为 Variation in cancer risk among tissues can be explained by the number of stem cell divisions 的论文,此文摘要如下:

……有些类型的组织(注:此处"组织"指的是生物学中的组织"tissue",即界于细胞及器官之间的细胞架构)引发人类癌症的差异可高达其他类型生物组织的数百万倍。虽然这在最近一个多世纪以来已经得到公认,但谁也没有解释过这个问题。研究表明,不同类型癌症生命周期的风险,与正常自我更新细胞维持组织稳态所进行的分裂数目密切相关(0.81)。各组织间癌症风险的变化只有 1/3 可归因于环境因素或遗传倾向,大多数(65%)是由于"运气不好"造成的,也就是说在 DNA 正常复制的非癌变干细胞中产生了随机突变。这不仅对于理解疾病有重要意义,也对设计减少疾病死亡率的策略有作用……

摘要中的"大多数(65%)是由于'运气不好'造成的"一句成为当时各大媒体的头条新闻,引起了社会各界热议,甚至有人指出了其错误。更重要的是,人们开始认真反思数据分析中普遍存在的"套路"现象及存在的问题。其中最具代表性的是 J. T. Leek 与 R. D. Peng 在《科学》(Science)杂志上发表的文章 What is the question: Mistaking the type of question being considered is the most common error in data analysis,文章中明确提出了"之所以出现错误的分析结果,是因为人们混淆了数据分析的类型"的观点。在 J. T. Leek 与 R. D. Peng 看来,数据分析主要有 6 种类型(见图 3-21),并提出了 4 种容易犯的数据分析错误,如表 3-11 所示。

表 3-11　数据分析中常见错误

问题类型(实际)	问题类型(曲解)	曲解情况的简单描述
推理分析	因果分析	相关性并不意味着因果关系
探索分析	推理分析	数据疏浚(Data Dredging)
探索分析	预测分析	过拟合
描述分析	推理分析	1 为 n 分析

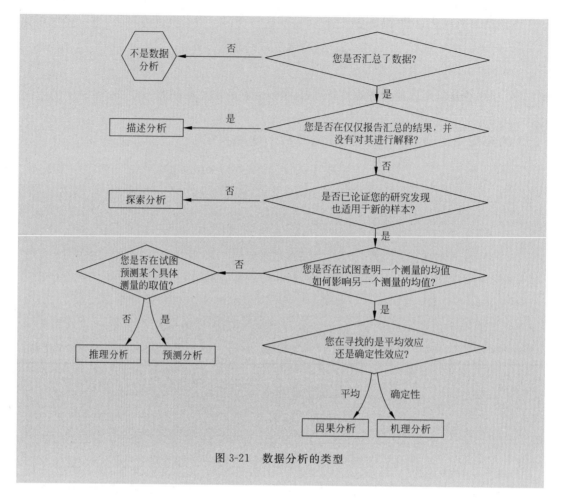

图 3-21 数据分析的类型

3.5 数据可视化

一张图的最大意义在于让我们注意到了从未看到的东西(The greatest value of a picture is when it forces us to notice what we never expected to see.)

——John Tukey(美国著名数学家)

1. 基本类型

在狭义上,数据可视化是与信息可视化、科学可视化和可视分析学平行的概念,而在广义上,数据可视化可以包含这三类可视化技术。

(1) **科学可视化(Scientific Visualization)**:是可视化领域最早出现的,也是最为成熟的一个研究领域。通常,科学可视化主要面向自然科学,尤其是地理、物理、化学、医学、生物学、气象气候、航空航天等学科领域。通常,科学可视化的规范化、标准化程度较高,不同设计者对同一个数据的可视化方法和结果应基本相同。

（2）**信息可视化（Information Visualization）**：与科学可视化相比,信息可视化更关注抽象且应用层次的可视化问题,一般具有具体问题导向。通常,信息可视化的个性化程度较高,不同设计者对同一个信息的可视化方法和结果可能不一样。例如,Charles Joseph Minard 以可视化方式呈现过 1812—1813 年拿破仑进军俄国惨败而归的历史事件,如图 3-22 所示[①]：采用箭头和线宽分别代表行军方向及军队数量变化；通过线条的相对位置表达了军队的会合和分散的过程,并标注了具体的地点和时间信息；最下边给出了拿破仑部队撤退过程中的温度变化。根据可视化对象的不同,信息可视化可归为多个方向,如时空数据可视化、数据库及数据仓库的可视化、文本信息的可视化、多媒体或富媒体数据的可视化等。

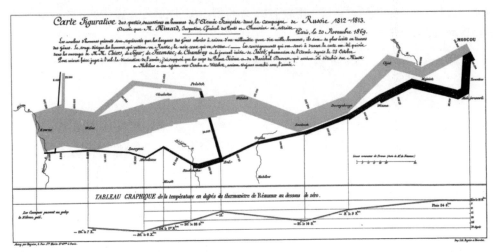

图 3-22 拿破仑进军俄国惨败而归的历史事件的可视化

（3）**可视分析学（Visual Analytics）**：是科学可视化和信息可视化理论的进一步演变以及与其他学科相互交融发展之后的结果。在数据科学中,通常采用数据可视化的广义定义方法,并以可视分析学为主要理论基础。

2. 可视分析学

可视分析学（Visual Analytics）是一门以可视交互为基础,综合运用图形学、数据挖掘和人机交互等多个学科领域的知识,以实现人机协同完成可视化任务为主要目的分析推理性学科。可视分析学的基本理论仍在不断变化之中。

可视分析学是一门跨学科性较强的新兴学科,主要涉及的学科领域有（见图 3-23）：

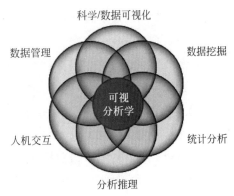

图 3-23 可视分析学的相关学科

- 科学/数据可视化。

---

① 该图被广泛认为是人类历史上最好的统计可视化案例之一。

- 数据挖掘。
- 统计分析。
- 分析推理。
- 人机交互。
- 数据管理。

可视分析学的出现进一步推动了人们对数据可视化的深入认识。作为一门以可视交互界面为基础的分析推理学科,可视分析学将人机交互、图形学、数据挖掘等引入可视化之中,不仅拓展了可视化研究的范畴,而且还改变了可视化研究的关注点。因此,可视分析学的活动、流程和参与者也随之改变,比较有典型的模型是 D. Keim 等(2008 年)提出的**可视分析学模型**,如图 3-24 所示。

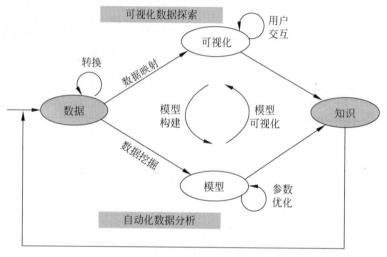

图 3-24　可视分析学模型

从图 3-24 可以看出,可视分析学的流程具有如下特点。

(1) **强调数据到知识的转换过程**。可视化分析学中对数据可视化工作的理解发生了根本性变化——数据可视化的本质是将数据转换为知识,而不能仅仅停留在数据的可视化呈现层次之上。图 3-24 给出了两种从数据到知识的转换途径:一是可视化分析;二是自动化建模。

(2) **强调可视化分析与自动化建模之间的相互作用**。从图 3-24 可以看出,二者的相互作用主要体现在:一方面,可视化技术可用于数据建模中的参数改进的依据;另一方面,数据建模也可以支持数据可视化活动,为更好地实现用户交互提供参考。

(3) **强调数据映射和数据挖掘的重要性**。从图 3-24 可以看出,从数据到知识转换的两种途径——可视化分析与自动化建模分别通过数据映射和数据挖掘两种不同方法实现。因此,数据映射和数据挖掘技术是数据可视化的两个重要支撑技术。用户可以通过两种方法的配合使用来调整模型参数和改变可视化映射方式,尽早发现中间步骤中的错误,进而提升可视化操作的信度与效度。

(4) **强调数据加工工作的必要性**。从图 3-24 可以看出,数据可视化处理之前一般需要对数据进行预处理(转换)工作,且预处理活动的质量将影响数据可视化效果。

(5) **强调人机交互的重要性**。从图 3-24 可以看出,可视化过程往往涉及人机交互操作,需要重视人与计算机在数据可视化工作中的互补性优势。因此,人机交互以及人机协同工作也将成为未来数据可视化研究与实践的重要手段。

3. 方法体系

可视化模型主要给出了可视化工作的基本框架与主要特点,但并没有给出其具体实现方法。从方法体系看,数据可视化的常用方法可以分为三个不同层次,如图 3-25 所示。

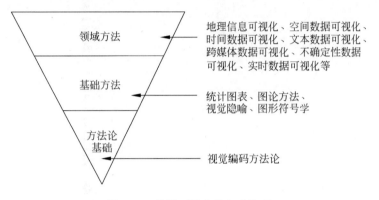

图 3-25 数据可视化的方法体系

(1) **方法论基础**。主要是指视觉编码。视觉编码为其他数据可视化方法提供了方法学基础,奠定了数据可视化方法体系的根基。通常,采用视觉图形元素和视觉通道两个维度进行视觉编码,如图 3-26 所示。

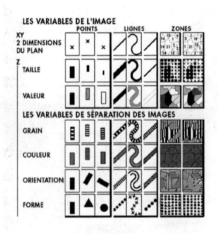

图 3-26 视觉图形元素与视觉通道

(2) **基础方法**。此类方法建立在数据可视化的底层方法论——视觉编码方法论的基础上,但其应用不局限于特定领域,可以为高层的不同应用领域提供共性方法。常用的共性方法有统计图表、图论方法、视觉隐喻和图形符号学等(见图 3-27~图 3-29)。

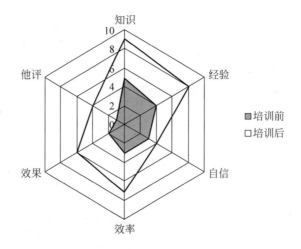

图 3-27　雷达图示例

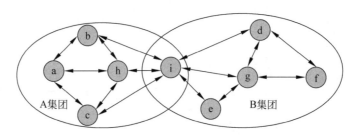

图 3-28　齐美尔连带

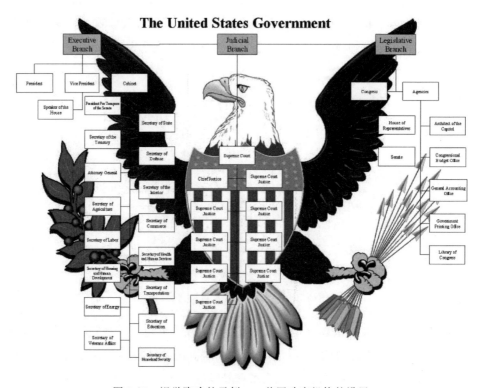

图 3-29　视觉隐喻的示例——美国政府机构的设置

Jacques Bertin 与他的《图形符号学》

Jacques Bertin

Leland Wilkinson[②]

　　自 Jacques Bertin 的《图形符号学》出版以来,图形符号学成为数据可视化领域的新课题,有很多学者试图拓展和深入其图形符号学理论。其中,最有代表性的是 Leland Wilkinson 等撰写的经典著作《图形学的语法》(The Grammar of Graphics)。他们在 Jacques Bertin 图形学的基础上,提出可视化算子[①]和图形美学属性的概念,且定义了一套图形语法规范。

- 数据:从数据集中生成变量的数据操作。
- 转换:数据变量间的转换。
- 框架:变量空间操作。
- 标度:标度之间的转换。
- 坐标:坐标系统。
- 图形:标准图形(对应于 Bertin 的图形符号)及其美学图形(对应于 Bertin 的视模网变量)。
- 参考:用于图形对象的对齐、分类和比对。

　　(3) **领域方法**。此类方法建立在上述可视化基础方法上,其应用往往仅限于特定领域或任务范围。与基础方法不同的是,领域方法虽不具备跨领域/任务性,但在所属领域内其可视化的信度和效度往往高于基础方法的直接应用。常见的领域类方法有地理信息可视化、空间数据可视化、时间数据可视化、文本数据可视化、跨媒体数据可视化、不确定性数据可视化、实时数据可视化等。数据可视化技术的发展呈现出了高度专业化趋势,很多应用领域已出现了自己独特的数据可视化方法。例如,1931 年,一位名叫 Henry Beck 的机械制图员(见图 3-30)借鉴电路图的制图方法设计出了伦敦地铁线路图(见图 3-31)。1933 年,伦敦地铁试印了 75 万份他设计的线路图。该方法逐渐成为全球地铁路线的标准可视化方法,沿用至今。

图 3-30　地铁路线图的创始人 Henry Beck
(来源:伦敦交通博物馆)

---

① 如图形变量的合并(＋)、叉乘(＊)、嵌套(/)、放大、缩放等。
② 曾担任著名的数据可视化公司 Tableau Software 的副总裁。

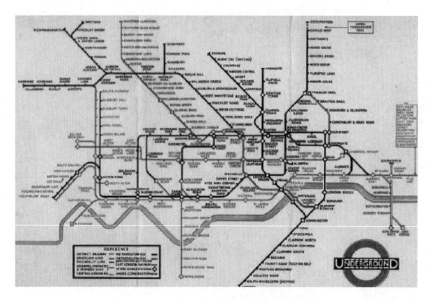

图 3-31 Henry Beck 的伦敦地铁线路图

(来源：伦敦交通博物馆)

4. 视觉感知与视觉认知

视觉编码的关键在于找到符合目标用户群的视觉感知习惯的表达方法，同一个数据的可视化编码结果可能有多种，但对目标用户群中产生的视觉感知可能不同。因此，视觉编码的前提是分析并了解目标用户的视觉感知特征，尽量降低目标用户的感知障碍。

(1) **视觉感知(Visual Perception)**是指客观事物通过视觉感觉器官(眼睛等)在人脑中产生直接反映的过程。视觉感知是产生视觉认知的前提条件。通常，人的视觉感知系统较为发达，感知速度和效果高于语言感知系统。视觉突出现象的存在也证明了人类视觉感知系统的优势。以图 3-32 为例，人们在左半部分和右半部分(二者的内容完全相同)中计算数字“8”的个数所需的时间不同。由于右半部分中的数字“8”采用了背景颜色，区别于其他数字，很容易产生视觉突出现象。因此，在数据可视化中应充分利用人类视觉感知特征，提高数据可视化的信度和效度。

12367687345312343465475683454561	12367687345312343465475683454561
23454565781231234654733323123212	23454565781231234654733323123212
23433846576622345656765756368213	23433846576622345656765756368213
87235465756232343456546756765656	87235465756232343456546756765656
23453456467567867897903423423445	23453456467567867897903423423445
34535646756533432474234237534343	34535646756533432474234237534343

图 3-32 视觉突出的示例

（2）**视觉认知**（**Visual Cognition**）是指个体对视觉感知信息的进一步加工处理过程,包括视觉信息的抽取、转换、存储、简化、合并、理解和决策等加工活动。因此,视觉认知是对产生视觉感知之后产生的视觉信号的进一步加工处理过程。完图法则(又称 Gestalt 法则)较好地解释了人类视觉感知和认知过程的重要特征:人类的视觉感知活动往往倾向于将被感知对象当作一个整体去认知,并理解为与自己经验相关的、简单的、相连的、对称的或有序的以及基于直觉的完整结构。因此,视觉感知结果往往不等同于感知对象的各部分的独立感知结果之和。以图 3-33 所示为例,联合利华集团和 IBM 公司的 LOGO 所包含的字母(U、I、B、M)被分解成多个区域,但并不影响人们的感知与认知结果。同时,人们倾向于将 Unilever 字样与其最近的字母 U 一起认知,但不会将 Unilever 字样与字母 IBM 一起感知。

图 3-33 完图法则的示例

5. 可视化视角下的数据类型

数据可视化操作的本质可以理解为两个步骤:一是识别数据类型;二是可视化映射,即根据不同的数据类型,将数据映射成视觉通道。

从可视化处理视角看,可以将数据分为四个类型:定类数据、定序数据、定距数据和定比数据,并采用不同的视觉映射方法。在可视化领域,对数据进行分类分析的目的在于不同类型的数据可支持的操作类型不同,如表 3-12 所示。因此,在数据可视化处理中不能违反数据类型及数据处理操作之间的一致性。

（1）**定类**（**Nominal**）**数据**。主要用于记录事物的所属类型或标签信息,如 ID=2016001 的记录代表的是"张三"。定类数据只能进行是否相等的判断,而不能进行大小比较、加减乘除等其他运算。

（2）**定序**（**Ordinal**）**数据**。主要用来记录事物的排序信息,如张三的期末成绩在年级排名第一。定序数据除可支持判断是否相等的操作外,还可以进行大小比较运算,但一般不能进行加减乘除等其他运算。

（3）**定距**（**Internal**）**数据**。用于记录事物的量化信息,其最主要的特点是不存在基准"0",且"0"并不表示"不存在"。例如,张三的出生日期、出生地、体温等。定距数据不仅可以支持判断是否相等和大小比较运算,而且还支持加减运算,但其乘除操作意义不大。需要注意的是,**定距数据中"0"的位置一般具有任意性,不代表对应事物是否"存在"**。例如,

"张三出生地的平均温度为 0℃",并不意味着"那个地方不存在温度"。

（4）**定比（Ratio）数据**。用于记录事物的量化信息。与定距数据不同的是，定比数据中存在基准"0"，且表示事物"不存在"[①]。例如，张三的身高是李四的 1.5 倍。定比型数据可以进行判断是否相等、大小比较、加减乘除等多种算术运算、集合运算和统计运算。

表 3-12　数据类型及所支持的操作类型

数据类型	所支持的基本算子	所支持的集合算子	所支持的统计属性
定类数据	$=$、$\neq$	元素位置可以互换	类别、模式、列联相关
定序数据	$=$、$\neq$、$>$、$<$	元素之间的位置不可更换	中值、百分数
定距数据	$=$、$\neq$、$>$、$<$、$+$、$-$	元素之间的线性加减操作	均值、标准差、等级相关、积差相关
定比数据	$=$、$\neq$、$>$、$<$、$+$、$-$、$\div$、$*$	可以判断元素之间的相似性	变异系数

6. 视觉通道的选择方法

从人类的视觉感知和认知习惯看，数据类型与视觉通道之间是存在一定的关系的。Jacques Bertin 曾提出 7 个视觉通道的组织层次，并给出了可支持的数据类型，如表 3-13 所示。

表 3-13　数据类型与视觉通道的对应关系

视 觉 通 道	定 类 数 据	定 序 数 据	定 量 数 据
位置	Y	Y	Y
尺寸	Y	Y	Y
数值	Y	Y	Y(部分)
纹理	Y	Y(部分)	
颜色	Y		
方向	Y		
形状	Y		

因此，如何综合考虑目标用户需求、可视化任务本身以及原始数据的数据类型等多个影响因素，选择合适的视觉通道并进一步有效展示，成为数据可视化工作的重要挑战。图 3-34 给出了不同类型数据的视觉通道的选择和展示方法。

需要注意的是，**在数据来源和目标用户已定的情况下，不同视觉通道的数据表现力**[②]**不同。视觉通道的表现力**的评价指标包括精确性、可辨认性、可分离性和视觉突出性。

---

① 通常，人们将定距数据和定比数据统称为"定量数据（Quantitative Data）"。

② "数据表现力"是指视觉通道在对数据进行视觉编码时，需要表达且仅仅表达数据的完整属性。

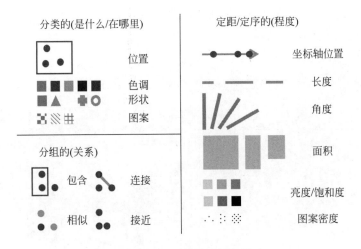

图 3-34　视觉通道的选择与展示

（1）**精确性**代表的是人类感知系统对于可视化编码结果和原始数据之间的吻合程度。斯坦福大学 J. Mackinlay 曾于 1986 年提出了不同视觉通道所表示信息的精确性，如图 3-35 所示[①]。

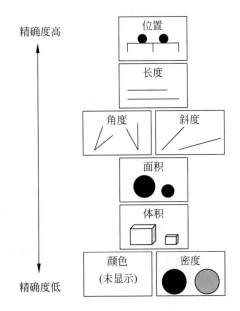

图 3-35　视觉通道的精确度对比

（2）**可辨认性**是指视觉通道的可辨认度。例如，图 3-36 中采用线条的宽度表示数据流的大小，但当线条面积较大时，线条将变成长方形，难以辨认是否为视觉通道还是背景图片。

---

① 详见 Mackinlay J. Automating the design of graphical presentations of relational information［J］. Acm Transactions On Graphics（Tog），1986，5（2）：110-141.

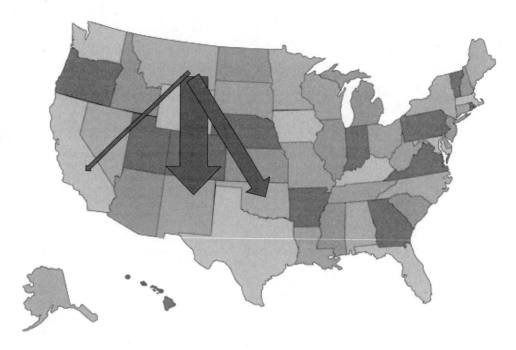

图 3-36　视觉通道的可辨认性——某公司产品销售示意图

（3）**可分离性**是指同一个视觉图形元素的不同视觉通道的表现力之间应具备一定的独立性。例如，在图 3-37 中，选择采用两种视觉通道——面积和纹理分别代表图形元素的两个不同属性值，其可视化表现力较差。因为当通道"面积"的取值较小时可能影响另一个通道"纹理"的表现力，也就是说在图 3-37 中两种通道的表现力之间并不完全独立。

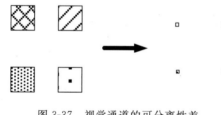

图 3-37　视觉通道的可分离性差

（4）**视觉突出性**是指视觉编码结果能否在很短的时间内（如毫秒级）迅速、准确地表达出可视化编码的主要意图。

由于不同视觉通道具有不同的表现力，因此数据的可视化编码过程应忠于原始数据、目标用户的感知特征以及可视化表示的目的，选择高表现力的可视化图形元素及视觉通道。

一般情况下，采用高表现力的视觉通道表示可视化工作要重点刻画数据或数据的特征。但是，各种视觉通道的表现力往往是相对的，表现力值的大小与原始数据、图形元素及通道的选择、目标用户的感知习惯具有密切联系。因此，视觉通道的有效性是数据可视化中必须注意的问题之一。

7. 视觉假象

视觉假象（**Visual Illusion**）是数据可视化工作中不可忽略的特殊问题。视觉假象是指给目标用户产生的错误或不准确的视觉感知，而这种感知与数据可视化者的意图或数据本身的真实情况不一致。视觉假象的产生原因有很多,比较常见的有三种。

(1) **可视化视图所处的上下文(周边环境)可能导致视觉假象**。人们对可视化视图的感知过程容易受到视图周围上下文的影响。以图 3-38 为例,由于线段 A 与 B 所处的背景图片显示出了从左至右变窄的效果,很容易给人感觉线段 A 比线段 B 短的错觉,而实际上二者的长度是一样的。因此,视觉编码图元和视觉通道的选择应注意视图所处的上下文,避免给目标用户造成视觉假象。再如,图 3-39 为例,由于竖线(段)两端存在背景箭头,容易给人左边竖线(段)长于右边竖线(段)的视觉假象,其实左右两条竖线(段)的长度相等。

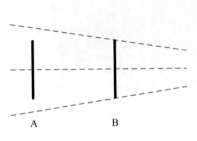

图 3-38　上下文导致视觉假象 1

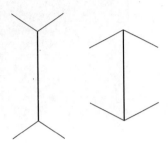

图 3-39　上下文导致视觉假象 2

(2) **人眼对亮度和颜色的相对判断容易造成视觉假象**。研究发现,人眼对亮度和颜色的感知具有明显的相对性,容易受到周围亮度和颜色的影响。例如 Edward Adelson 曾给出了图 3-40 所示的视觉假象的示例。由于图中有个圆柱体的阴影,人们容易产生一种视觉假象——色块 A 比色块 B 更亮。但是,当将色块 A 和 B 单独提取或二者之间用与其中的任何一个相同亮度的色带相连时,我们会发现色块 A 和 B 的亮度相等。视觉编码过程中颜色和亮度的处理需要避免相对判断造成的视觉假象。

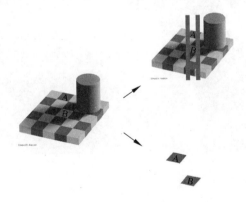

图 3-40　对亮度和颜色的相对判断容易造成视觉假象的示例

(3) **目标用户的经历与经验可能导致视觉假象**。可见,视觉编码过程必须研究目标用户的视觉感知特征,包括个人经验、心理状态、文化背景、性格特征等。

数据可视化领域的 6 个著名实践及其源代码

1. 计算宇宙的年龄

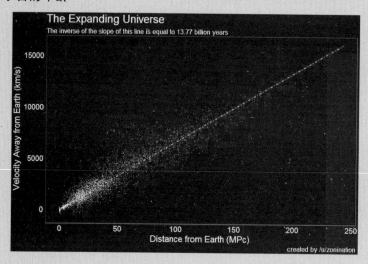

【主要效果】他的计算结果与宇宙的接受年龄相比只有一0.187%。

【数据源】Hyperleda。

【可视化工具】R。

【源代码的下载地址】https://github.com/zonination/galaxies。

2. 用地球的颜色渲染月球

【主要效果】如果用地球的颜色渲染月球会是什么样?

【数据源】USGS(US Geological Survey,美国地质调查局)。

【可视化工具】Python。

【源代码的下载地址】https://nbviewer.ipython.org/github/siggyf/notebooks/blob/master/moon.ipynb#。

3. 纽约市 13 亿次的出租车旅程

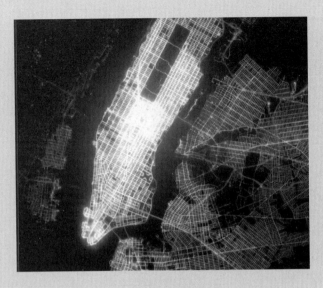

【主要效果】纽约出租车的接送位置的可视化。

【数据源】2009.1—2016.6。

【可视化工具】Python。

【源代码下载位置】https://github.com/r-shekhar/NYC-transport。

4. 通过 17 000 个行程路线看世界

【主要效果】行程路线的可视化,可视化的效果为所有相同颜色的国家的旅行次数都比其他国家的旅行次数多。

【数据源】184 个国家的 1.7 万次行程。

【可视化工具】Tableau,Gephi。

【源代码下载位置】https://triphappy.com/blog/world-drawn-by-travelers/21。

5. 日食的可视化

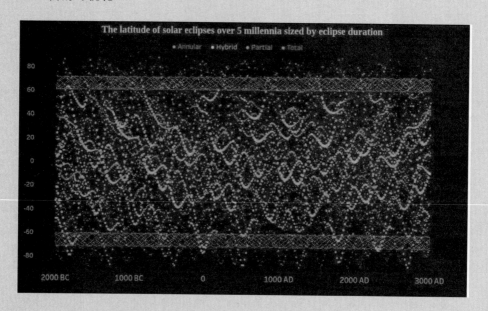

【主要效果】作者根据类型、日期、持续时间和纬度，显示了超过 5000 年的日食。

【数据源】NASA(National Aeronautics and Space Administration，美国国家航空航天局)。

【可视化工具】Tableau。

【源代码下载位置】https://public.tableau.com/en-us/s/gallery/5-millennia-solar-eclipses?gallery＝votd。

6. 吉米·亨德里克斯之体验

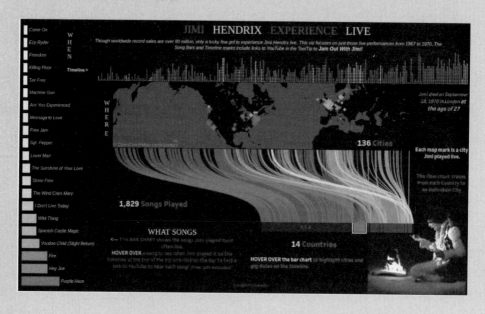

> 【主要效果】吉米·亨德里克斯的歌曲及其在 YouTube 上的播放数据的可视化。
> 【数据源】吉米·亨德里克斯的现场表演数据：1967—1970。
> 【可视化工具】Tableau。
> 【源代码下载位置】https://public. tableau. com/en-us/s/gallery/jimi-hendrix-live?
> gallery＝votd。[①]

3.6 数据故事化

"数据的故事化描述(Storytelling)"是指为了提升数据的可理解性、可记忆性及可体验性，将"数据"还原成关联至特定的"情景"的过程。可见，数据故事化也是数据转换的表现形式之一，其本质是以"讲述故事"的方式展现"数据的内容"。数据故事化中的"情景"可以分为三类。

- **还原情景**。还原数据所计量和记录信息时的"原始情景"。
- **移植情景**。并非对应信息的原始情景，而是将数据移植到另一个真实发生的情景（如目标用户比较熟悉的情景）之中。
- **虚构情景**。数据的故事化描述中所选择的情景并非为真实存在的情景，而是根据讲述人的想象力设计出来的"虚构情景"。

冷冰冰的数据
——如果仅仅用"数据"呈现奥斯卡获奖电影《泰坦尼克号》会怎么样

1912 年 4 月 14 日晚 11 点 40 分，泰坦尼克号在北大西洋（41°43′55.66″N 49°56′45.02″W 附近）撞上冰山……2 小时 40 分钟后，4 月 15 日凌晨 2 点 20 分沉没……由于只有 20 艘救生艇，1523 人葬身海底。

头等舱乘客：

男士：175 人，幸存 57 人，幸存率 32.6%

女士：144 人，幸存 140 人，幸存率 97.2%

儿童：6 人，幸存 5 人，幸存率 83.3%

乘客名单及详细信息如下……

二等舱乘客：

......

---

① PRANAV DAR. A Collection of 10 Data Visualizations You Must See[OL]. https://www. analyticsvidhya. com/blog/2018/01/collection-data-visualizations-you-must-see/。

三等舱乘客：

......

船员……

1. 数据科学中的重要地位

通常，数据可视化和故事化描述被认为是数据科学项目的"最后一公里问题"，其效果好坏将直接影响整个数据科学项目的成败。有人对 TED 最受欢迎的 500 场报告的数据分析发现，超过 65％ 的内容采用的是故事化描述方法。数据的故事化描述在数据科学中具有不可替代的作用，故事化描述和可视化表达的优劣势不同，如图 3-41 所示。

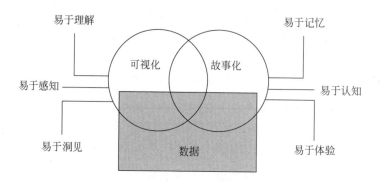

图 3-41　数据可视化表达与数据故事化描述

（1）**易于记忆**。斯坦福大学的研究发现，在受调查的人群中，能够记住"故事"的人数可以达到 63％。但是，能够记住孤立的统计数据的人数只有 5％。可见，故事化描述更容易被人们记忆。此外，由于人类的视觉能力最为发达，可视化表示可以提升数据的可理解性。

（2）**易于认知**。在一项"拯救孩子们(Save the Children)"的公益活动中，研究者通过对两种不同版本的宣传手册(一种是基于故事化描述的版本，另一种是图表式可视化表达的版本)产生的效果进行比较之后发现——拿到基于故事化描述的宣传册的捐赠者会多捐出 1.14～2.14 美元。相对于可视化表达的高感知能力，故事化描述具有更高的认知能力。因此，数据产品的展现过程往往先采用可视化方式引起人们的感知活动，然后通过故事化方式达到进一步认知的目的。

（3）**易于体验**。相对于数据的可视化表达的高洞见性，数据的故事化描述往往具有更高的参与性和体验性。数据故事化描述的高体验性往往通过两种方式实现：一种是故事的讲述者与倾听者之间共享相同或相似的情景；另一种是故事的具体表现形式及情节设计。

不要给他们 4，而要给 2 和 2。（Don't give them 4，give them 2 and 2.）

——Andrew Stanton（著名导演、剧作家）

真理与人类之间的最短距离就是故事。（The shortest distance between truth and a human being is a story.）

——Anthony de Mello（著名作家、心理导师，《一分钟的智慧》（One Minute Wisdom）的作者）

"故事化描述"是数据科学家的基本功之一。（Data storytelling：the essential data science skill everyone needs.）

——Brent Dykes（Domo 董事）

2. 故事化描述与故事的展现方式

值得一提的是，数据的故事化描述和故事的展现是两个不同概念，如图 3-42 所示。通常，我们看到的文章、图书、电影、海报、游戏、图片等都是对数据进行故事化处理后，进一步选择特定的表现形式进行具体展现的结果。

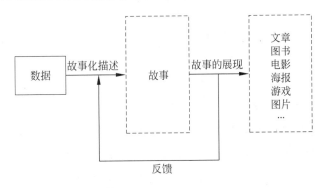

图 3-42　数据的故事化描述及故事的展现

（1）**故事化描述是故事展现的前提条件**。同一个故事可以采用不同的表现形式，如文章、图书、电影、海报、游戏、图片等，但表现效果可能不同。

（2）**故事的展现对数据化描述的反馈作用**。故事的展现过程中往往发现数据故事化描述中存在的问题或漏洞，可为数据故事化提供反馈信息，从而进一步优化数据的故事化描述活动。

3. 故事化描述的基本原则

数据的故事化描述应遵循以下基本原则（见表 3-14）。

（1）**忠于原始数据原则**。数据的可视化必须忠于原始数据，不得扭曲或捏造数据。也就是说，在数据的故事化描述过程中，不得"以提升故事化描述的生动性为借口"，扭曲原始数据，甚至捏造原始数据。因此，数据故事化描述的前提是"理解原始数据"，只有正确理解原始数据,才能达到"忠于数据的目的"。

表 3-14　数据故事化描述应遵循的基本原则

原　　则	应　　该	不　应　该
忠于原始数据原则	忠于原始数据的前提下,生动地讲述故事	为了故事的"生动性",扭曲或捏造原始数据
设定共同情景原则	设定与目标倾听者相同或相似情景	倾听者在故事中仅仅看到了自己,而没有看到带来的新信息或知识
体验式讲述原则	确保在故事中嵌入讲述者自己亲身的经历、知识和思考,设置一些与目标倾听者不断进行的"交互环节"	在故事中,既看不到讲述人,也不涉及倾听者
个性化定制原则	故事情景的选择及讲述方式应根据目标倾听者的知识能力、兴趣爱好、利益焦点来决定	一个故事走天下,目标倾听者根本"不感兴趣"甚至"听不懂"你讲的故事
有效性利用原则	在论证故事化描述方法的适用性和有效性的前提下进行数据的故事化描述	只要看到数据,就想讲一个故事
3C 精神原则	将 3C 精神(创造性地工作、批判性地思考、好奇性地提问)融入数据的故事化描述工作中,实现数据故事化描述的增值	数据故事化过于死板或乏味,缺乏吸引力

(2) **设定共同情景原则**。在数据的故事化描述过程中,讲述者尽量与目标倾听者共享相同或相似的情景,将故事内容与倾听者的经验和知识相关联起来,进而达到与倾听者共鸣的目的。需要注意的是,讲述者应避免因过于追求"共同情景",而导致"倾听者在故事中仅仅看到了讲述人,而找不到新信息和知识"。因此,数据故事化描述之前需要"了解目标倾听者",只有真正了解目标倾听者,才能达到与目标倾听者共享相同或相似情景的目的。

(3) **体验式讲述原则**。数据的故事化过程尽量用第一人称或第二人称表达,确保在故事中嵌入讲述者自己亲身的经历、知识和思考,设置一些与目标倾听者不断进行的"交互环节",避免故事内容"既看不到讲述人,也不涉及倾听者"。

(4) **个性化定制原则**。故事情景的选择及讲述方式应根据目标倾听者的知识能力、兴趣爱好、利益焦点来决定,避免由于"一个故事走天下"而导致的目标倾听者对故事"不感兴趣",甚至"听不懂"的情况出现。

(5) **有效性利用原则**。有时,故事化描述并不一定是最有效的数据表达方式。在故事化描述之前,数据科学家需要将不同数据表达(如可视化表达、故事化描述等)的预期效果进行对比分析,在原始数据和目标倾听者已确定的条件下,应论证故事化描述方法的适用性和有效性。有必要时,应综合运用数据的可视化表达与故事化描述等不同方法,达到数据展现的最终目的。

(6) **3C 精神原则**。数据科学家应将 3C 精神融入数据的故事化描述工作中,实现数据故事化描述的增值,避免数据故事化和套路化。

近年来,以自动化方式实现数据故事化描述成为数据科学的新兴关注点。以 Narrative

Science Inc 为例,该公司综合运用自然语言处理、数据可视化、统计分析等技术,较好地实现了自动生成个性化报告。

为什么很多人害怕数学

——数学离开了它的故事之后变得如此"恐怖"

数学原本是很美的,也是很可爱的。但是,为什么有很多人害怕数学呢?中国人民大学朝乐门老师认为一个重要原因在于数学教育脱离了它的"原故事",而增加了"新故事"。

- 原故事:每个数学理论的提出背后都有它自己的独有的背景故事,这些故事往往都是很可爱的……
- 新故事:所有数学理论的新故事都是一样的新编故事——数学很难……

以概率论为例,概率论起源于赌博(注:以下故事内容来自于"中国科普博览网")。

1651 年,法国一位贵族梅勒向法国数学家、物理学家帕斯卡提出了一个十分有趣的"分赌注"问题。假设有两个赌徒,在他俩下赌金(每人 32 个金币)之后,约定谁先赢满 5局,谁就获得全部赌金。赌了半天,A 赢了 4 局,B 赢了 3 局,时间很晚了,他们都不想再赌下去了。那么,这个钱应该怎么分? 是不是把钱分成 7 份,赢了 4 局的就拿 4 份,赢了3 局的就拿 3 份呢? 或者,因为最早说的是满 5 局,而谁也没达到,所以就一人分一半呢?

这两种分法都不对。正确的答案是:赢了 4 局的拿这个钱的 3/4,赢了 3 局的拿这个钱的 1/4。

为什么呢? 假定他们俩再赌一局,或者 A 赢,或者 B 赢。若是 A 赢满了 5 局,钱应该全归他;A 如果输了,即 A、B 各赢 4 局,这个钱应该对半分。现在,A 赢、输的可能性都是 1/2,所以,他拿的钱应该是 1/2×1+1/2×1/2=3/4,当然,B 就应该得 1/4。

这个问题可把他难住了,他苦苦思考了两三年,到 1654 年才算有了点眉目。于是他写信给好友费马,两人讨论结果,取得了一致的意见:梅勒的分法是对的,他应得 64 个金币的 3/4,赌友应得 64 个金币的 1/4。

通过这次讨论,开始形成了概率论当中一个重要的概念——数学期望。

在上述问题中,数学期望是一个平均值,就是对将来不确定的钱今天应该怎么算,这就要用 A 赢输的概率 1/2 去乘上他可能得到的钱,再把它们加起来。概率论从此就发展起来,今天已经成为应用非常广泛的一门学科。

3.7 数据科学项目管理

数据科学项目应遵循一般项目管理的原则和方法,涉及整体、范围、时间、成本、质量、人力资源、沟通、风险、采购九个方面的管理(见图 3-43)。

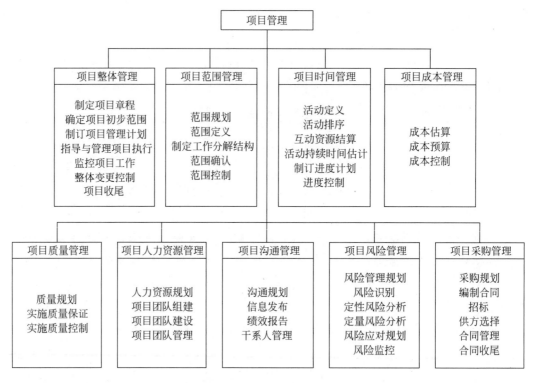

图 3-43　项目管理的主要内容

1. 主要角色

数据科学项目涉及的主要角色有项目发起人(Project Sponsor)、项目经理(Project Manager)、客户(Client)、数据科学家(Data Scientist)、数据工程师(Data Engineer)和操作人员(Operation)等,如表 3-15 所示。

表 3-15　数据科学项目中的主要角色及其任务

角　　色	描　　述
项目发起人	项目的投资者,代表的是项目最终利益与目的
项目经理	项目的实际管理者,包括项目范围、时间、成本、质量、风险、人力资源、沟通、采购及系统的管理
客户	项目的最终用户,代表的是项目的用户需求。同时,客户往往是数据科学项目中扮演领域专家的角色
数据科学家	负责项目发起人、经理、客户、数据工程师之间的有效沟通;数据管理策略以及数据处理方法与技术方案的选择;数据产品的研发,如数据处理结果的可视化等
数据工程师	负责在具体的软硬件上部署和实施数据科学家提出的方法与技术方案
操作人员	负责管理软硬件系统和基础设施(如云平台等)。例如,系统管理员、硬件维护人员等

2. 基本流程

从图 3-44 可以看出，数据科学项目是由从"项目目标的定义"到"模式/模型的应用及维护"的一系列双向互联的互动链条组成的循序渐进的过程，主要涉及的活动包括六项。

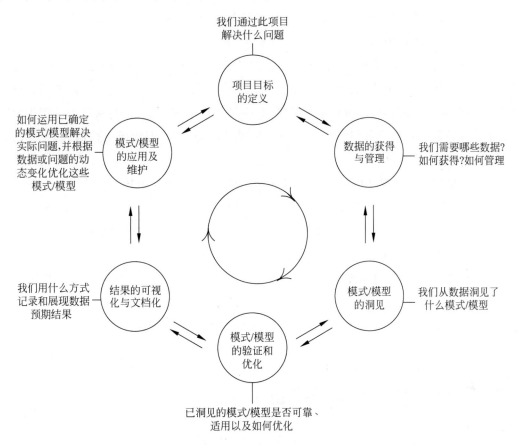

图 3-44 数据科学项目的基本流程[①]

（1）**项目目标的定义**。主要回答的问题是——"我们通过此项目解决什么问题"。项目目标的定义应符合 SMART 原则的要求，即具体（Specific）、可测量（Measurable）、可实现（Achievable）、相关（Relevant）和可跟踪（Traceable）。定义目标的前提是调查项目需求——问题域、研究假设与项目边界，尤其是项目干系人（Stakeholder）最关心的核心问题。需要注意的是，**项目干系人"最关心的问题"不一定是数据科学项目要解决的"最核心问题"**，主要原因在于前者往往是从业务视角提出的，属于上层应用问题，而后者是对前者进行深入研究后，从数据视角提出的底层本质问题。

（2）**数据的获得与管理**。主要回答的问题是——"我们需要哪些数据？如何获得？如

[①] 本图是作者在 Nina Zumel 和 John Mount 的数据科学项目流程（Stages of a Data Science Project）的基础上提出的。

何管理"。在定义项目目标的基础上,进一步分析项目所需的数据及其属性,并判断其"可获得性"。如果"是",需要"自己收集"还是"利用已有数据"? 同时,还需要考虑是否需要进行数据加工、数据计算所需的平台以及数据管理技术。

（3）**模式/模型的洞见**。主要回答的问题是——"我们从数据洞见了什么模式/模型"。采用数据统计和机器学习的知识对数据进行分析与处理,挖掘数据中隐藏的有用的"信息"或(和)"知识",为实现项目目的提供"可能的解决方案"。

（4）**模式/模型的验证和优化**。主要回答的是——"已洞见的模式/模型是否可靠、适用以及如何优化"。在洞见可能的解决方案——数据中隐藏的模式/模型之后,需要对其进行可靠性验证和可用性分析,分析已发现的模式/模型的信度和效度,并判断是否适用于解决项目的研究问题。当然,可以把已发现的模式/模型作为基础,利用历史数据或新增数据,进一步优化模式/模型。

（5）**结果的可视化与文档化**。主要回答的问题是——"我们用什么方式记录和展现数据结果"。结果的可视化和文档化分别代表的是数据项目结果的可视化表达和文档化记录(包括故事化描述)。选择可视化和文档化的方式对于数据科学项目的成败,尤其是项目干系人的正确理解具有重要意义。

（6）**模式/模型的应用及维护**。主要回答的是——"如何运用已确定的模式/模型解决实际问题,并根据数据或问题的动态变化优化这些模式/模型"。在验证/优化完成模型以及选择结果的预期表达方式的基础上,需要运用模型来解决现实世界的问题——项目干系人最关心的核心问题。

3.8　数据科学中的常见错误

目前,数据科学项目中普遍存在的问题和注意事项较多,主要原因在于人们在尚未掌握数据科学的理念、理论、方法、技术工具的前提下,用自己一贯采用的习惯性思维模式和传统理论去"解决"大数据问题,而并没有意识到大数据和数据科学项目的特殊性。在数据科学中常见的错误有很多种,如下所示[①]。

1. 不检查数据

在数据科学项目中,数据团队需要检查自己即将收集和使用的数据的质量与规模。data. world 的数据科学家 Jonathan Ortiz 曾提到:"在工程项目中,大部分的时间,通常是80%的时间,将用于获取和清洗数据,我们必须检查是否记录好了需要用于分析的数据。"

---

① Mary Branscombe. 12 data science mistakes to avoid[OL]. https://www.cio.com/article/3271127/data-science/12-data-science-mistakes-to-avoid. html?nsdr=true&page=2.

TechTarget 首席营销官 John Steinert 表示，即使你收集的数据正确无误，但是如果数据量过低或独立变量过多，那么也很难用来为 B2B 市场营销和销售等业务领域创建预测模型。"数据量越大，数据科学工具的效果就越好，预测模型就越强大"。解决数据量过少的一种方法是购买数据集，如数据集 purchase-intent 等；另一种方法是使用模拟产生的数据。但是，Avanade 高级数据专家 Chintan Shah 警告务必要谨慎使用模拟数据，因为模拟数据可能不会符合你的研究假设。

2. 不理解数据

在数据科学项目中，数据团队应在训练数据模型之前花些时间去仔细研究数据。Jonathan Ortiz 曾提出："如果你看到一些违反直觉的东西，说明你的假设可能是错误的，或者数据是错误的。我认为最重要的事情就是研究数据，绘制图表并进行探索性分析。很多人都匆匆略过这一步，甚至完全忽略。但是，实际上你需要理解数据。如果事先进行一些探索性分析，你就可以更快地确定这些数据是否告诉你合理有用的结果。"

3. 不评估数据

在数据科学项目中，数据团队需要对数据内容及其模态和目标任务之间的匹配度进行评估。Chintan Shah 说："对人工智能的炒作会使太多的人相信只要我们把数据交给计算机算法，就会自己解决所有问题。尽管公司拥有大量的数据，但要将数据转换成可用的形态，还需要有专门的人力。"

John Steinert 认为："只关注公司以前做了什么者，往往不能发现新的事物。你越是只把过去作为预测未来的依据，越不愿意去寻找新的途径。即使你用第三方的数据来解决你的产品或服务的需求，它也不能保证你一定能完成这些销售任务。数据模型可以告诉你，一家公司与你提供的服务相匹配，但它不能告诉你该公司现在是否有需求。"

"人们开始对数据科学家进行投资，这些他们以前在各种领域中都从未信任过的人。"Ortiz 说，"在他们看来，用数据科学家的观点来回答问题，用数据来解决难题，并推动决策，这是一件很有希望的事。"Ortiz 建议，数据科学家应该从小型项目和快速的成功中证明他们能够实现目标，从而向组织展现价值。"应该从一个小目标开始，而不要一开始就挑战技术难题，花一个月之久做一个你认为有巨大价值的大项目。"

4. 不测试模型

在数据科学项目中，很多数据团队因考虑到自己已经花费大量时间和金钱来构建了一个数据模型，总是希望在任何地方都能使用它，从而达到模型利用率的最大化。"但是，如果这样做，就无法衡量这个模型的效果。另外，如果用户不相信模型，他们可能不会使用它，然后你就不能测试它。"Steinert 说，"那么，解决方案是什么呢？（可以采取 A/B 测试）用一个使用模型的组来确保模型有效，用一个不使用它的控制组来对照，有一个随机组去寻找模型成立的场合,而对照组则按原先的情况设计。"Steinert 补充道。

5. 只有目标,没有假设

Ortiz 认为:"寻找可以提供特定改进的数据模型是很诱人的,例如,在 48 小时内解决 80% 的客户案例,或者在一季度内获得 10% 的业务增长,但这些指标还不足以应对问题。最好先从假设开始。通常你会看到一条曲线或一条线作为整体度量标准,并且你想要移动它。这可能代表一个伟大的商业目标,但很难想象你需要采取哪些措施才能做到这一点。通过对照组或探索数据来验证你的假设,即什么能改善模型。如果你可以在对照组进行分组测试并且样本都具有代表性的情况下运行测试,则可以实际确定你使用的方法是否实际影响了你希望其影响的方法。如果你只是在事后查看数据,那么从假设开始可以帮助缩小范围。我需要将这个指标增加 10%;我的假设是什么? 可能会影响到什么? 然后我可以对数据中的数据进行探索性分析跟踪。在你提出的问题和你正在测试的假设中清楚地说明,可以帮助你减少在这个问题上花费的时间。"

6. 采用过时失效的模型

在数据科学项目中,数据团队所采用的模型和算法必须随着数据本身的变化而动态变化。Ortiz 认为:如果你有一个适合你的问题的数据模型,你可能认为你可以一直使用它,但是模型需要更新,并且随着时间的推移,你可能需要构建另外的模型。功能会随着时间而改变。你需要不断地观察其有效性并更新你的模型。模型不应该被视为静态的,市场当然不是一成不变的。如果市场的偏好正在偏离你的旧有模型,它将使你走入歧途。模型的性能在衰退。或者竞争对手从你的市场表现中学习时它就过时了。问题是随着时间的推移,我们该如何发现新的模型? 这就要求我们进行一系列实验,以发现新的找到模型的机会。

7. 不评估最终结果

使用控制组的另一部分作用是测量模型的输出的效果,你需要在整个过程中跟踪它,或者最终针对错误的目标优化。

Steinert 指出:"有的公司使用机器人来提供电话服务,而且不持续检查机器人是否能够带来更高的客户满意度,只庆幸减少了人力成本。如果客户结束合作是因为机器人无法给他们正确的答案,而不是因为解决了他们的问题,那么客户满意度将大幅下降。"

8. 忽略业务专家的作用

在数据科学项目中,业务专家发挥着重要作用。Shah 认为:"如果你认为需要的所有答案都在数据中,而开发人员或数据科学家可以自己找到它们,那就大错特错了。你必须要确保了解实际业务问题的人参与到这项工作中。虽然一个知识渊博、经验丰富的数据科学家最终能够解决手头的问题,但如果业务专家和数据科学家合作来解决问题,问题就会容易得多。任何数据科学算法的成功都取决于成功的特征。为了获得更好的特征,一个懂行专家总是比一个花哨的算法更有价值。"

Ortiz 建议:"开始项目时,甚至在查看数据之前,要在数据团队和业务专家之间进行对话,以确保每个人都清楚项目要实现什么效果。然后,你可以做探索性的数据分析,看看你是否能够实现它,如果不能,你可能需要用一种新的方式重新表述这个问题,或者采用一个不同的数据源。但这个具体领域的专家应该帮助确定目标是什么以及项目是否符合目标。"

9. 选择过于复杂的模型/算法

机器学习的最前沿是令人兴奋的,新技术可能非常强大,但它们也可能是多余的。Shah 指出:"也许像逻辑回归或决策树这样的简单方法就能完成这项工作。"

Ortiz 对此表示赞同:"人们很容易将大量的计算机资源和复杂的模型用于解决问题。也许我对一个项目的某个方面有着很好的理解,我想测试一个全新的算法,这个算法可以做得比要求得更多。或者我只是想尝试一下是否能找到一个简单的方法来解决这个问题。在使用复杂办法之前,应该将所有简单的办法考虑一遍。"Ortiz 说道,"注意到过拟合更可能发生在像深度学习这样的复杂算法中:过拟合可能使新数据不符合原有模型。应该与业务专家商量目标然后选择具体的技术和模型。很多数据科学家关注机器学习,机器学习往往关注的是预测。但不是你面临的每一个问题都是预测问题。我们需要关注上季度的销售情况,这可能意味着很多不同的事情。我们是否需要预测新客户的销售额,有可能你只需要知道为什么在上个季度的某一周销售情况不佳。"

10. 模型或算法选择上的偏见

有很多数据科学和机器学习的例子,可以从中学习和适应。"数据科学热度呈指数增长的原因之一是几乎所有算法的开源模型都可用,这使得快速开发模型变得很容易。"Shah 解释说。但是这些模型通常是针对特定的用例开发的。他说:"如果你从系统中需要的是不同的功能,那么最好构建自己的版本。实现自己的数据清理和功能构建过程。"他建议道,"它给你更多的控制权。"

11. 曲解基本概念和基础原理

"当你没有足够的数据用于单独的训练集时,交叉验证可帮助你评估预测模型的准确性。对于交叉验证,你可以分几次设置数据,使用不同的部分训练。然后分次测试模型,以确定是否无论你使用哪部分数据集进行训练都能获得相同的精度。但是你不能用它来证明你的模型总是和它的交叉验证分数一样准确。"Ortiz 解释道。一个可归纳的模型是对新传入的数据做出精确反应的模型,但交叉验证永远无法证明这一点。"因为它只使用你已经拥有的数据,它只是能显示你的模型的尽可能准确的数据。"

从根本上说,"相关性不是因果关系;看到两个相关的东西并不意味着一个影响另一个,"Ortiz指出,"你对数据集进行的探索性绘图可以让你了解它可以预测什么,以及哪些数据值不会告诉你任何事情的相关性。如果你正在跟踪你的电子商务网站上的客户行为,以预测哪些客户将返回,以及何时返回,记录他们登录并不会告诉你任何信息,因为他们已经回到你的站点来做这些事情。登录与返回有高度的相关性,但将其纳入模型是错误的。"

12. 低估目标用户的理解能力

Ortiz指出,目标用户可能无法自己进行统计分析,但这并不意味着他们不了解错误边际、统计意义和有效性这些指标。通常,当一份分析报告提交给商业团队时,它最终会变成一张只有一个数字的幻灯片。无论是一个准确的数字、一个估计还是一个预测,误差范围是非常重要的。如果在数据分析的基础上做出商业决策,那么就要清楚地说明解释结果来使决策者相信这个系统,不要认为他们在技术上什么都不懂,无法理解结果。

奥卡姆剃刀定律与大数据分析

14世纪英格兰的逻辑学家奥卡姆的威廉(William of Occam)提出了著名的奥卡姆剃刀定律(Occam's Razor)。其中,术语"剃刀"是指通过"剃掉"不必要的假设或分割两个类似的结论来区分两个假设。奥卡姆剃刀定律的基本思想为"如无必要,勿增实体(Entities should not be multiplied unnecessarily)""更简单的解决方案比复杂的解决方案更可能是正确的(simpler solutions are more likely to be correct than complex ones)",主要强调的是"简单有效原理"。

奥卡姆剃刀定律对大数据分析也有重要借鉴意义,可以避免目前大数据分析中普遍存在的曲解:一是不应盲目追求增加数据量,不能"为了大数据而大数据",大数据分析应以最必要的数据集为基础数据;二是大数据分析中不能盲目追求所谓的"高大上"技术,在算法和模型的选择以及平台与工具的应用上应以"简单有效"为基本原则。

 ## 如何继续学习

【学好本章的重要意义】

理解数据科学与数据工程的区别是正确掌握数据科学的重要前提。本章通过介绍数据科学的流程和方法,重点讲解了数据科学与数据工程的区别。

【继续学习方法】

数据加工、数据审计、数据分析、数据可视化和故事化是数据科学的四个重要活动，建议读者重点学习并进行拓展学习。

【提醒及注意事项】

数据科学没有统一的流程，不同专家、应用场景中所提出的流程可能有所不同。学习数据科学流程的目的在于掌握活动类型，而不是活动之间的严格先后顺序。

【与其他章节的关系】

本章是第 1 章基础理论中给出的数据科学理论体系的详解之一，也是后续章节中知识点的描述。

习题

1. 结合自己的专业领域或研究兴趣，调研自己所属领域的数据预处理方法、技术与工具。
2. 调查研究典型的 2～3 个数据预处理工具（产品），并探讨其关键技术和主要特征。
3. 调查分析关系数据库中常用的数据预处理方法。
4. 调查一项具体的数据科学项目，分析其数据预处理活动，并讨论预处理活动与数据计算活动之间的联系。
5. 阅读本章所列出的参考文献，并撰写数据预处理领域的研究综述。
6. 结合自己的专业领域或研究兴趣，调研自己所属领域的数据可视化方法、技术与工具。
7. 自学颜色刺激理论，并探讨其对数据可视化的意义。
8. 调研常用数据可视化工具软件（包括开源系统），并进行对比分析。
9. 调研关系数据库中的数据可视化技术。
10. 调研数据仓库中的数据可视化技术。
11. 阅读本章所列出的参考文献，并采用数据可视化或故事化描述方式展示该领域的经典文献数据。

参考文献

[1] Anscombe F J. Graphs in statistical analysis[J]. The American Statistician,1973,27(1)：17-21.
[2] Bertin J. Semiology of graphics：diagrams，networks，maps [J]. Madison，WI：The University of Wisconsin Press,Ltd,1983.
[3] Bradley C B. Data wrangling with R[M] Washington D. C. ：Bradley C. Boehmke,2015.
[4] David E,Axelson. Data preprocessing for chemometric and metabonomic analysis[M]. Charlestone：

CreateSpace Independent Publishing Platform,2012.

[5] David C H,Frederick M,John W T. 探索性数据分析[M].陈忠琏,译.北京:中国统计出版社,1998.

[6] David C. Data munging with Perl [M]. New York:Manning Publication Co. ,2001.

[7] García S,Luengo J,Herrera F. Data preprocessing in data mining[M]. New York:Springer,2015.

[8] Haber R B,McNabb D A. Visualization idioms:a conceptual model for scientific visualization systems [J]IEEE Computer Society,WA,USA,1990.

[9] Henderson H V, Velleman P F. Building multiple regression models interactively[J]. Biometrics, 1981:391-411.

[10] http://www.datavis.ca/gallery/.

[11] John W Tukey. Exploratory data analysis[M]. Mass:Addison-Wesley,1977.

[12] Johnson S. The ghost map:the story of London's most terrifying epidemic-and how it changed science,cities,and the modern world[M]. London:Penguin,2006.

[13] Kandel S, Heer J, Plaisant C, et al. Research directions in data wrangling:Visualizations and transformations for usable and credible data[J]. Information Visualization,2011,10(4):271-288.

[14] Kazil J, Jarmul K. Data wrangling with Python:tips and tools to make your life easier[M]. Sebastopol:O'Reilly Media,Inc. ,2016.

[15] Keim D,Andrienko G,Fekete J D,et al. Visual analytics:definition,process,and challenges[M]. Berlin:Springer Berlin Heidelberg,2008.

[16] Mackinlay J. Automating the design of graphical presentations of relational information[J]. Acm Transactions On Graphics (Tog),1986,5(2):110-141.

[17] Norman M. The art of R programming:a tour of statistical software design[M]. San Francisco:No Starch Press. Inc. 2011.

[18] Osborne J W,Overbay A. Best practices in data cleaning[M]. Thousandoaks:Sage,2012.

[19] Patil D J. Data jujitsu:the art of turning data into product[M]. Sebastopol:O'Reilly Media, Inc,2012.

[20] Robert K. R in action:data analysis and graphics with R[M]. New York:Manning Publications Co. 2015.

[21] Steele J,Iliinsky N. Beautiful visualization:looking at data through the eyes of experts[M]. Sebastopol:O'Reilly Media,Inc. ,2010.

[22] Tufte E R, Graves-Morris P R. The visual display of quantitative information[M]. Cheshire: Graphics Press,1983.

[23] Ward M O, Grinstein G, Keim D. Interactive data visualization:foundations,techniques,and applications[M]. Boca Raton:CRC Press,2010.

[24] Wilkinson L. The grammar of graphics[M]. Dordrecht:Springer Science & Business Media,2006.

[25] William S,Stallings W. Cryptography and network security:principles and practice[M]. Delhic: Pearson Education India,2013.

[26] Yau N. Data points:Visualization that means something[M]. Hoboken:John Wiley & Sons,2013.

[27] Yau N. Visualize this[M]. Hoboken:John Wiley & Sons,2012.

[28] 朝乐门. 数据科学[M].北京:清华大学出版社,2016.

[29] 陈为. 数据可视化[M].北京:电子工业出版社,2013.

[30] Han J W,Kamber M,Pei J. 数据挖掘:概念与技术[M].范明、孟小峰,译.北京:机械工业出版社,2012.

[31] Tan P N,Steinbach M,Kumar V. 数据挖掘导论[M].范明、范宏建,译.北京:人民邮电出版社,2011.

[32] 王昭,等.信息安全原理与应用[M].北京:电子工业出版社,2010.

第 4 章

技术与工具

 如何开始学习

【学习目的】

- 【掌握】MapReduce 和 Spark 的核心技术与主要特征。
- 【理解】NoSQL 和 NewSQL 的核心技术与主要特征。
- 【了解】数据科学的技术体系；R 与 Python 的区别；Hadoop 生态系统；数据计算技术的发展趋势；数据管理技术的发展趋势。

【学习重点】

- MapReduce 及其开源实现。
- Spark 关键技术。
- NoSQL 和 NewSQL 关键技术。
- Hadoop 生态系统。

【学习难点】

- 大数据计算技术与传统数据计算技术的区别——以 MapReduce 和 Spark 为例。
- 大数据管理技术与传统数据管理技术的区别——以 NoSQL 和 NewSQL 为例。

【学习问答】

序号	我 的 提 问	本章中的答案
1	数据科学中常用技术有哪些？	数据科学的技术体系(4.1 节)
2	数据科学中常用的数据计算技术有哪些？	MapReduce（4. 2 节）；Hadoop（4.3 节）；Spark(4.4 节)
3	数据科学中常用的数据管理技术有哪些？	NoSQL 与 NewSQL(4.5 节)
4	数据科学中的 R 语言与 Python 语言的区别是什么？	R 与 Python(4.6 节)
5	数据科学中常用技术的变化与发展趋势是什么？	主要发展趋势(4.7 节)

4.1 数据科学的技术体系

Speechpad[①] 的联合创始人 Dave Feinleib 于 2012 年发布"大数据产业全景图（Big Data Landscape)"，首次较为全面地刻画了当时快速发展中的大数据技术体系。后来,该图及其画法成为大数据和数据科学的重要分析工具,得到广泛应用和不断更新。图 4-1 是"数据驱

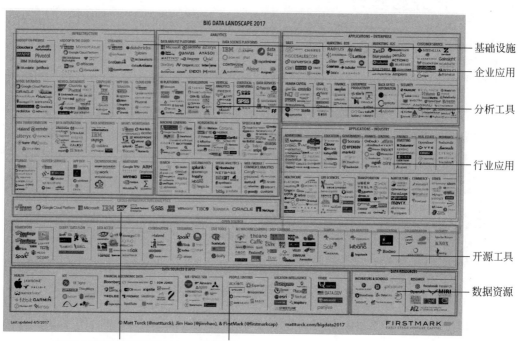

图 4-1　2017 大数据产业全景图

(来源：http://mattturck. com/big-data-landscape-2017/)

---

① 一家从事基于众包进行音视频转录的著名企业。

动型纽约市(Data Driven NYC)"社区①的发起人之一 Matt Turck 等组织绘制的"2017 大数据产业全景图(Big Data Landscape 2017)"。

从 2017 大数据产业全景图看,现阶段的大数据技术体系主要类型包括基础设施、分析工具、企业应用、行业应用、跨平台基础设施和分析工具、开源工具、数据源与 App、数据资源。

1. 基础设施

基础设施为大数据产业提供基础设施服务,如提供数据计算(批处理和流处理等),数据存储(NoSQL、NewSQL、图数据库、云数据仓库等),数据加工(数据转换、数据集成等),数据治理,数据管理与监控,集群服务,App 开发,众包和硬件环境等服务。

2. 分析工具

分析工具主要为数据科学和大数据产业链提供大数据分析类的技术支持,包括数据分析平台、数据科学平台、商务智能、可视化、垂直分析、统计计算、数据服务、机器学习、人工智能、语音与自然语言理解、搜索、日志分析、社会分析、Web/移动/商业分析等。

3. 企业应用

企业应用主要为组织机构提供企业级应用技术或工具,包括销售、营销、客户服务、人力资本、法律、金融、生产能力、后台自动化、安全等具体服务。

4. 行业应用

行业应用解决的是行业共性问题,并为企业应用提供基础平台。常见的行业应用包括广告、教育、政府、金融/借贷、房地产、保险、健康医疗、生命科学、交通、农业、商业以及其他特定行业中的应用。

5. 跨平台基础设施和分析工具

跨平台基础设施和分析工具提供跨平台型基础设施和跨平台分析工具,例如亚马逊Web 服务、Google 云平台、微软 Azure 等。

6. 开源工具

开源技术在数据科学和大数据产业链中具有重要地位。在数据科学中常用的开源工具包括:技术设计框架、查询/数据流、数据访问、协调、流处理、统计工具、人工智能/机器学习/深度学习、搜索、日志分析、可视化、协作和安全 12 种类型。

7. 数据源与 App

数据源与 App 为数据科学和大数据产业生态系统提供数据内容,包括健康、物联网、金

①　一个由数据科学、大数据、人工智能爱好者组成的著名社区。

融与经济、空气/空间/海洋、人/实体、位置智能等数据的捕获和获取服务。

8．数据资源

数据资源代表的是生成数据的机构，包括孵化器、学校及研究机构。

国家标准《信息技术 大数据 技术参考模型》（GB/T 35589—2017）

GB/T 35589—2017 中给出了大数据技术参考模型（Big Data Reference Architecture），描述了大数据的参考架构，包括角色、活动和功能组件及它们之间的关系，如图 4-2 所示。

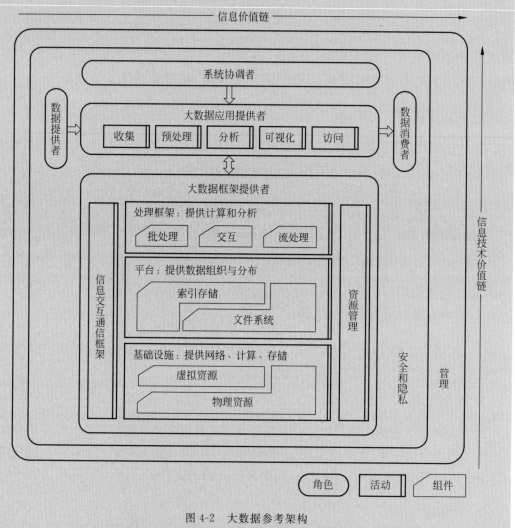

图 4-2　大数据参考架构

（来源：GB/T 35589—2017）

该参考架构的水平轴和垂直轴分别为信息(活动)价值链和信息技术价值链。其中，信息(活动)价值链主要代表的是从数据到知识的转换过程，通过数据收集、预处理、分析、可视化和访问等活动实现；信息技术价值链主要代表的是新兴数据范式对信息技术产生的新需求所带来的价值，主要通过数据的基础设施、平台、应用及服务等技术形式实现。

大数据参考架构分为 3 个层级，从高到低依次为角色、活动和(功能)组件。其中，第1 层级的"角色"有 5 种：系统协调者、数据提供者、大数据应用提供者、大数据框架提供者和数据消费者。另外，两个非常重要的逻辑构件是"管理"以及"安全和隐私"，它们为大数据系统的 5 个角色提供支持。第 2 层级和第 3 层级的构件分别为"活动"和"(功能)组件"，具体见图 4-2。

4.2 MapReduce

MapReduce 计算框架源自一种分布式计算模型，其输入和输出值均为< key,value >型"键-值对(Key-Value Pair)"，计算过程分为两个阶段——Map 阶段和 Reduce 阶段，并分别以两个函数 map() 和 reduce() 进行抽象。MapReduce 程序员需要通过自定义 map() 和 reduce() 函数表达此计算过程。

- **map()函数**。用户自定义的 map() 函数接受输入数据中的键-值对，经过 map() 函数的计算得出一个中间"键-值对"集合。需要注意的是，为了减少 map() 函数和 reduce() 函数之间的数据传输，MapReduce 对 map() 函数的返回值进行一定的处理(包括排序、分组等)之后，才传递给 reduce() 函数。

- **reduce()函数**。用户自定义的 reduce() 函数接受一个中间 key 值和一个相关的 value 值的集合。reduce() 函数合并 value 值，形成一个较小的 value 值的集合。通常，采用迭代器将中间 value 值提供给 reduce() 函数，从而避免将大量 value 值存放在内存。

Google 三大论文

Google 于 2003—2008 年发表的 3 篇论文在云计算和大数据技术领域产生了深远影响，被称为 Google 三大技术或三大论文。

- GFS 论文——Ghemawat S,Gobioff H,Leung S T. The Google file system[C]. ACM SIGOPS operating systems review. ACM,2003,37(5)：29-43.
- MapReduce 论文——Dean J,Ghemawat S. MapReduce：simplified data processing on large clusters[J]. Communications of the ACM,2008,51(1)：107-113.

> • BigTable 论文——Chang F，Dean J，Ghemawat S，et al. Bigtable：A distributed storage system for structured data[J]. ACM Transactions on Computer Systems (TOCS)，2008，26(2)：4.

1. 实现过程

首先，当用户程序调用 MapReduce 框架时，将输入文件分成 M 个分片(Split)，每个分片的大小一般为 $16\sim64MB$[①]。接着，在计算机集群中启动大量的复制程序，执行过程如图 4-3 所示。

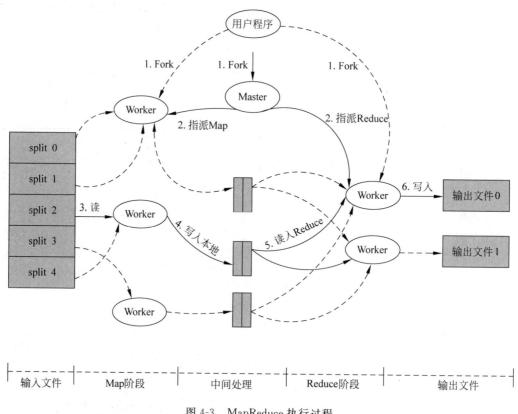

图 4-3　MapReduce 执行过程

• 运行程序副本程序的机器分为两类：一个 Master 服务器和若干个 Worker 服务器。Master 服务器负责将一个 Map 任务分派给空闲的 Worker 服务器。

• 被分派到 Map 任务的 Worker 程序读取相关的输入切片，从输入切片中解析出 (key，value)，然后把(key，value)传递给用户自定义的 map()函数。用户自定义的 map()函数输出结果将以中间(key，value)形式缓存在内存。

----

① 　用户可以通过可选的参数来控制分片的大小。

- 通过分区函数将已缓存的(key, value)分成 R 个区域,并周期性地写入到本地磁盘。(key, value)在本地磁盘上的存储位置将传给 Master,由 Master 负责把这些存储位置再传送给 Reduce Worker。
- 当 Reduce Worker 接收到 Master 发来的数据存储位置信息后,通过远程调用从 Map Worker 所在主机的磁盘上读取 map()函数输出的中间结果。当 Reduce Worker 读取了所有的中间数据后,通过对 key 进行排序,使得具有相同 key 值的数据聚合在一起。由于许多不同的 key 值会映射到相同的 Reduce 任务上,因此必须进行排序。如果中间数据太大无法在内存中完成排序,那么就要在外部进行排序。
- Reduce Worker 遍历排序后的中间数据,对于每一个唯一的中间 key 值,Reduce Worker 程序将这个 key 值和它相关的中间 value 值的集合传递给用户自定义的 reduce()函数。reduce()函数的输出被追加到所属分区的输出文件。
- 在成功完成任务之后,MapReduce 的输出存放在 R 个输出文件中,对应每个 Reduce 任务产生一个输出文件,文件名由用户指定。一般情况下,不需要将这 R 个输出文件合并成一个文件,主要原因在于在实际应用中这些文件往往作为另一个 MapReduce 的输入或者在处理多个分割文件的分布式应用中继续使用。
- 当所有的 Map 和 Reduce 任务都完成之后,Master 唤醒用户程序,用户程序可调用 MapReduce 的返回值。

2. 主要特征

除了自动实现分布式并行计算、支持大规模海量数据处理、借鉴函数式编程思路、简洁易用等基本特征外,MapReduce 还具备如下特征。

(1) **以主从结构的形式运行**。Master 通过特定数据结构存储每一个 Map 和 Reduce 任务的状态(空闲、工作中或完成),以及 Worker 机器(非空闲任务的机器)的标识。Master 就像一个数据管道,中间文件的存储位置信息将通过此管道从 Map 传递到 Reduce。因此,对于每个已经完成的 Map 任务,Master 存储 Map 任务产生的 R 个中间文件存储区域的大小和位置。当 Map 任务完成时,Master 接收到位置和大小的更新信息,并推送给 Reduce 任务。

(2) **map()函数与 reduce()函数之间的数据处理**。MapReduce 对 map()函数的返回值进行一定的处理之后,才传给 reduce()函数,主要包括:

- **Shuffle 处理**。为了确保每个 reduce()函数的输入都按键排序,MapReduce 系统的执行过程需要一个特殊的过程——Shuffle,即对 map()函数的输出结果进行排序。
- **combiner()函数**。为了降低 map()函数与 reduce()函数之间的数据传递量,一般采用 combiner()函数对 map()函数的输出结果进行合并处理。

- **partition()函数/分区函数**。MapReduce 对 map()函数输出的中间 key 上使用分区函数来对数据进行分区处理,为每个 Reduce 任务创建一个分区。

(3)(**key,value**)类型的输入输出。MapReduce 模型的输入和输出均为(key,value)集,其中,map()函数的输出为 reduce()函数的输入,两种函数的输入和输出也均为(key,value)集。MapReduce 框架中数据处理函数的输入输出如下:

```
map(K1,V1) -> list (K2,V2)
combine(K2,list(V2)) -> list(K2,V2)
partition(K2,V2) -> integer
reduce(K2,list(V2)) -> list(K3,V3)
```

(4)**容错机制的复杂性**。MapReduce 设计的初衷是使用由成百上千的机器组成的集群来处理超大规模的数据。因此,MapReduce 必须支持较强的机器故障处理能力。

- **Worker 故障**。Master 周期性地 ping 每个 Worker。如果在约定时间范围之内没有收到 Worker 返回的信息,Master 将把这个 Worker 标记为"失效"。所有由这个失效的 Worker 完成的 Map 任务被重设为初始的空闲状态,之后这些任务就可以被安排给其他的 Worker。同样地,Worker 失效时正在运行的 Reduce 任务也将被重新置为空闲状态,等待重新调度。当 Worker 故障时,由于已经完成的 Map 任务的输出存储在这台机器上,Map 任务的输出已不可访问,必须重新执行。而已经完成的 Reduce 任务的输出存储在全局文件系统上,因此不需要再次执行。一个 Map 任务首先被 Worker A 执行,之后由于 Worker A 失效又被调度到 Worker B 执行,这个"重新执行"的动作会通知给所有执行 Reduce 任务的 Worker。任何还没有从 Worker A 读取数据的 Reduce 任务将从 Worker B 读取数据。MapReduce 可以处理大规模 Worker 失效的情况。例如,在一个 MapReduce 操作执行期间,在正在运行的集群上进行网络维护会引起数百台机器在几分钟内不可访问,MapReduce Master 只需要简单地再次执行那些不可访问的 Worker 完成的工作,之后继续执行未完成的任务,直到最终完成这个 MapReduce 操作。
- **Master 故障**。一个简单的解决办法是让 Master 周期性地将输出结果写入磁盘,并设置检查点(Checkpoint)。当 Master 任务失效时,可以从最后一个检查点开始启动另一个 Master 进程。

(5)**数据存储位置的多样性**。在 MapReduce 计算中,一般通过尽量把输入数据(由 GFS 管理)存储在集群机器的本地磁盘方式,达到节省网络带宽的目的。GFS 把每个文件分解成多个分片,并将每一个分片保存在多台机器上。MapReduce 的 Master 在调度 Map 任务时会考虑输入文件的位置信息,尽量将一个 Map 任务调度在包含相关输入数据备份的机器上执行;如果上述努力失败了,Master 将尝试在保存有输入数据备份的附近机器上执行 Map 任务。当在一个足够大的集群上运行大型 MapReduce 操作的时候,大部分的输入

数据都能从本地机器读取,因此消耗非常少的网络带宽。可见,MapReduce 中的数据存储位置具有多样性,如:

- **源文件**:GFS;
- **Map 处理结果**:本地存储;
- **Reduce 处理结果**:GFS;
- **日志**:GFS。

（6）**任务粒度大小的重要性**。在 MapReduce 中,通常把 Map 拆分成 M 个片段、把 Reduce 拆分成 R 个片段执行。理想情况下,M 和 R 应当比集群中 Worker 的机器数量要多得多。在每台 Worker 机器都执行大量的不同任务能够提高集群的动态的负载均衡能力,并且能够加快故障恢复的速度:失效机器上执行的大量 Map 任务都可以分布到所有其他的 Worker 机器上去执行。但是实际上,在具体实现中对 M 和 R 的取值都有一定的客观限制,因为 Master 必须执行 $O(M+R)$ 次调度,并且在内存中保存 $O(M \times R)$ 个状态[①]。此外,R 值通常是由用户指定的,因为每个 Reduce 任务最终都会生成一个独立的输出文件。实际使用时一般选择合适的 M 值,以使每一个独立的任务都处理 $16 \sim 64$ MB 的输入数据。同时,把 R 值设置为 Worker 机器数量的低倍数。

（7）**任务备份机制的必要性**。通常,"落伍者"是影响 MapReduce 总执行时间的主要影响因素之一。当任务被分派到很多个节点后,其中很有可能有一些慢的节点（"落伍者"）会限制剩下程序的执行速度。例如,当节点内有一个比较慢的磁盘控制器时,在该节点读取输入数据的速度可能为其他节点的速度的 8%。因此,当其他 Map 任务都已经完成时,系统仍在等待最后这个比较耗时的 Map 任务完成。为此,MapReduce 中采用"推测性执行（Speculative Execution）"的任务备份机制——当作业中大多数的任务都已经完成时,系统在几个空闲的节点上调度执行剩余任务的备份,并在多个 Worker 上同时进行相同的剩余任务。

3. 关键技术

MapReduce 框架的关键技术有以下几点。

（1）**分区函数**。MapReduce 在中间 key 值上采用分区函数进行数据的分区,并将分区结果传给后续任务执行进程,如图 4-4 所示。一个默认的分区函数是使用 hash()方法（例如,hash(key) mod R）进行分区。hash()方法能产生非常平衡的分区。以输出的 key 值是 URLs,并要求每个主机的所有条目保持在同一个输出文件中的需求为例,MapReduce 库的用户需要提供专门的分区函数,如"hash(Hostname(urlkey)) mod R",将来自同一个主机的 URLs 保存于同一个输出文件。

---

① 对影响内存使用的影响是比较小,每对 Map 任务/Reduce 任务 1 字节就可以。

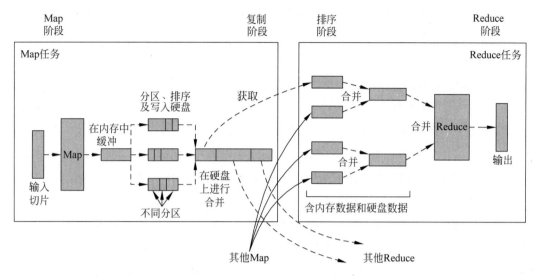

图 4-4　MapReduce 对中间数据的处理

（2）**combiner( )函数**。当 map( )函数产生的中间 key 值的重复数据会占很大的比重，而且用户自定义的 reduce( )函数满足结合律和交换律时，一般采用 combiner( )函数来降低 map( )函数与 reduce( )函数之间的数据传递量，进而提高 MapReduce 的处理速度。combiner( )函数首先在本地对中间值进行一次合并处理，然后将合并的结果再通过网络发送给 reduce( )函数。combiner( )函数在每台执行 Map 任务的机器上都会被执行一次。一般情况下，combiner( )和 reduce( )函数具有相似的特征，二者的主要区别在于：reduce( )函数的输出被保存在最终的输出文件里，而 combiner( )函数的输出被写到中间文件里，然后发送给 Reduce 任务。

（3）**跳过损坏记录**。当用户程序中的缺陷（bug）导致 map( )或者 reduce( )函数在处理某些记录时，MapReduce 操作无法顺利完成。为了保证整个处理能继续进行，MapReduce 会检测哪些记录导致确定性的崩溃，并且跳过这些记录不处理。每个 Worker 进程都设置了信号处理函数捕获内存段异常（Segmentation Violation）和总线错误（Bus Error）。在执行 Map 或者 Reduce 操作之前，MapReduce 通过全局变量保存记录序号。如果用户程序触发了一个系统信号，消息处理函数将用"最后一口气"通过 UDP 包向 Master 发送处理的最后一条记录的序号。当 Master 看到在处理某条特定记录不止失败一次时，Master 就标记此条记录需要被跳过，并且在下次重新执行相关的 Map 或者 Reduce 任务的时候跳过这条记录。

（4）**本地执行**。调试 map( )和 reduce( )函数的 bug 是非常困难的，因为实际执行操作时不仅是分布在系统中执行的，而且通常是在数千台计算机上执行，具体的执行位置是由 Master 进行动态调度的，这又增加了调试的难度。为了简化调试、用户配置文件（Profile）和小规模测试，出现了一套 MapReduce 库的本地实现版本。通过使用本地版本的 MapReduce 库，MapReduce 操作在本地计算机上顺序地执行。用户可以控制 MapReduce

操作的执行,把操作限制到特定的 Map 任务上。用户在本地通过设定特别的标志来执行他们的程序,之后可以很容易地使用本地调试和测试工具。

(5) **状态信息**。Master 使用嵌入式的 HTTP 服务器(如 Jetty)显示一组状态信息页面,用户可以监控各种执行状态。状态信息页面显示了包括计算执行的进度,例如已经完成了多少任务、有多少任务正在处理、输入的字节数、中间数据的字节数、输出的字节数、处理百分比等。页面还包含了指向每个任务的 stderr 和 stdout 文件的链接。用户根据这些数据预测计算需要执行大约多长时间、是否需要增加额外的计算资源。这些页面也可以用来分析什么时候计算执行的速度比预期更慢。另外,处于最顶层的状态页面显示已失效的Worker,以及它们失效时正在运行的 Map 和 Reduce 任务。

(6) **计数器**。MapReduce 使用计数器统计不同事件的发生次数。例如,用户可能需要统计已经处理了多少个单词、已经索引了多少篇 German 文档等。为了使用这个特性,用户在程序中创建一个命名的计数器对象,在 map() 和 reduce() 函数中相应地增加计数器的值。这些计数器的值周期性地从各个单独的 Worker 机器上传递给 Master(附加在 ping 的应答包中传递)。Master 把执行成功的 Map 和 Reduce 任务的计数器值进行累计,当MapReduce 操作完成之后,返回给用户程序。计数器当前的值也会显示在 Master 的状态页面上,这样用户就可以看到当前计算的进度。当计数器的值累加的时候,Master 要检查重复运行的 Map 或者 Reduce 任务,避免重复累加(之前提到的备用任务和失效后重新执行任务这两种情况会导致相同的任务被多次执行)。有些计数器的值是由 MapReduce 库自动维持的,例如已经处理的输入的(key,value)的数量、输出的(key,value)的数量等。计数器机制对于 MapReduce 操作的完整性检查非常有用。例如,在某些 MapReduce 操作中,用户需要确保输出的键-值对精确地等于输入的键-值对,或者处理的 German 文档数量在处理的整个文档数量中属于合理范围。

4. MapReduce 的实现及改进

以上介绍的是 MapReduce 早期版本(Version 1,简称 MRv1)的基本思想、实现过程、主要特征和关键技术。从 Hadoop 实现角度看,MapReduce 1.0 计算框架主要由以下三部分组成。

- 编程模型。
- 数据处理引擎。
- 运行时环境。

MRv1 的基本编程模型是将问题抽象成 Map 和 Reduce 两个阶段,其中 Map 阶段将输入数据解析成 key/value,迭代调用 map() 函数处理后,再以 key/value 的形式输出到本地目录,而 Reduce 阶段则将 key 相同的 value 进行归约处理,并将最终结果写到 HDFS;它的数据处理引擎由 MapTask 和 ReduceTask 组成,分别负责 Map 阶段逻辑和 Reduce 阶段逻辑的处理;MRv1 的运行时环境由(一个)JobTracker 和(若干个)TaskTracker 两类服务组成,其中,JobTracker 负责资源管理和所有作业的控制,而 TaskTracker 负责接收来自 JobTracker 的命令并执行它。

MRv1 的提出为大数据时代新计算模式发展奠定了基础。但 MRv1 也存在一些局限性,主要包括:

- **扩展性差**。在 MRv1 中,JobTracker 同时兼备了资源管理和作业控制两个功能,成为系统的一个最大瓶颈,严重制约了 Hadoop 集群扩展性。

- **可靠性差**。MRv1 采用了 Master/Slave 结构,其中,Master 存在单点故障问题,一旦出现故障将导致整个集群不可用。

- **资源利用率低**。MRv1 采用了基于槽位的资源分配模型。槽位(Slot)是一种粗粒度的资源划分单位,通常一个任务不会用完槽位对应的资源,且其他任务也无法使用这些空闲资源。Hadoop 将槽位(Slot)分为 Map Slot 和 Reduce Slot 两种,且不允许它们之间共享,常常会导致一种槽位资源紧张而另外一种闲置。

- **无法支持多种计算框架**。随着互联网的高速发展,MapReduce 这种基于磁盘的离线计算框架已经不能满足应用要求,从而出现了一些新的计算框架,包括内存计算框架、流式计算框架和迭代式计算框架等,但 MRv1 不能支持多种计算框架并存。

为此,人们提出了下一代 MapReduce 计算框架——MRv2。由于 MRv2 将资源管理功能抽象成了一个独立的通用系统 YARN,标志着下一代 MapReduce 的核心从单一的计算框架 MapReduce 转移为通用的资源管理系统 YARN,如图 4-5 所示。

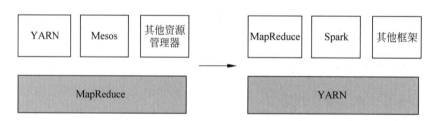

图 4-5　以 MapReduce 为核心和以 YARN 为核心的软件栈对比

MRv2 具有与 MRv1 相同的编程模型和数据处理引擎,而主要区别在于运行时环境。MRv2 是一种运行在资源管理框架——YARN 之上的 MapReduce 计算框架。MRv2 的运行时环境不再由 JobTracker 和 TaskTracker 等服务组成,而是变为通用资源管理系统 YARN 和作业控制进程 ApplicationMaster,其中,YARN 负责资源管理和调度,而 ApplicationMaster 仅负责一个作业的管理。简言之,MRv1 仅是一个独立的离线计算框架,而 MRv2 则是运行于 YARN 之上的 MapReduce。

下一代 MapReduce 框架的基本设计思想是将 JobTracker 的两个主要功能,即资源管理和作业控制(包括作业监控、容错等),分拆成两个独立的进程,如图 4-6 所示。资源管理进程与具体应用程序无关,它负责整个集群的资源(内存、CPU、磁盘等)管理,而作业控制进程则是直接与应用程序相关的模块,且每个作业控制进程只负责管理一个作业。这样,通过将原有 JobTracker 中与应用程序相关和无关的模块分开,不仅减轻了 JobTracker 负载,也使得 Hadoop 支持更多的计算框架。

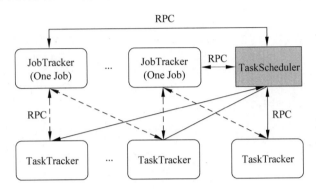

图 4-6 下一代 MapReduce 框架

4.3 Hadoop

Apache 的 Hadoop 项目(见图 4-7)提供了面向可靠、可扩展和分布式计算的一整套开源系统库——Apache Hadoop 软件库,并逐步发展成 Hadoop 生态系统。

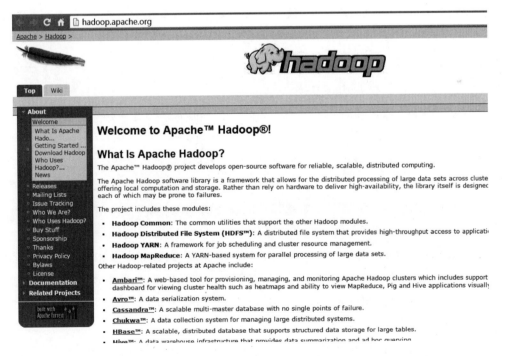

图 4-7 Apache 的 Hadoop 项目

图 4-8 为 **Hadoop 生态系统**，其核心是 HDFS 和 MapReduce，分别代表 Hadoop 的分布式文件系统和分布式计算系统。

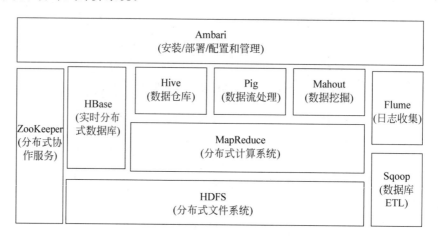

图 4-8　Hadoop 生态系统

1. Hadoop MapReduce

Hadoop MapReduce 中的术语

- **作业**（**Job**）。客户端需要执行的一个工作单元。它包括输入数据、MapReduce 程序和配置信息。

- **任务**（**Task**）。Hadoop 将作业分成若干个小任务（Task）来执行，其中包括两类任务：Map 任务和 Reduce 任务。

- **JobTracker 和 TaskTracker**。Hadoop MapReduce 有两类节点控制着作业执行过程：一类是 JobTracker；另一类是 TaskTracker。JobTracker 通过调度 TaskTracker 上运行的任务来协调所有运行在系统上的作业。TaskTracker 在运行任务的同时将运行进度报告发送给 JobTracker，JobTracker 由此记录每项作业任务的整体进度情况。如果其中一个任务失败，JobTracker 可以在另外一个 TaskTracker 节点上重新调度该任务。

- **输入切片**（**Input Split**）。Hadoop 将 MapReduce 的输入数据划分成等长的小数据块，称为输入切片（Input Split）或简称分片。Hadoop 为每个分片构建一个 Map 任务，并由该任务来运行用户自定义的 map()函数，从而处理分片中的每条记录。

- **数据本地化优化**（Data Locality Optimization）。Hadoop 在存储有输入数据（HDFS 中的数据）的节点上运行 Map 任务，可以获得最佳性能。数据本地化优化无须使用宝贵的集群带宽资源。

Hadoop MapReduce 是 MapReduce 的具体实现之一。Hadoop MapReduce 数据处理过程涉及四个独立的实体，如图 4-9 所示。

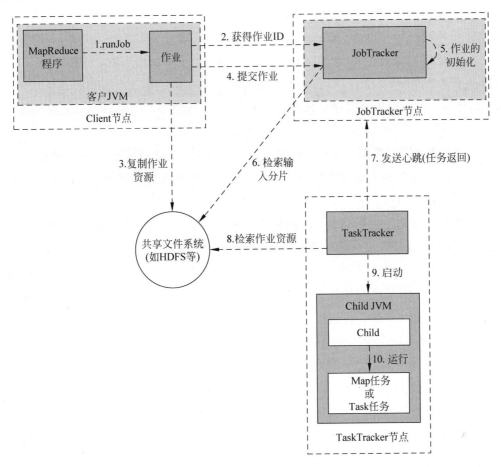

图 4-9　Hadoop MapReduce 数据处理过程

- **Client**：提交 MapReduce 任务；
- **JobTracker**：协调作业的运行；
- **TaskTracker**：运行作业划分后的任务；
- **HDFS**：用来在其他实体之间共享作业文件。

（1）**作业的提交（步骤 1～4）**。JobClient 通过 runJob 新建 JobClient 实例并调用其 SubmitJob()方法的方式提交 Job。runJob()每秒轮询检测作业的进度，随时监控 Job 的运行状态。JobClient 的 SubmitJob()方法所实现的作业提交过程如下：

- 向 JobTracker 请求一个新的作业 ID；
- 检查作业的输出说明；
- 计算作业的输入切片；
- 将运行作业所需要的资源(jar 文件，配置文件和计算所得输入切片)复制到一个作业 ID 命名的目录下 JobTracker 的文件系统中。

（2）**作业的初始化**。JobTracker 接收 JobClient 提交的作业之后，将其放入一个队列，交由作业调度器调度与初始化。初始化过程中创建一个表示正在运行作业的对象——封装任务和记录信息，以便跟踪任务的状态和进程。

（3）**任务的分配**。TaskTracker 通过简单循环范式对 JobTracker 发送心跳，告知自己是否存活；对于 Map 任务和 Reduce 任务，TaskTracker 会分配适当数量的任务槽。

（4）**任务的执行**。首先，TaskTracker 复制 jar 文件到本地；其次，TaskTracker 新建本地目录，将 jar 文件加压至其中；最后，TaskTracker 新建一个 TaskRunner 实例运行该任务。

（5）**进程和状态的更新**。通过 Job 的 Status 属性对 Job 进行检测，例如作业运行状态、Map 和 Reduce 任务运行的进度、Job 计数器的值、状态消息描述等，尤其是对计数器（Counter）属性的检查。

（6）**作业的完成**。当 JobTracker 收到 Job 最后一个 Task 完成的消息时，将 Job 的状态设置为"完成"；之后，客户端可以查询到 Job 的运行状态。

此外，在 MapReduce 2.0 中出现了一种新的技术——YARN，较大幅度地提升了 MapReduce 1.0 的性能。相比较 MapReduce 1.0，JobTracker 在 MapReduce 2.0 中被拆分成了两个主要的功能守护进程执行：资源管理和任务的调度与监视。

2. HDFS

HDFS（Hadoop Distributed File System）是 Hadoop 分布式文件系统，是 Hadoop 生态系统中数据存储的基础。

早期的 HDFS 是按照 Google 文件系统（Google File System，GFS）的思想设计的，因此，HDFS 通常被认为是 GFS 的开源版本。但是，二者并不是完全相同的，如 HDFS 不支持 GFS 的快照（Snapshot）、记录追加操作以及惰性垃圾回收策略等。HDFS 的主要特征如下。

（1）**支持超大文件**。HDFS 的设计的主要目的是存储大文件（TB 级，甚至 PB 级）。因此，HDFS 对大文件的处理能力较强，但是对小文件，尤其是大量的小文件的处理能力反而较弱。默认情况下，HDFS 将文件分割成若干个数据块（Block），每个数据块的大小为 64 MB，将数据块按"键-值对"形式存储，将"键-值对"的映射存到内存。因此，当小文件太多，HDFS 会增加内存的负荷。

（2）**基于商用硬件**。HDFS 的设计是面向廉价的、可靠性并不很高的普通商用硬件，而不是昂贵的高可靠性硬件。为了确保具备较强的硬件容错能力，HDFS 采取了保存多个副本的存储策略。

（3）**流式数据访问**。HDFS 的设计以"一次写入、多次读取"为主要应用场景，因此，HDFS 适用于批量流式处理数据，而不是随机定位访问。

（4）**高吞吐量**。HDFS 设计中重视"数据的高吞吐量"，因此，其数据吞吐量高，但也造成了其数据延迟访问的特征。

3. Hive

Hive 是基于 Hadoop 的一个数据仓库工具,可以将结构化的数据文件映射为一张数据库表,并提供简单的 HiveQL 查询功能,以及将 HiveQL 语句转换为 MapReduce 任务进行运行(见图 4-10)。最初,Hive 是由 Facebook 开源,主要用于解决海量结构化日志数据统计问题。

图 4-10 Apache Hive 官方网站

Hive 的主要特色在于定义了一种类似 SQL 的查询语言(HiveQL,HQL),并支持将HQL 转化成 MapReduce 任务,以便在 Hadoop 上执行。Hive 的主要应用场景是离线分析。Hive 的优点是学习成本低,可以通过类似 SQL 语句快速实现简单的 MapReduce 统计,无须开发专门的 MapReduce 应用,可以较好地满足基于数据仓库的统计分析需要。

4. Pig

Pig 建立在 MapReduce 之上,主要目的是弥补 MapReduce 编程的复杂性——程序员不仅需要关注数据,而且还需要关注 MapReduce 的执行过程,如编写 Mapper 和 Reducer、编译和打包代码、提交作业和结果检索等。Pig 较好地封装了 MapReduce 的处理过程,使程序员更加关注数据,而不是程序的执行过程(见图 4-11)。

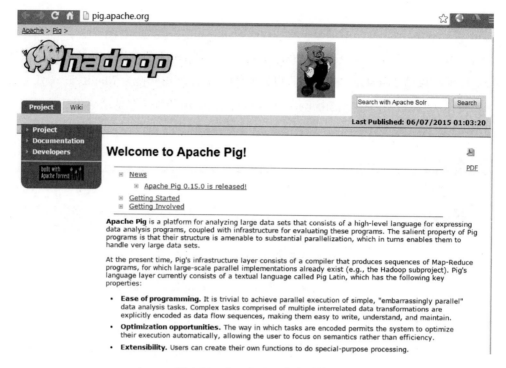

图 4-11 Apache Pig 官方网站

Pig 的核心是一种数据分析语言,主要包含如下两个部分。

(1) **Pig Latin 语言**。数据分析的描述语言。

(2) **Pig 执行环境**。Pig Latin 的执行环境,如单个 JVM 本地执行环境和 Hadoop 集群上的分布式执行环境。

Pig 程序的结构适合于并行处理。因此,Pig 可以用来处理海量数据集。Pig Latin 语言的主要特征有如下三点。

(1) **易于编程**。在 Pig Latin 中,可以将涉及多个数据转换的复杂任务定义为数据流,易于理解、编程和维护。

(2) **便于优化**。Pig Latin 支持自动优化程序执行过程,使程序员关注业务需求,而不是程序执行过程。

(3) **灵活性**。用户可以根据特定需求自定义函数。

5. Mahout

Mahout 起源于 2008 年,最初是 Apache Lucent 的子项目,后来成为 Apache 的顶级项目。Mahout 的主要目标是提供可扩展的机器学习算法及其实现,旨在帮助开发人员更加方便、快捷地创建智能应用程序(见图 4-12)。

Mahout 的核心是机器学习算法及其实现。目前,Mahout 支持聚类、分类、贝叶斯、K-Means 和遗传算法等常用的机器学习或数据挖掘方法。除了算法,Mahout 还包含数据

图 4-12　Apache Mahout 官方网站

的导入/导出工具，与其他存储系统(如数据库、MongoDB 或 Cassandra)集成等支撑性框架。

6. HBase

HBase 是一种支持 MapReduce 处理的，面向结构化数据的可伸缩、高可靠、高性能、分布式和面向列的动态模式数据库(见图 4-13)。与传统关系数据库不同的是，HBase 采用

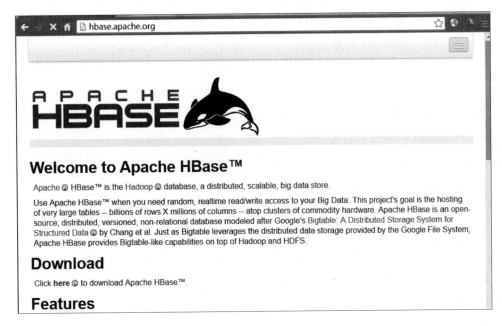

图 4-13　Apache HBase 官方网站

Google BigTable 数据模型。HBase 较好地支持大规模数据的随机、实时的读写操作。

　　HBase 是由 Fay Chang 等采用 Google 的 BigTable 技术开发出的开源系统。也就是说,HBase 在 Hadoop 之上提供了类似于 BigTable 的数据管理功能。HBase 也是 Apache 的 Hadoop 项目的子项目,如图 4-14 所示。从图 4-14 可以看出,HBase 位于 Hadoop 项目中的 MapReduce 计算层和 HDFS 存储层之间,提供了二者之间的分布式数据管理功能。

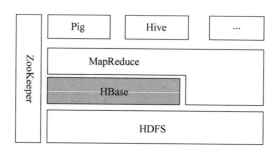

图 4-14　HBase 与 Hadoop 项目

　　与传统关系数据库不同的是,HBase 是非结构化的、多版本的、面向列和开源的数据库。从逻辑上看,HBase 就像一张列式存储的关系表。

- 索引由行关键字、列关键字和时间戳组成。
- 数据列可以根据需要动态地增加,允许同一张表中的行所包含的列数不同。列名的格式是"family：qualifier"(列簇：限定符),均由字符串组成。
- 数据单元的内容为带有时间戳的数据,同一个数据可以有多个版本。
- 数据表往往是稀疏矩阵,但空列并不占用存储空间。
- 数据都是字符串,没有类型。

　　从存储模型看,HBase 采用的是松散数据模型,所存储的数据介于映射(Key/Value)和关系型数据之间,可以理解为一种 Key 和 Value 之间的特殊映射关系。

　　(1) **HBase 的逻辑模型**。HBase 的逻辑模型如图 4-15 所示。

- 行 Key(Row Key)：是表中每条记录的"主键",方便快速查找。
- 列族(Column Family)：包含一个或者多个相关列。
- 列(Column)：属于某一列族,其命名为 familyName：columnName,每条记录可动态添加。
- 版本号(Version Number)：默认值是系统时间戳,可由用户自定义。

　　(2) **HBase 物理模型**。每个 Column Family 存储在 HDFS 上的一个单独文件中,空值不会被保存。Key 和 Version Number 在每个 Column Family 中均有一份；HBase 为每个值维护了多级索引,即(Key,Column Family,Column Name,Timestamp)。

- Table 中所有行都按照 Row Key 的字典序排列。
- Table 在行的方向上分割为多个 Region。

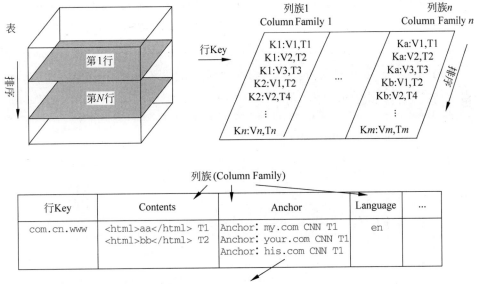

图 4-15 HBase 的逻辑模型

- Region 是按大小分割的,每个表开始只有一个 Region,随着数据增多,Region 不断增大,当增大到一个阈值的时候,Region 就会等分为两个新的 Region,之后会有越来越多的 Region。

- Region 是 HBase 中分布式存储和负载均衡的最小单元,不同的 Region 分布到不同 RegionServer 上。

- Region 虽然是分布式存储的最小单元,但并不是存储的最小单元。Region 由一个或者多个 Store 组成,每个 Store 保存一个 Column Family;每个 Store 又由一个 memStore 和 0 至多个 StoreFile 组成,StoreFile 包含 HFile,StoreFile 以 HFile 格式保存在 HDFS 中;MemStore 存储在内存中,StoreFile 存储在 HDFS 上。

7. ZooKeeper

ZooKeeper 主要解决的是分布式环境下的协作服务问题,包括命名服务、状态同步、集群管理、配置同步、分布式锁、队列管理等(见图 4-16)。

ZooKeeper 的设计目标和主要特点如下。

(1) **简单性**。ZooKeeper 允许分布式进程可通过共享的、与标准文件系统类似的分层命名空间相互协调。与其他文件系统不同的是,ZooKeeper 在内存中保存数据,可以确保高吞吐量和低延迟。

(2) **自我复制**。ZooKeeper 与它所协调的进程一样,本身也会试图在一组主机间进行自我复制,因此,只要大部分服务器可用,ZooKeeper 服务就是可用的。

(3) **顺序访问**。ZooKeeper 为每次更新设置一个反映所有 ZooKeeper 事务顺序的序

图 4-16　Apache ZooKeeper 官方网站

号,并发操作可使用序号来实现更高层抽象,如同步原语。

（4）**高速读取**。ZooKeeper 主要应用场景是"负载为以读操作为主的数据处理任务"。据 ZooKeeper 官方网站介绍,ZooKeeper 运行在成千上万台机器上,其读操作比写操作频繁,当二者比例约为 10∶1 的情况下,性能最优。

8. Flume

Apache Flume 主要解决的是日志类数据的收集和处理问题。Flume 最早是 Cloudera 公司提供的日志收集系统,目前已成为 Apache 旗下的一个孵化项目。Flume 支持在日志系统中定制其数据发送方,用于收集日志数据（见图 4-17）。

作为一种日志收集系统,Flume 具有分布式、高可靠、高容错、易于定制和扩展的特点。Flume 将数据从产生、传输、处理并最终写入目标路径的全过程抽象为数据流。在具体的数据流中,数据源支持在 Flume 中定制数据发送方,从而支持收集各种不同协议数据。同时,Flume 数据流提供对日志数据进行简单处理的能力,如过滤、格式转换等。此外,Flume 还具有能够将日志写入各种目标数据的能力。

Flume 的主要设计目的和特征如下。

（1）**高可靠性**。当某个节点出现故障时,日志能够被传送到其他节点上,进而确保不会丢失。

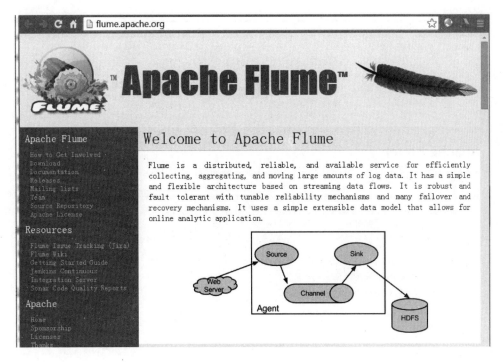

图 4-17 Apache Flume 官方网站

（2）**可扩展性**。Flume 采用了三层架构，分别为 Agent、Collector 和 Storage，每一层均可以水平扩展。其中，所有 Agent 和 Collector 由 Master 统一管理，容易监控和维护。Flume 支持多个 Master，并由使用 ZooKeeper 或 Gossip 等协作服务进行管理和负载均衡，较好地避免了单点故障问题。

（3）**支持方便管理**。由于 Agent 和 Colletor 由 Master 统一管理，Flume 具有维护容易的特点。当涉及多个 Master 时，Flume 利用 ZooKeeper 和 Gossip，保证动态配置数据的一致性。

（4）**支持用户自定义**。Flume 不仅提供了一些自带的组件，而且还支持用户根据需要添加自己的 Agent、Collector 或者 Storage。

9. Sqoop

Apache Sqoop 是 SQL-to-Hadoop 的缩写，其主要设计目的是在 Hadoop（如 Hive 等）与传统的数据库（如 MySQL、PostgreSQL 等）之间进行数据的 ETL（Extract-Transform-Load，抽取-转换-加载）操作（见图 4-18）。因此，Sqoop 可以将一个关系型数据库（如 Oracle、PostgreSQL 等）中的数据导入 Hadoop 的 HDFS 中，也可以将 HDFS 的数据导入关系型数据库之中。Sqoop 数据的导入和导出的特色在于通过 Hadoop 的 MapReduce 完成数据的导入、导出工作。因此，Sqoop 具备 MapReduce 的并行化和容错性。

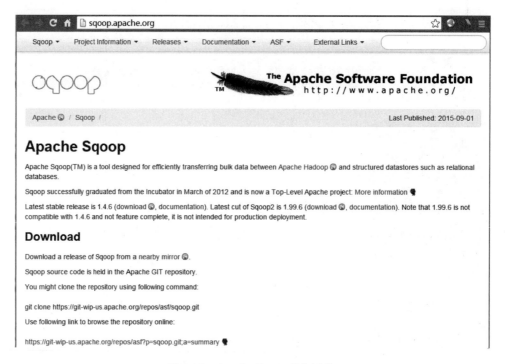

图 4-18　Apache Sqoop 官方网站

4.4　Spark

Hadoop MapReduce 是一种典型的批处理系统，其主要局限有两个：一是在 MapReduce 中直接编程的难度较大；二是不善于处理除批处理计算模式之外的其他计算模式，如流计算、交互式计算和图计算等。

针对 Hadoop MapReduce 的上述两个缺陷，人们提出了两种新思路：一种是采取面向特定任务的专用系统，如 Storm、Impala、Giraph 等；另一种是提出一种融合式通用系统，如 Spark。Spark 是一个快速、通用和易于使用的计算平台。

Spark 与 Hadoop 简史

- 2002：Jeff Dean 等在 Google 公司启动 MapReduce 项目。
- 2004：MapReduce 论文发表，参见 Jeffrey Dean，Sanjay Ghemawat. MapReduce：Simplified Data Processing on Large Clusters[C]. OSDI 2004，2004。
- 2006：MapReduce 成为 Lucene 子项目。
- 2008：MapReduce 成为 Apache 顶级项目。
- 2009：Matei Zaharia 等在 UC Berkely 启动 Spark 项目。

- 2010：Spark 论文发表，参见 Zaharia M，Chowdhury M，Franklin M J，et al. Spark：Cluster Computing with Working Sets[J]. HotCloud,2010,10(10)：95。
- 2012：Hadoop MapReduce 2.0 发布。
- 2014：Spark 成为 Apache 顶级项目。
- 2016：Spark 2.0 发布。

1. 主要特点

相对于 Hadoop MapReduce，Spark 有如下特点。

(1) **速度快**。与 Hadoop MapReduce 的硬盘计算不同的是，Spark 采用的是内存计算模式，并采用"让计算靠近数据"的方式减少了硬盘读写 I/O 及网络传输带宽，达到了快速计算的目的。通常，Spark 性能可以达到 Hadoop 的 10 倍以上。

(2) **通用性**。Hadoop MapReduce 主要用于批处理。与 Hadoop 不同的是，Spark 更为通用一些，可以很好地支持流计算、交互式处理、图计算等多种计算模式。

(3) **易用性**。Spark 的易用性主要体现在以下四个方面。

- 与 Hadoop 无缝衔接。只关注计算层的问题，资源管理交由 Mesos、YARN 处理，可以访问存储在 HDFS、HBase、Cassandra、Amazon S3、本地文件系统上的数据，Spark 支持文本文件、序列文件，以及任何 Hadoop 的输入格式(Input Format)。
- 提供丰富的操作。Hadoop MapReduce 只提供 map()和 reduce()极少的操作。而 Spark 提供了 map()、filter()、union()、join()、groupByKey()、cartesian()、collect() 以及 count()等 20 余种操作类型。
- 提供四种应用库。处理结构化数据而设计的 Spark SQL 模块；用于创建可扩展和容错性的流式应用的 Spark Streaming；可扩展机器学习库——MLib；Spark 的并行图计算库——GraphX，如图 4-19 所示。

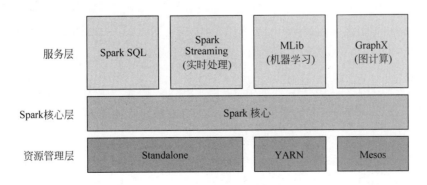

图 4-19　Spark 技术架构

- 支持多种编程语言。Spark 提供 Java、Python、R 和 Scala 的 Shell，方便了编程工作。

2．技术架构

Spark 的技术架构(见图 4-19)可以分为三层：资源管理层、Spark 核心层和服务层。其中，Spark 核心层主要关注的是计算问题，其底层的资源管理工作一般由 Standalone、YARN 和 Mesos 等资源管理器完成。

（1）**资源管理层**。主要提供资源管理功能，涉及 Standalone、YARN 和 Mesos 等集群资源管理器。资源层主要涉及两种角色——Cluster Manager(集群管理器)和 Worker Node(工作节点)。Spark 用户的应用程序在一个 Worker Node 上只会有一个 Executor(执行器)，Executor(执行器)内部通过多线程的方式并发处理应用的任务。

（2）**Spark 核心层**。主要提供内存计算框架。

（3）**服务层**。主要提供面向特定类型的计算服务，如 SQL 查询(Spark SQL)、实时处理(Spark Streaming)、机器学习(MLib)以及图计算(GraphX)。

3．基本流程

图 4-20 给出了 Spark 的基本流程，主要涉及 Driver Program(驱动程序)、SparkContext、Cluster Manager(集群管理器)、Worker Node(工作节点)、Executor(执行器)和 Cache(缓存)等角色，主要活动及顺序如下。

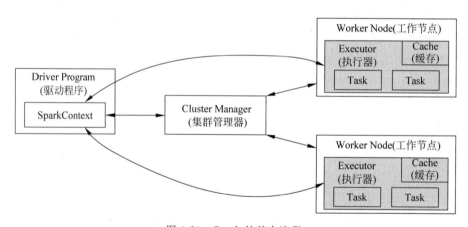

图 4-20　Spark 的基本流程

- 建立一个 Driver Program。采用 Spark Context 创建一个 Driver Program(驱动程序)。Driver Program 的本质是运行 main() 函数并且创建 SparkContext 的程序。
- 用户向 Driver Program 提交自己的 Job。
- Driver Program 采用基于 DAG 的执行引擎，根据 DAG 中 RDD 之间的依赖关系(Lineage)将用户提交的 Job(作业)转换为 Stage(阶段)，并进一步划分为更小粒度的 Task(任务)。
- Driver Program 向 Cluster Manager 申请运行 Task 需要的资源。

- Cluster Manager 为 Task 分配满足要求的 Worker Node,并在 Worker Node 上创建 Executor。
- 已创建的 Executor 向 Driver Program 注册自己的信息。
- Driver Program 将 Spark 应用程序的代码和文件传送给对应的 Executor。
- Executor 运行 Task,运行完之后将结果返回给 Driver Program 或者写入 HDFS 或其他介质。

4. 集群管理

Spark 提供了较为灵活的集群管理模式,主要有三种。

- Standalone 模式。Spark 自带的简单集群管理模式,可单独部署到一个集群中,无须依赖任何其他资源管理系统。
- YARN 模式。Hadoop 2.0 中的资源管理系统。
- Mesos 模式。Apache 旗下的开源分布式资源管理框架,起源于 Google 公司的数据中心资源管理系统 Borg。

5. Spark 关键技术

Spark 关键技术包括 RDD(Resilient Distributed Dataset)、Scheduler、Storage、Shuffle。

- RDD 是 Spark 的抽象数据模型。
- Scheduler 是 Spark 的调度机制,分为 DAGScheduler 和 TaskScheduler。
- Storage 模块主要管理已缓存 RDD、Shuffle 中间结果数据和广播数据。
- Shuffle 分为 Hash 方式和 Sort 方式。

6. RDD

在 Spark 中引入 RDD 概念的目的是实现 Spark 的并行操作和灵活的容错能力。因此,RDD 是一个容错的、并行的数据结构,可以让用户显式地将数据存储到磁盘和内存中,并能控制数据的分区。每个 RDD 有五个主要的属性。

- **一组分区(Partition)**。数据集的最基本组成单位。
- **一个计算每个分区的函数**。对于给定的数据集,需要做哪些计算。
- **依赖(Dependency)**。RDD 的依赖关系,描述了 RDD 之间的 Lineage 关系。
- **PreferredLocation(可选)**。对于 Data Partition 的位置偏好。
- **Partitioner(可选)**。对于计算出来的数据结果如何分发。

RDD 拥有的操作比 MapReduce 丰富得多,不仅仅包括 map 与 reduce 操作,还包括 filter、sort、join、save、count 等操作,所以 Spark 比 MapReduce 更容易完成复杂的任务。

Spark 针对 RDD 提供了多种基础操作,可以大致分为两种。

(1) **Transformation**。代表的是基于现有的数据集,创建一个新的数据集,即数据集中的内容会发生更改,常用函数如表 4-1 所示。

表 4-1　Transformation 常用函数

序号	函　数　名	主　要　功　能
1	map(func)	返回一个新的分布式数据集,由每个元素经过 func() 函数转换后组成
2	filter(func)	返回一个新的数据集,由经过 func() 函数后返回值为 true 的元素组成
3	flatMap(func)	类似于 map,但是每一个输入元素,会被映射为 0 到多个输出元素(因此,func() 函数的返回值是一个 Seq,而不是单一元素)
4	sample(withReplacement,frac,seed)	根据给定的随机种子 seed,随机抽样出数量为 frac 的数据
5	union(otherDataset)	返回一个新的数据集,由原数据集和参数联合而成
6	groupByKey(numTasks)	在一个由(K,V)对组成的数据集上调用,返回一个(K,Seq[V])对的数据集。注意:默认情况下,使用 8 个并行任务进行分组,可以传入 numTasks 可选参数,根据数据量设置不同数目的 Task
7	reduceByKey(func,[numTasks])	在一个(K,V)对的数据集上使用,返回一个(K,V)对的数据集,key 相同的值,都被使用指定的 reduce() 函数聚合到一起。和 groupByKey 类似,任务的个数是可以通过第二个可选参数来配置
8	join(otherDataset,[numTasks])	在类型为(K,V)和(K,W)的数据集上调用,返回一个(K,(V,W))对,每个 key 中的所有元素都在一起的数据集
9	groupWith(otherDataset,[numTasks])	在类型为(K,V)和(K,W)的数据集上调用,返回一个数据集,组成元素为(K,Seq[V],Seq[W])元组。这个操作在其他框架之中,称为 CoGroup
10	cartesian(otherDataset)	笛卡儿积。但在数据集 T 和 U 上调用时,返回一个(T,U)对的数据集,所有元素交叉进行笛卡儿积

（2）**Action**。在数据集上运行计算后,将返回给 Driver Program,常用函数如表 4-2 所示。

表 4-2　Action 常用函数

序号	函　数　名	主　要　功　能
1	reduce(func)	通过函数 func() 聚集数据集中的所有元素。func() 函数接受 2 个参数,返回一个值。这个函数必须是关联性的,确保可以被正确地并发执行
2	collect()	在 Driver 的程序中,以数组的形式返回数据集的所有元素。这通常会在使用 filter 或者其他操作后,返回一个足够小的数据子集再使用,直接将整个 RDD 集 collect 返回,可能造成内存溢出

续表

序号	函 数 名	主 要 功 能
3	count()	返回数据集的元素个数
4	take(n)	返回一个数组,由数据集的前 n 个元素组成。注意,这个操作目前并非在多个节点上并行执行,而是 Driver 程序所在机器,单机计算所有的元素(Gateway 的内存压力会增大,需要谨慎使用)
5	first()	返回数据集的第一个元素,类似于 take(1)
6	saveAsTextFile(path)	将数据集的元素,以 TextFile 的形式,保存到本地文件系统、HDFS 或者任何其他 Hadoop 支持的文件系统。Spark 将会调用每个元素的 toString()方法,并将它转换为文件中的一行文本
7	saveAsSequenceFile(path)	将数据集的元素以 SequenceFile 的格式保存到指定的目录下的本地文件系统、HDFS 或者任何其他 Hadoop 支持的文件系统。RDD 的元素必须由 key-value 对组成,并都实现了 Hadoop 的 Writable 接口,或隐式可以转换为 Writable(Spark 包括了基本类型的转换,例如 int、double、string 等)
8	foreach(func)	在数据集的每一个元素上,运行函数 func()。这通常用于更新一个累加器变量,或者和外部存储系统做交互

需要注意的是,为了提高系统的性能,Spark 的所有 Transformation 操作采取的是"惰性计算模式"——在执行 Transformation 操作时并不会提交它,只有在执行 Action 操作时,所有操作才会被提交到集群中开始被执行。

Spark 中的另一个关键问题是如何选择 RDD 序列化时机。通常,只有在以下几种情况下,可以考虑对其进行序列化处理。

- 在完成成本比较高的操作之后。
- 在执行容易失败的操作之前。
- 当 RDD 被重复使用或者计算其代价很高时。

RDD 被缓存后,Spark 将会在集群中保存相关元数据,下次查询该 RDD 时,它将能更快速访问,不需要计算。然而,如果序列化过多的 RDD,不仅浪费内存(或硬盘)空间,而且会降低系统整体性能。RDD 根据 useDisk、useMemory、deserialized、off_heap、replication 等五个参数的不同组合方式提供了多种存储级别,如表 4-3 所示。

表 4-3 RDD 的存储级别

序号	存 储 级 别	描 述
1	MEMORY_ONLY (默认级别)	将 RDD 以 Java 对象的形式保存到 JVM 内存中。如果分片太大,内存缓存不下,就不缓存
2	MEMORY_ONLY_SER	将 RDD 以序列化的 Java 对象形式保存到内存
3	DISK_ONLY	将 RDD 持久化到硬盘

续表

序号	存 储 级 别	描　　述
4	MEMORY_AND_DISK	将 RDD 数据集以 Java 对象的形式保存到 JVM 内存中。如果有些分片太大不能保存到内存中,则保存到磁盘上,并在下次用时重新从磁盘读取
5	MEMORY_AND_DISK_SER	与 MEMORY_ONLY_SER 类似,但当分片太大不能保存到内存中,会将其保存到磁盘中
6	XXX_2	在上述 5 中 level 后缀添加 2 代表两副本
7	OFF_HEAP	RDD 实际被保存到 Tachyon[①]

在 Spark 中 RDD 之间的依赖关系用 Linage 表示。为了方便 RDD 的执行流程和故障恢复的分类实现,RDD 之间的依赖关系可以分为窄依赖(Narrow Dependency)和宽依赖(Wide Dependency)两种。

- 窄依赖是指父 RDD 的每个分区都只被子 RDD 的一个分区所依赖。
- 宽依赖是指父 RDD 的分区被多个子 RDD 的分区所依赖。

从 RDD 操作看,不同的操作依据其特性,可能会产生不同的依赖。

7. Scheduler

Spark 中的 Scheduler 充分体现了 Spark 与 MapReduce 的不同之处——采用了基于 DAG 执行引擎。Scheduler 模块分为两个部分: DAGScheduler 和 TaskScheduler。

- **DAGScheduler 负责创建执行计划**。Spark 会尽可能地管道化,并基于是否要重新组织数据(如执行 Shuffle 或从外存中读取数据)来划分 Stage,并产生一个 DAG 作为逻辑执行计划。
- **TaskScheduler 负责分配任务并调度 Worker 的运行**。TaskScheduler 将各阶段划分成不同的 Task,每个 Task 由数据和计算两部分组成,如图 4-21 所示。

从整体上看,Spark 的执行步骤可以分为三大类活动。

- 创建 RDD 对象。
- DAGScheduler 创建执行计划。
- TaskScheduler 分配任务并调度 Worker 的运行。

8. Storage

Spark 的 Storage 模块提供了统一的操作类 BlockManager,外部类与 Storage 模块之间的交互都需要通过调用 BlockManager 相应接口来实现。

---

① 一种基于内存的分布式文件系统。

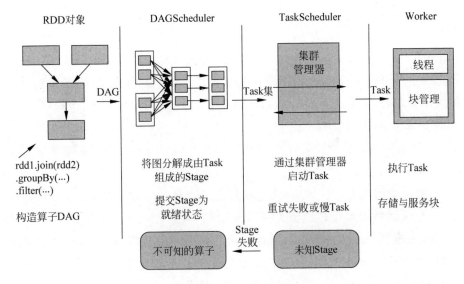

图 4-21　Spark 的执行步骤

Storage 模块存取的最小单位是数据块（Block），Block 与 RDD 中的分区（Partition）一一对应。因此，Spark 转换或动作操作最终都是对 Block 进行操作。

9. Shuffle

在 Spark Shuffle 中，Map 任务产生的结果会根据所设置的 Partitioner 算法填充到当前执行任务所在机器的每个桶中。Reduce 任务启动时，会根据任务的 ID、所依赖的 Map 任务 ID 以及 MapStatus 从远端或本地的 BlockManager 获取相应的数据作为输入进行处理。

在 Spark 中，不同 Stage 一般由 Shuffle 来划分。由于 Shuffle 产生数据移动及影响 Stage 的划分，Spark 编程中需要特别关注 Shuffle 操作。Spark 中导致 Shuffle 的操作有很多种，如 aggregateByKey（ ）、reduceByKey（ ）、groupByKey（ ）等都会导致 RDD 的重排及移动。

虽然近几年来 Spark 技术的发展迅速且应用越来越广泛，但并不意味着它即将完全替代 Hadoop MapReduce，主要原因有如下三个。

- Spark 是基于内存的迭代计算框架，适合于特定数据集的频繁操作类的应用场景，不适用于异步细粒度更新状态的应用。
- Hadoop 提供的是一整套大数据解决方案——Hadoop 生态系统，不仅仅是 Spark 所解决的计算问题。
- Hadoop 本身也在不断优化与更新之中。例如，YARN 的引入，代表了 Hadoop 从以批处理为主的专用计算模式转向包括流计算、交互计算和图计算等多种计算在内的通用计算模式的战略变化。

SparkR

从表现和存在形式看,SparkR 是一种 R 包,主要功能是在 Spark 平台上运行 R 的代码,进而有效结合 R 的统计功能与 Spark 的计算能力。也就是说,有了 SparkR 包,可以拓展 R 的计算能力,使 R 代码的运行过程具备 Spark 的基本特点——分布式计算、流式计算、弹性计算等。

为了有效结合 Spark 的计算能力和 R 的统计功能,SparkR 主要采取了以下实现手段与关键技术。

(1) **数据类型的映射**。在 SparkR 中重新定义了 R 的基本数据类型,或者说 SparkR 中定义了 Spark 数据类型和 R 数据类型之间的映射关系,如表 4-4 所示。其中,最重要的是,用 Spark 数据框(SparkDataFrame)替代 R 中原有的数据框(DataFrame)的概念。二者的主要区别在于,SparkDataFrame 支持数据框的分布式存储。SparkR 支持用户基于多种数据源(如 R 中的数据框、关系表、JSON,CSV 等)定义一个 SparkDataFrame。

表 4-4　Spark 数据类型和 R 数据类型之间的映射关系

R 数据类型	Spark 数据类型	R 数据类型	Spark 数据类型
byte	byte	raw	binary
integer	integer	logical	boolean
float	float	POSIXct	timestamp
double	double	POSIXlt	timestamp
numeric	double	Date	date
character	string	array	array
string	string	list	array
binary	binary	env	map

(2) **会话过程的重定义**。用 Spark 会话(SparkSession)替代 R 中的会话(Session)的功能。不同的是,SparkSession 在 SparkR 中的重要地位更为显著,它是连接 R 程序和 Spark 集群的桥梁,所以 SparkR 的编程往往以定义一个 SparkSession 为前提。在代码中,可以通过运行代码 sparkR. session()来定义一个 SparkSession。

(3) **提供多种 API**。一是针对 SparkR 中的新数据类型,如 SparkDataFrame 提供了多种 API 接口,支持 R 程序员对 SparkDataFrame 进行各种数据转换、预处理、统计分析等各种操作。二是针对 Spark 的组成部分,如 MLib 提供了多种 API,支持在 R 代码中调用 Spark 的组成部分。

(4) **支持自定义和分布式运行函数**。与 R 基础语法类似,用户可以通过 SparkR 提供的 dapply、dapplyCollect、spark. lapply 以分布式方式运行函数。

(5) **支持多种 R 代码的编辑和运行环境**。如 RStudio、Rshell、Rscript 等。以 RStudio 为例,程序员可以通过运行代码 install. spark 安装 SparkR 包,支持 SPARK_HOME 等环境变量以及 sparkConfig 等 Spark 驱动程序配置参数的手动设置。

Lambda 架构

在大数据处理系统,尤其是早期的大数据技术和产品中,可靠性和实时性是一对矛盾。例如,Hadoop MapReduce 的可靠性强,但实时性差,而 Storm 却相反。为此,Storm 创始人 Nathan Marz 结合自己在 Twitter 和 BackType 从事大数据处理的工作经验,提出了一种大数据系统参考架构——Lambda 架构(Lambda Architecture)。

Lambda 架构的主要特点是兼顾了大数据处理系统中的可靠性和实时性,较好地支持大数据计算的一些关键特征,如高容错、低延迟、可扩展等。该架构通过整合离线计算与实时计算技术,将不可变性、读写分离和复杂性隔离等思想引入自己的架构设计之中,为 Hadoop MapReduce、Storm、Spark、Cloudera Impala 等大数据技术的集成应用及新产品开发提供了理论依据。

从组成部分看,Lambda 架构可分解为三个层(或模块),分别为批处理层(Batch Layer)、加速层/实时处理层(Speed Layer/Real-Time Layer)和服务层(Serving Layer),如图 4-22 所示。

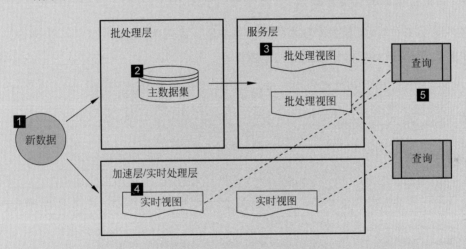

图 4-22 Lambda 架构的主要组成部分

- 批处理层(Batch Layer):负责数据处理中的可靠性,主要针对的是离线处理需求,通过存储全部数据集和预先计算查询函数,构建用户查询所对应的批处理视图(Batch View)。但是,批处理层不善于处理实时查询处理,实时处理任务需要由加速层完成。批处理层可以采用批处理技术,如 Hadoop MapReduce 等实现。
- 加速层/实时处理层(Speed Layer/Real-Time Layer):负责数据处理中的实时性,主要针对的是实时处理需求。与批处理层不同的是,加速层/实时处理层中处理的并非为全体数据集,而是最近的增量数据流。为了确保数据处理的速度,加速层/实时处理层在接收新数据后会不断更新实时视图(Real-Time View)。加速层/实时处理层可以采用流处理技术,如 Storm 等实现。

- 服务层(Serving Layer)：主要负责将加速层/实时处理层的输出数据合并至批处理层的输出数据,从而得到一份完整的输出数据,并保存至 NoSQL 数据库中,并为在线查询类应用提供服务。服务层可以采用查询处理技术,如 Cloudera Impala 等实现。

从处理流程视角看,Lambda 架构的基本流程为：进入系统的所有数据都被分派到批处理层和加速层/实时处理层进行处理。其中,批处理层具有两个功能：管理主数据集(不可变的,仅附加的原始数据集)；预先计算批处理视图。服务层为批处理视图编制索引,以便以低延迟、临时方式查询它们。加速层/实时处理层弥补了服务层更新的高延迟,并仅处理最新数据；可以通过合并批处理视图和实时视图的结果来回答任何查询请求。

4.5 NoSQL 与 NewSQL

1. 关系数据库的优点与缺点

在大数据时代,关系数据库技术的优势与不足日益凸显(见图 4-23),使得 NoSQL 数据库[1]和关系云[2]等新兴数据管理技术成为必要。

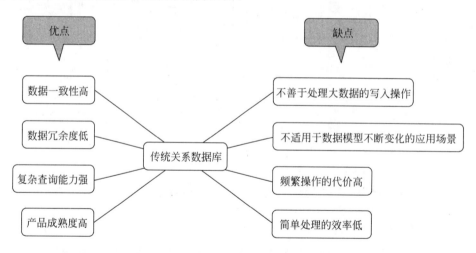

图 4-23 传统关系数据库的优点与缺点

（1）传统关系数据库技术的优点。

- **数据一致性高**。由于关系数据库具有较为严格的事务处理要求,它能够保持较高的数据一致性。

---

① McCreary D,Kelly A. Making sense of NoSQL[J]. Shelter Island：Manning,2014：19-20.

② Curino C,Jones E P C,Popa R A,et al. Relational cloud：A database-as-a-service for the cloud[C]. Fifth Biennial Conference on Innovative Data Systems Research,2011.

- **数据冗余度低**。由于关系数据库是以规范化理论为前提,通常,相同字段只能保存一处,数据冗余度较低,数据更新的开销较小。
- **复杂查询能力强**。关系数据库中可以进行 Join 等复杂查询。
- **产品成熟度高**。关系数据库技术及其产品已经较为成熟,稳定性高,系统缺陷少。

(2) 传统关系数据库技术的缺点。

- **不善于处理大数据的写入操作**。在关系数据库中,为了提高读写效率,一般采用主从模式,即数据的写入由主数据库负责,而数据的读入由从数据库负责。因此,主数据库上的写入操作往往成为瓶颈。
- **不适用于数据模型不断变化的应用场景**。在关系数据库及其应用系统中,数据模型和应用程序之间的耦合高。当数据模型发生变化(如新增或减少一个字段等)时,需要对应用程序代码进行修改。
- **频繁操作的代价高**。为了确保关系数据库的事务处理和数据一致性,对关系数据库进行修改操作时往往需要采用共享锁(又称读锁)和排他锁(又称读写锁)的方式放弃多个进程,同时对同一个数据进行更新操作。
- **简单处理的效率低**。在关系数据库中,SQL 编写的查询语句需要完成解析处理才能进行。因此,当数据操作非常简单时,也需要进行解析、加锁、解锁等操作,导致关系数据库对数据的简单处理效率低。

2. NoSQL 技术

为了弥补关系数据库的上述不足,人们提出了 NoSQL 技术。关于术语 NoSQL 的含义,曾有很多争议,比较有代表性的观点如下。

- **术语 NoSQL 并不是"No! SQL"的缩写**,也就是说提出 NoSQL 技术的目的并不是要抛弃或否定关系数据库技术。未来在多数情况下,关系数据库技术还是最有效的解决方案。
- **术语 NoSQL 可以理解为"Not Only SQL"的缩写**,也就是说 NoSQL 为数据处理提供了一种补充方案,在实际工作中不仅仅依靠 SQL 关系数据库,有时候还可以采用 NoSQL 技术。
- **术语 NoSQL 容易产生歧义**。由于术语 NoSQL 容易造成背离传统关系数据库模型的错觉,Carlo Strozzi 等人认为术语 NoSQL 并不完美,应该采用一个全新的名字,如 NoREL。

NoSQL 是指那些非关系型的、分布式的、不保证遵循 ACID 原则的数据存储系统。相对于关系数据库,NoSQL 数据库的主要优势体现在以下几方面。

- **易于数据的分散存储与处理**。NoSQL 数据库放弃了一部分复杂处理能力(如 Join 处理)的方式,支持了将数据分散存放在不同服务器上,解决了关系数据库在大量数据的写入操作上的瓶颈。在关系数据库中,为了对数据进行 Join 处理,需要把涉及

Join 处理的数据事先存放在同一个服务器上。

- **数据的频繁操作代价低以及数据的简单处理效率高。** NoSQL 数据库通过采用缓存技术较好地支持同一个数据的频繁处理,提高了数据简单处理的效率。
- **适用于数据模型不断变化的应用场景。**

需要注意的是,**提出 NoSQL 技术的目的并不是替代关系数据库技术,而是对其提供一种补充方案。** 因此,二者之间不存在对立或替代关系,而是存在互补关系,如图 4-24 所示。

- 如果需要处理关系数据库擅长的问题,那么仍然首选关系数据库技术。
- 如果需要处理关系数据库不擅长的问题,那么不再仅仅依赖于关系数据库技术,可以考虑更加适合的数据存储技术,如 NoSQL、NewSQL 技术等。

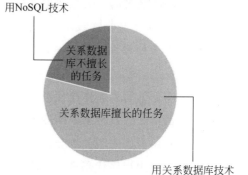

图 4-24 关系数据库技术与 NoSQL 技术之间的关系

关系云

关系云是在云计算环境中部署和虚拟化的关系数据库,进而使传统关系数据库具备云计算的弹性计算、虚拟化、按需服务和高经济性等特征。关系云代表了数据管理的一个重要发展方向,其关键在于实现事务处理、弹性计算、负载均衡等。

关系云的一个重要功能是提供**数据库即服务(Database as a Service,DaaS)**,用户无须在本机安装数据库管理软件,也不需要搭建自己的数据管理集群,而只需要使用服务提供商提供的数据库服务。目前,较有代表性的云数据库产品如表 4-5 所示。

表 4-5 较有代表性的云数据库产品

序　号	组　织	产　品
1	Amazon	RDS
2	Google	BigTable、FusionTable、GoogleBase
3	Microsoft	Microsoft SQL Azure
4	Oracle	Oracle Cloud
5	Yahoo	PNUTS
6	Vertica	Analytic Database for the Cloud
7	EnterpriseDB	Postgres Plus Cloud Database
8	Apache	HBase
9	Hypertable	Hypertable

3. 数据模型

在关系数据库中,采用的数据模型是关系数据模型,其基本思想是将数据存放在多个关系(二维表)中,而关系表由多个元组(行)组成。关系数据库中对元组的限制是比较严格的,例如不允许在元组中嵌套另一个元组、不允许存放列表等。但是,NoSQL 数据库改变了传统数据库中以元组和关系为单位进行数据建模的方法,开始支持数据对象的多样性和复杂性。例如,不仅支持数据对象的嵌套,而且支持存放列表的数据。NoSQL 数据库中常用的数据模型有四种:Key-Value、Key-Document、Key-Column 和图存储模型,如表 4-6 所示。

表 4-6　NoSQL 数据库中常用的数据模型

	Key-Value	Key-Document①	Key-Column	图　存　储
基本思路	采用某种方法(如哈希表)在 Key 与 Value 之间建立映射	与 Key-Value 类似,其中 Value 指向结构化数据	以列为单位进行存储,将同一列数据存放在一起	采用图结构存储数据
应用领域	数据缓存及访问负载处理	Web 应用	分布式文件系统	社交网络、推荐系统和关系图谱
优点	查找速度快	不需要预先定义结构	可扩展性高,容易进行分布式扩展	可采用图论算法进行复杂运算
缺点	数据无结构	查询性能不高,缺乏统一查询语法	功能相对有限	功能相对有限,不易于做分布式集群
实例	Dynamo、Redis、Memcached	CouchDB、MongoDB	Bigtable、HBase、Cassandra	Neo4j、GraphDB、OrientDB

4. 数据分布

为了实现负载均衡、提升服务器端的数据处理能力(横向扩展)、提高故障恢复能力以及保证服务质量等,NoSQL 数据库采取“数据分布技术”。在 NoSQL 中,分片(Sharding)与复制(Replication)是数据分布的两个基本途径。其中,“复制”机制又可以分为“主从复制”和“对等复制”两种,如图 4-25 所示。

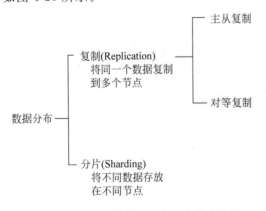

图 4-25　NoSQL 数据分布的两个基本途径

---

① 需要注意的是,Key-Document 数据库中的 Document(文档)并不是特指人们通常所说的 Word、PPT、电子表格等“文档”,而是包含松散结构的“键-值对”的集合,通常用 JSON、XML、YAML 等表示其松散结构。

1) 分片

分片是指将不同数据存放在不同节点①。通常,不同用户(群)访问同一个数据库的不同部分,也就是说数据库中的不同内容往往被不同用户访问。为此,可以采用分片技术——根据数据的被访问规律,将不同部分分别存放在不同节点,进而分解单节点访问的负载,实现负载均衡,提升数据访问的速度,如图 4-26 所示。

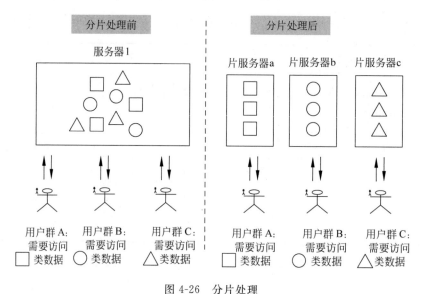

图 4-26　分片处理

根据分片技术的思想,NoSQL 数据库系统需要确保将同时访问的数据集存放在同一个节点上,并事先组织好数据集。

BigTable

以 BigTable 技术为例,BigTable 按照字典顺序排列表中的"行",以逆向域名(Reversed Domain Name)为序来排列 URL;对表(Table)进行分片处理,片(Tablet)的大小维持在 100MB~200MB,一旦超出范围就将分裂成更小的片,或者合并成更大的片;每个片服务器负责一定量的片,对分片的读写请求进行处理,以及分片的分裂或合并;支持片服务器能够根据负载动态加入和退出。

与关系数据库不同的是,NoSQL 数据库中的分片处理并不是应用系统的程序员通过编写代码的方式自行处理的,而是由数据库系统提供统一的自动分片功能,减轻了开发者的编程负担。分片处理的优点在于:

• 负载均衡。

---

① "分片"与"切片"是两个不同的概念。

- 提升 NoSQL 数据库的读写性能,尤其是读取性能。
- 提升 NoSQL 数据库的故障恢复能力。当某一个节点发生故障时,只有访问该节点数据的用户才受影响,其他用户可以正常访问其他节点。

2)主从复制

主从复制是指将数据复制到多个节点,其中一个节点叫作 Master 节点(主节点或首要节点),用来存放权威数据,并负责处理数据更新操作;其余节点叫作 Slave 节点(从节点或次要节点),用户可以读取从节点的数据,但不能直接更新它,从节点的数据通过复制技术保持与主节点数据一致,如图 4-27 所示。

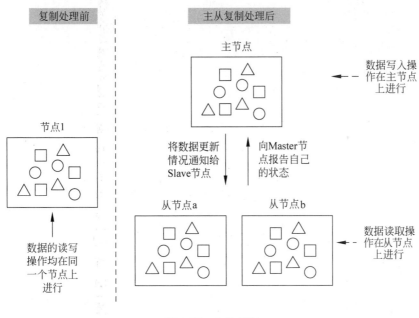

图 4-27 主从复制

主从复制技术的优点体现在从节点,而不是主节点。也就是说,主从复制技术可以提升读取操作的性能,而对写入操作的帮助不大。

- 可以提升读取性能,但其写入性能仍受主节点的限制。
- 可以提升读取操作的故障恢复能力,但其写入操作仍受主节点的影响[①]。

显然,主从复制技术的缺点是:主节点仍然是整个系统的瓶颈;主从复制也会带来新的问题——数据不一致性。

3)对等复制

对等复制是指在复制中,不存在主节点的概念,所有副本的地位等同,都可以接受写入请求,如图 4-28 所示。因此,对等复制中丢失某一个副本或某个节点发生故障,不影响整个 NoSQL 数据库。可见,对等复制不但可以提升处理读取请求的性能,而且可以提升写入请

---

① 有时采用主节点的热备份(Hot Backup)的方法提升主节点的容错能力。

求的能力。

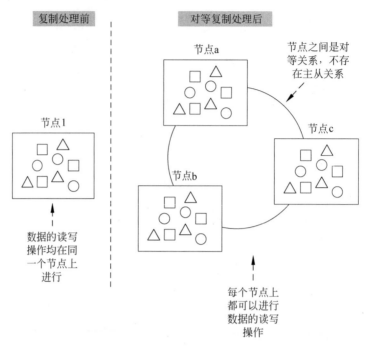

图 4-28　对等复制

对等复制的主要缺点是处理数据一致性的问题更加复杂,容易导致"写入冲突"现象的出现[①]。

总之,分片与技术复制具有各自的优缺点。因此,NoSQL 技术中往往综合运用上述两种不同技术。以列数据库为例,设置 3 为复制因子,将每个分片数据放在三个节点中,当某个节点发生故障时,可以用另外两个节点中的任何一个替代此节点。

5. 数据一致性

在数据一致性处理方面,关系数据库和 NoSQL 数据库的实现方式不同。数据一致性是指用户读取的数据是否为"正确数据"。从数据分布,尤其是主从复制和对等复制技术可以看出,NoSQL 中容易产生数据不一致性的问题。以主从复制为例,当用户 U1 已更新主节点中的数据对象 x 而主节点尚未将数据更新情况通知到从节点 b 时,用户 U2 从从节点 b 中读取数据对象的副本时,读取结果为错误数据,即存在数据不一致现象,如图 4-29 所示。

关系数据库通过"强一致性"来确保数据不一致问题。强一致性要求无论更新操作是在哪一个副本执行,之后所有的读操作都要能获得最新的数据。

---

① 两个用户同时更新同一条记录的不同副本。

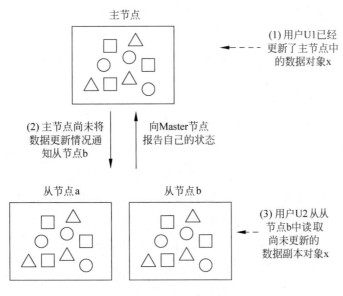

图 4-29 数据不一致性

与关系数据库不同的是，NoSQL 数据库中对数据一致性问题的认识出现了新的变化，并提出了多种一致性的观点，主要体现在四个方面。

(1) 弱一致性和最终一致性的提出。

- **弱一致性**：用户读到某一操作对系统特定数据的更新需要一段时间（通常称为"不一致性窗口"）。

- **最终一致性**：是弱一致性的一种特例，保证用户最终能够读取到某操作对系统特定数据的更新。

(2) 针对不同一致性问题提出了不同的解决方案，如更新一致性、读写一致性和会话一致性。

- **更新一致性**：关注的是数据的更新操作在最新内容的基础上进行。NoSQL 数据库主要采用两种方法来确保更新一致性：一种是"写入锁的方法"，在修改某个值之前必须先获得"写入锁"，修改期间对内容进行加锁，防止其他用户的写入操作；另一种是"条件更新方法"，更新操作需要在数据内容为更新的条件下进行。

- **读写一致性**：关注的是如何防止在两个写入操作之间读出中间数据，主要解决读写冲突问题。NoSQL 数据库主要采用最终一致性的方法保证读写一致性的问题——在任意时刻，节点中可能存在"复制不一致"的问题，但是只要不再继续执行其他更新操作，那么上一次更新操作的结果最终将反映到全部节点中。也就是说，NoSQL 数据库中允许"不一致窗口[①]"的存在。

- **会话一致性**：关注的是在用户会话内部保证"照原样读出所写内容的一致性"，一般

---

① 存在不一致风险的时间长度。

采用黏性会话(绑定到某个节点的会话)和版本戳等方式实现。

(3) CAP 理论和 BASE 原则的提出放宽了对一致性的严格约束。

(4) 采用有条件的事务机制和版本戳等方法解决 NoSQL 中的数据一致性问题。

6. CAP 理论与 BASE 原则

NoSQL 数据库中对数据管理目的,尤其是数据一致性保障问题的认识发生了变化,而这些变化具有两个重要理论为依据——CAP 理论与 BASE 原则。

(1) **CAP 理论**的基本思想如下。一个分布式系统不能同时满足一致性(Consistency)、可用性(Availability)和分区容错性(Partition Tolerance)等需求,而最多只能同时满足其中的两个特征,如图 4-30 所示。CAP 理论告诉我们,数据管理不一定是理想的———致性[1]、可用性和分区容错性中的任何两个特征的保证(争取)可能导致另一个特征的损失(放弃)。

- 一致性:主要是指强一致性。

- 可用性:每个操作总是在"给定时间"之内得到返回"所需要的结果"。如果"给定时间"之内无法得到结果或所反馈的结果并非为"用户所需要的结果",那么系统的可用性无法保障。

- 分区容错性:主要是指对某个网络分区的容错能力和网络分区内节点的动态加入与退出能力。

图 4-30 CAP 理论

CAP 理论的应用

大部分 NoSQL 数据库系统都会根据自己的设计目的进行相应的选择。

- Cassandra,Dynamo 选择 A、P(放弃 C)。

- BigTable,MongoDB 满足 C、P(放弃 A)。

- 关系数据库,如 MySQL 和 Postgres 满足 A、C(放弃 P)。

(2) **BASE 原则**是 Basically Available(基本可用)、Soft State(柔性状态)和 Eventually Consistent(最终一致)的缩写。

- Basically Available 是指可以容忍系统的短期不可用,并不追求全天候服务。

- Soft State 是指不要求一直保持强一致状态。

- Eventually Consistent 是指最终数据一致,而不是严格的实时一致,系统在某一个时刻后达到一致性要求即可。

可见,BASE 原则可理解为 CAP 原则的特例。目前,多数 NoSQL 数据库是针对特定

---

[1] 尤其是强一致性。

应用场景研发出来的,其设计遵循 BASE 原则,更加强调读写效率、数据容量以及系统可扩展性。

需要注意的是,**NoSQL 实际应用中需要权衡一致性与可用性**。强一致性往往导致写入操作需要全部节点的确认,将影响可用性。因此,往往需要计算保证一致性需要的节点数。以对等结构为例,保证强一致性的前提如下。

- 写入操作。参与写入操作的节点数(W)必须超过副本节点数(N)的一半,即 $W>N/2$。
- 读取操作。参与读取操作时所需要的节点数(R)、确认写入操作时所需要征询的节点数 W 以及复制因子(N)之间需要满足 $R+W>N$。

7. 视图与物化视图

在关系数据库中,为了简化用户数据查询(尤其是跨多个表的查询)操作、保护部分机密字段以及提供更多的数据分析视角等,引入了视图技术。视图是从一个或几个基本表(或视图)导出的表。数据库只存放视图的定义,而不存放视图对应的数据内容。视图中的数据内容都是在视图被访问时临时从对应的基本表上计算出来。因此,虽然视图属于虚表,但是,视图的访问与基本表没有差异,用户不需要区别对待视图和基本表。

然而,视图技术带来的代价是增加了计算工作量。在关系数据库中,生成复杂的视图往往需要大量的计算工作,其时间复杂度往往很高。因此,在数据读取速度要求高且读取内容相同的应用场景下,采用另一种视图技术——物化视图。

物化视图是指将视图内容预先算好并存放在磁盘中的视图,从而解决重复计算的时间成本。由于多数 NoSQL 数据库应用对查询响应时间要求很高,而且查询操作与其数据结构往往不一致,因此物化视图理念广泛应用于 NoSQL 数据库技术中。

NoSQL 数据库技术中构建物化视图的方法有多种。例如:

- **事件触发型**。如果基础数据中一旦发生内容更新事件,那么立即更新物化视图内容。此类方法可以确保视图内容的及时性,确保视图内容与基础数据之间的同步更新。
- **时间触发型**。预先设立更新视图内容的时间条件(如时间点或周期),当时间条件成立时,通过批处理操作来集中更新视图内容。此类方法可能导致视图内容与基础数据之间的不一致性,视图内容有时滞后于基础数据的内容。

需要补充说明的是,NoSQL 数据库技术主要以 MapReduce 方式计算其物化视图。当NoSQL 数据库中需要多次使用 MapReduce 计算结果时,一般将其存储为物化视图,并通过增量式 MapReduce 操作更新物化视图——只需要计算视图中发生改变的那部分数据即可,而不需要把全部数据从头计算一遍。

- **Map 阶段的物化视图**。当输入数据发生变化时重新计算 Map 函数。由于 Map 函数之间是相互隔离的,其增量更新的实现相对容易。

- **Reduce 阶段的物化视图**。Reduce 阶段物化视图的构建比较复杂,需要综合考虑 Reduce 操作之间的依赖性、数据变更可能导致的后果等多个因素。

8. 事务与版本戳

在关系数据库中,事务(Transaction)是保证数据一致性的重要手段,可以帮助用户维护数据的一致性。事务是用户定义的一个数据库操作序列,这些操作要么全做,要么全不做,是一个不可分割的工作单位。在 NoSQL 数据库中,并没有完全放弃事务理念,而是通过定义多种数据一致性目标的方式,将事务特征进行了分解和组合。

因此,在 NoSQL 数据库中并不是无条件追求事务的四个特征,而是在前提条件(如规定延迟)下,在不同特征之间进行取舍和权衡。以数据更新的一致性为例,通常采用条件更新和版本戳的方式确保数据更新的一致性。

- **条件更新**。客户端执行操作时,将重新读取将要更改的数据,并检测该数据在上次读取后是否一直没有变动,如果没有变动,则读取该数据。除了条件更新之外,有些 NoSQL 技术还采用 CAS(Compare And Set)操作,直接比较被修改内容本身的方法来判断数据从读取到更新时间期间是否被其他人修改过。

- **版本戳**。版本戳是一个字段,常用于条件更新之中。每当记录中的底层数据改变时,其版本戳值也随之变化。在读取数据时可以记下版本戳,并在写入数据之前,先检查数据的版本戳是否有变化。从理论上看,版本戳的实现方法有多种,例如计数器方法、唯一标识方法、内容哈希方法、时间戳方法等。但是,不同方法的优缺点不同。为此,NoSQL 技术经常采用复合版本戳技术,充分发挥不同版本戳方法的优势。例如,CouchDB 创建版本戳时,使用了计数器与内容哈希码相结合的方法。

向量版本戳技术

从管理和维护角度看,单服务器体系结构和主从复制体系结构中的版本戳的管理和维护相对容易,可以统一存储和管理版本戳。但是,对等式 NoSQL 中的版本戳管理比较复杂,一般采用"向量版本戳技术",分别记录每个节点的版本戳信息。需要注意的是,由于"向量版本戳技术"的时间成本较大,需要权衡不一致性和延迟之间的矛盾。

---

9. 典型产品

目前,典型的 NoSQL 产品有 10gen 公司的 MongoDB、Danga Interactive 公司的 Memcached、Facebook 公司的 Cassandra、Google 公司的 BigTable 及其开源系统 HBase、Amazon 公司的 Dynamo、Apache 公司的 Tokyo Cabinet、CouchDB 和 Redis 等。

- MongoDB 是 10gen 公司开发的一款 Key-Document 类 NoSQL 数据库。
- Memcached 是由 Danga Interactive 公司开发的一款临时性 Key-Value 类 NoSQL

数据库开源系统。

- Cassandra 是一套开源分布式 NoSQL 数据库系统。它最初由 Facebook 公司开发，用于储存收件箱等简单格式数据，集 Google 公司的 BigTable 数据模型与 Amazon 公司的 Dynamo 完全分布式的架构于一身。Facebook 公司于 2008 年将 Cassandra 开源，此后，由于 Cassandra 良好的可扩展性，被 Digg、Twitter 等知名 Web 2.0 网站所采纳，成了一种流行的分布式结构化数据存储方案。
- HBase 是由 Fay Chang 等采用 Google 公司的 BigTable 技术开发的开源系统。

Memcached

- 官方网站：http://memcached.org/，如图 4-31 所示。

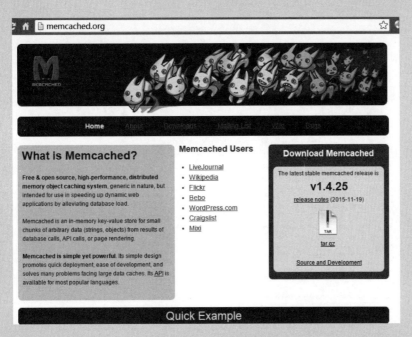

图 4-31　Memcached 官方网站

- 提供者：2003 年，Brad Fitzpatrick 为 LiveJournal 开发。
- 实现技术/语言：C、Perl。
- 访问方法：支持命令行工具；支持多种语言的客户端开发包，包括 C、C♯、Perl、PHP、Java、Python、Ruby、MySQL 等。
- 开源许可证：BSD license。
- 使用者：LiveJournal、Wikipedia、Flickr、Bebo、WordPress.com、Craigslist 和 Mixi 等，
Memcached 的存储特点有如下三个。
- 数据存放在内存中，因此，不需要对硬盘进行 I/O 处理，数据处理速度快。

- 采用散列表的形式操作和存储数据,因此,它具备简单易用性。
- 采用简单文本协议作为数据通信的协议,所以只能对字符串类型的值进行操作,不支持对复杂数据类型的直接操作。如果需要处理字符串之外的复杂数据类型,需要对其进行序列化和反序列化处理。

通常,由于内存容量限制,Memcached 的数据处理规模往往受限。为此,一般通过多台服务器运行 Memcached 系统。为了尽量减少每台服务器的动态加入对整个服务器集群的影响,一般采用一致性散列算法分配散列值和服务器号,如图 4-32 和图 4-33 所示。

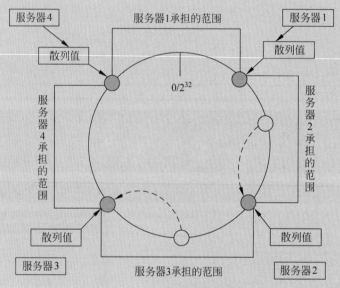

图 4-32　一致性散列的分配方式

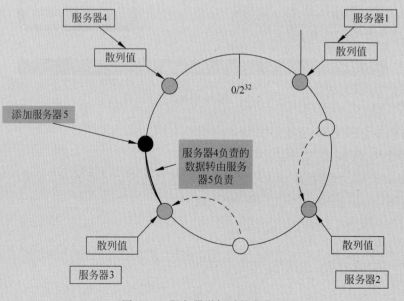

图 4-33　服务器增加时的变化

一致性散列算法在 Memcached 中的应用方法如下。

- 计算每个服务器的散列值,并把它们配置在一个圆周上。
- 对各个数据对应的 Key 的散列值进行计算。
- 从 Key 的散列值出发沿圆周向右,由距离该散列值最近的服务器负责存储、读取该条数据。

可见,一致性散列算法主要解决了尽量减少服务器的动态加入对整个服务器群的影响。例如,在图 4-33 所示的服务器集群中新增一个 5 号服务器(假设其散列值在 3 号服务器和 4 号服务器之间),那么 5 号服务器的加入仅对原 4 号服务器的负责范围有影响,原 1~3 号服务器不受任何影响。Memcached 的主要缺点有如下两个。

- 由于 Memcached 中的数据存放在内存中,Memcached 服务停止或服务器重新启动会导致数据丢失。
- 查询能力有限,无法支持模糊查询等复杂查询操作。

但是,Memcached 具备快速数据处理能力和简单易用性,包括 Wikipedia、Flickr、Twitter、Youtube、Mixi 等诸多 Web 应用正在使用(或曾经使用)Memcached 的 NoSQL 数据库技术。

4.6　R 与 Python

我们都学习过 Java、C 等,为什么在数据科学中还要学习 R、Python 等

- 第一个原因,也是最容易看到的原因,可以说是"表层原因"。Java、C 等语言是为软件开发而设计的,不适合做数据科学任务。例如,数据集的读写和排序是数据科学中经常处理的工作,如果用 Java 语言编写的话,需要多层 for 语句的结构,很麻烦。但是,R 语言中这些问题变得很简单——R 语言支持向量化计算,可以直接读写数据集(不需要 for 语句);采用泛型函数式编程,可以直接调用 R 函数 sort() 来实现数据集的排序工作(不需要自己编写排序算法和代码)。因此,如果你还是用 Java、C 等程序语言完成数据科学任务,你的主要精力将消耗在流程控制、数据结构的定义和算法设计上,难以集中精力去处理数据问题。
- 第二个原因是可以通过 R 语言调用面向数据科学任务的专业级服务——R 包。以 CRAN 为例,截止到 2017 年 4 月 3 日,该平台上可用的 R 包至少有 10 381 个。也就是说,R 语言本身并不是奥妙所在,而是 R 语言包的功能非常强大。例如,用 Java、C 等语言实现数据的可视化非常复杂,而且不美观,而用 ggplot2(一种 R 包)却可以轻松实现。因此,用 R 语言并不是因为 R 语言本身比 Java、C 等语言更厉害,而是 R 语言可以调用众多专门用于数据科学任务的 R 包。

- 其实,第二个原因不是根本原因,根本原因是 R 语言的背后,尤其是主流 R 包的开发者都是统计学、机器学习等数据科学领域的大牛。例如,gglot2 的开发者是 Hadley Wickham,他是 RStudio 的主要贡献者。因此,如果用 R 语言,你就找到了"组织",找到了同类——与世界顶级的数据科学家们站在一起,用他们的思想指导自己,用他们的力量解决自己的数据科学问题,这才是根本原因。

目前,R 和 Python 是数据科学中的主流语言工具。表 4-7 给出了 R 和 Python 的主要区别与联系。此外,Scala、Clojure 和 Haskell 等也是受欢迎的数据科学语言工具。

表 4-7　R 与 Python 对比

	R	Python
设计者	Ross Ihaka 和 Robert Gentleman(统计学家)	Guido Van Rossum(程序员)
设计目的	方便统计处理、数据分析及图形化显示	提升软件开发的效率与源代码的可读性
设计哲学	(功能层次上)简单、有效、完善	(源代码层次上)优雅、明确、简单
发行年	1995	1991
前身	S 语言	ABC 语言、C 语言和 Modula-3 语言
主要维护者	The R-Core Team(R-核心团队) The R Foundation(R 基金会)	Python Software Foundation(Python 软件基金会)
主要用户群	学术/科学研究/统计学家	软件工程师/程序员
可用性	用简单几行代码即可实现复杂的数据统计、机器学习和数据可视化功能	源代码的语法更规范,便于编码与调试
学习成本曲线	入门难,入门后相对容易	入门相对容易,入门后学习难度随着学习内容逐步提升
第三方提供的功能	以"包"的形式存在 可从 CRAN 下载	以"库"的形式存在 可从 PyPi 下载
常用包/库	数据科学工具集:tidyverse 数据处理:dplyr、plyr、data.table、stringr 可视化:ggplot2、ggvis、lattice 机器学习:RWeka、caret	数据处理:Pandas 科学计算:SciPy、NumPy 可视化:Matplotlib 统计建模:Statsmodels 机器学习:sckikit-learn、TensorFlow、Theano
常用 IDE(集成开发环境)	RStudio、RGui	Jupyter Notebook(iPython Notebook)/Spyder/Rodeo/Eclipse/PyCharm
R 与 Python 之间的相互调用	在 R 中,可以通过包 rPython 调用 Python 代码	在 Python 中,可以通过库 RPy2 调用 R 代码

未来不是 R vs Python，而是 R and Python

近年来，一方面，民间对 Python 与 R 的对比分析"如火如荼"，给人感觉是"你死我活"；另一方面，业界开始探讨 Python 与 R 的集成应用，好像是"你中有我，我中有你"。

最具代表性的是 Wickham（R 领袖）和 McKinney（Python 领袖）都在主张这两种语言的融合式发展。用 Wickham 的话讲，未来，不是"Python vs R"，而是"Python and R"。例如，2018 年，McKinney 的 Ursa Labs 宣布——即将与 Wickham 的 RStudio 合作，致力于改进 R 和 Python 语言本身及其用户体验。

就目前而言，有没有可能集成运用（或交叉应用）Python 和 R？答案是"可以"，主要途径有如下三个。

(1) 在 Python 中调用 R 代码——用面向 R 的 Python 包，如 rpy2、pyRserve、Rpython 等（rpy2 扩展使下面的 Jupyter 成为可能）。

(2) 在 R 中调用 Python 代码——用面向 Python 的 R 包，如 rPython、PythonInR、reticulate、rJython、SnakeCharmR、XRPython。

(3) 用 Jupyter Notebook/Lab——安装两种语言的内核即可。

4.7 发展趋势

数据科学中的技术与工具主要分为存储层、计算层、服务层、管理层等多个层次。接下来，主要讨论计算层和管理层的主要发展趋势。

1. 数据计算层的发展趋势

云计算可以追溯至冯·诺依曼（von Neumann）提出的计算机体系结构——计算机硬件由控制器、运算器、存储器、输入设备、输出设备五大部分组成，程序（软件）和数据以二进制代码形式存放在存储器中。可见，硬件、软件和数据是计算机的三大计算资源。用户不仅需要投入大量的金钱购买功能强大的硬件和软件资源，并亲自学会（或雇人）使用、管理和维护这些软硬件，将自己的数据存放到存储器；IBM、Microsoft 等软硬件服务商的主要利润来自于两方面。

- 一是向用户出售软硬件产品或信息资源。
- 二是负责代替用户管理和维护其软硬件设备或信息资源。

近年来，软硬件服务提供商开始意识到为用户提供更强的软硬件服务和培育终身用户是提高核心竞争力的重要途径。提供高性能软硬件服务需要大量的服务器和高质量的软件系统，而培育终身用户的关键是如何把用户的数据存到自己的服务器上，而不是用户本地的计算机上。在这种背景下产生了云计算的设想和研究热潮。云计算的演变过程如图 4-34 所示。

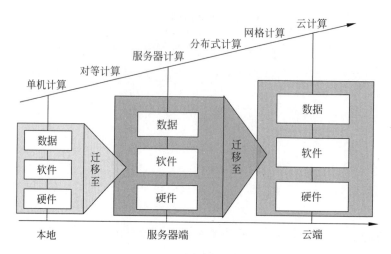

图 4-34　云计算的演变过程

"云计算"是什么

　　云计算是什么？与 MapReduce、GFS、BigTable、Hadoop、Spark 之间是什么关系呢？其实，云计算的本质是一种"计算模式"，并不是一个特定的技术。更准确地讲，云计算是集中式计算、分布式计算(Distributed Computing)、并行计算(Parallel Computing)和网格计算(Grid Computing)等不同计算模式相互融合的结果，或者可以说是上述计算模式的商业实现。云计算之所以广泛被使用，有两个主要原因：一是包括 Google、IBM、微软、Sun 等不同公司都推出并采用了云计算技术，云计算成为 IT 产业界的共识；二是大数据时代的到来需要新的计算能力和计算模式——一种成本低且具有弹性计算能力的新的计算模式，即云计算。相对于其他计算模式，云计算的主要特征如下。

- **经济性**。云计算的一个重要优势在于其经济性。与其他计算模式不同的是，云计算的出发点是如何使用成本低的商用机(而不是成本很高的高性能服务器)实现强大的计算能力。

- **弹性计算**。云计算的另一个重要特点是支持弹性计算能力，具有较强的可扩展性和伸缩能力，进而支持其另一个重要特征——按需服务。

- **按需服务**。支持动态配置云计算提供的服务，根据用户需求的变化动态更改客户所购买的云服务的具体参数。

- **虚拟化**。虚拟化是云计算的重要技术之一，云端将硬件、软件和数据等物理资源动态组合成虚拟"资源池"，并以"服务"的形式提供给用户。根据虚拟化的层次，云计算可以分为五个基本类型，即 HaaS、IaaS、SaaS、PaaS 和 DaaS，如表 4-8所示。

表 4-8 云计算的基本类型

序号	类 型	含 义	举 例
1	HaaS(Hardware as a Service, 硬件即服务)	云端将硬件设备以服务形式提供给终端,终端可按需购买或租用云端的硬件设备,安装自己的软件系统,完成各种数据存储或计算任务	IBM 公司的 IDC 云计算
2	IaaS（Infrastructure as a Service,基础设施即服务）	云端将计算资源和存储资源以服务形式提供给终端,终端可按需购买或租用所需的基础设施	Amazon 公司的 EC2
3	SaaS(Software as a Service, 软件即服务)	云端将软件系统以服务形式提供给终端,终端可按需购买或租用云端的软件系统,完成各种计算任务	Salesforce.org
4	PaaS(Platform as a Service, 平台即服务)	云端将软件开发平台以服务形式提供给终端,终端可按需购买或租用云端的开发平台,完成软件系统的研发任务	Google 公司的 App Engine
5	DaaS(DataBase as a Service, 数据库即服务)	云端将数据库及其管理系统以服务形式提供给终端,终端可按需购买或租用云端的数据库或数据库管理系统服务	Oracle 公司的云服务

可见,云计算是一种抽象的计算模式,而 MapReduce、GFS、BigTable、Hadoop、Spark 等为实现这种模式的具体技术。

2. 数据管理层的发展趋势

随着大数据时代的到来,上层数据处理应用系统的主要需求发生了新的变化,例如高度重视简单查询操作的响应时间、重视应用系统对动态环境的自适应能力等。在底层数据管理中需要满足这些新兴的共性需求,进而减轻上层应用系统研发者的负担。为此,人们在关系数据库等传统数据管理技术的基础上提出了新型数据管理技术——NoSQL 和关系云。提出 NoSQL 和关系云等新型数据管理技术的目的并不在于彻底淘汰关系数据库等传统数据管理技术,而在于为传统数据管理技术提供互补性的解决方案。因此,在今后很长时间内,关系数据库等传统数据管理技术不仅不会被淘汰,而且会得到进一步的拓展和优化,并与新兴数据管理技术并存。例如,人们常说的 NewSQL 技术就是新兴的关系型数据库管理系统,不仅具有 NoSQL 对海量数据的存储管理能力,而且保持了传统数据库支持的 ACID 和 SQL 等特性。此外,还应关注另一种数据管理技术——数据仓库技术。数据仓库和数据库是两个不同的概念,针对的是不同的数据管理目的。

大数据时代给数据管理技术带来了一些新的变化,主要体现在以下几个方面(见图 4-35)。

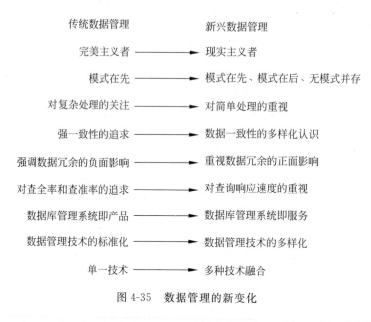

图 4-35　数据管理的新变化

- **从数据管理的完美主义者到现实主义者的转变。** 在传统数据管理中,对数据管理的认识是单一的,数据管理的目标往往很完美,其背后原因是不接受数据的复杂性。例如,传统数据管理中往往追求一致性、可用性和分区容错性的同时最大化。但是,CAP 理论告诉我们,数据管理不一定是理想的或完美的,上述三个特征中的任何两个特征的保证(争取)可能导致另一个特征的损失(放弃)。

- **从模式在先(Schema First)到模式在先、模式在后(Schema Later)和无模式(Schemaless)并存。** 传统关系数据库中,先定义模式,然后严格按照模式要求存储数据;当需要调整模式时,不仅需要修改数据结构,而且还需要修改上层应用程序。然而,NoSQL 技术则采用了非常简单的 Key-Value 等模式在后和无模式的方式提升了数据管理系统的自适应能力。模式在后和无模式也会带来新问题,如降低了数据管理系统的数据处理能力。

- **从对复杂处理的关注到对简单处理的重视。** 传统关系数据库技术中,更重视的是数据的复杂计算能力,如 Join 操作等。但是,这些复杂操作反而成了关系数据库在提升数据管理能力的一个重要瓶颈,如 Join 操作要求被处理数据不能分布在不同的服务器上。为此,NoSQL 放弃了 Join 等复杂处理操作,而关注简单处理的效率和效果。

- **从强一致性的追求到数据一致性的多样化认识。** 传统关系数据库技术追求的是数据的强一致性,引入了事务机制,对并发操作和分布式处理给出了严格要求,虽然保证了数据质量,但影响了数据处理的效率。然而,NoSQL 数据库中对数据一致性问题的认识出现了新的变化,为了提升数据处理效率,在一定程度上放弃了数据的强一致性,并引入了弱一致性机制和最终一致性机制。

- **从强调数据冗余的负面影响到重视其正面影响。** 在传统关系数据库技术中,更加看重的是数据冗余可能带来的负面影响,如难以保障数据一致性。然而,NoSQL 技术通过数据冗余带来数据处理性能上的提升。例如,NoSQL 引入了副本技术(主从复制和对等复制)和物化视图技术。

- **从对查全率和查准率的追求到对查询响应速度的重视。** 在传统关系数据库技术及其应用中,更加关注的是数据查询操作的查全率和查准率,从而牺牲一些响应速度。但是,在 NoSQL 中,更加重视响应速度,而不是查全率和查准率,其主要原因有两个:响应速度对用户体验的影响很大,用户更重视的是响应速度,而不是查全率和查准率;在大数据环境下,难以保证查全率和查准率。

- **从数据库管理系统即产品到数据库管理系统即服务的转变。** 在过去,传统关系数据库系统都是以产品形式提供的,例如 Oracle 公司的 Oracle、IBM 公司的 DB2、Sybase 公司的 Sybase、微软公司的 SQL Server 等。但是,新型数据库管理系统则支持云计算的虚拟化、弹性计算和经济性等特点,遵循的是 DaaS 的理念,更加重视服务。

- **从数据管理技术的标准化到数据管理技术的多样化。** 在传统关系数据库系统中,数据管理技术是高度标准化的,不同的关系数据库管理系统产品的理论基础和核心思想是一样的,如采用关系模型和 SQL。但是,NoSQL 数据库代表的不是一个技术,而是包括基于不同的数据模型和查询接口的多种数据管理技术,如 Key-Value、Key-Document、Key-Column 和图存储模型等。

- **从仅靠单一技术到多种技术相互融合。** 在传统数据管理技术中,不同的数据管理系统和产品的界限是清楚的,所依赖的技术是比较单一的,要么是关系模型,要么是层次模型或网状模型。但是,大数据时代需求的变化导致了数据管理技术必须相互借鉴和融合,数据管理系统往往集成了原本属于不同类型的多种技术,支持多种数据管理能力,产品所依赖的技术不再局限于某个特定技术[①]。

2018 数据分析、数据科学以及机器学习领域顶级工具的排行榜

在第 19 届 KDnuggets 软件年度调查活动中,超过 2300 名选民参与了投票环节,比 2017 年少了一些,可能是因为只有一家供应商(RapidMiner)在 KDnuggets 投票中进行了非常活跃的投票活动。平均而言,参与者大约选择了 7 种不同的工具,因此只选择了一种工具的选票就凸显出来。《2018 KDnuggets 数据分析、数据科学以及机器学习领域顶级工具调查》Top Analytics、Data Science、ML Software in 2018 KDnuggets Poll)剔除了

---

① 朝乐门.数据科学[M].北京:清华大学出版社,2016.

大约 260 个"单票(Lone Vote)",因为即使他们可以代表使用该工具的用户,他们的经历也非常不典型,并且会导致结果的不一致。为了更好地进行比较,该报告还从 2016 年和 2017 年的数据中删除了这些单票(2017 年约为 11%,2016 年为 12%)。因此,该报告所涉及的多数工具的投票比例将会略高于在 2017 年报道过的比例。该报告已排除了"单票"现象,并根据 2052 名参与者的数据进行了初步分析,更详细的关联分析和匿名数据分析即将发布。

图 4-36 为 2016—2018 年三次调研中参会者回答同一个问题"在过去的 12 个月,你在实际项目中用了哪些数据分析、大数据、数据科学与机器学习软件"的统计结果,每个软件有三个数据,从上到下依次为 2018 年、2017 年和 2016 年的投票率(%)。注:本书只保留了使用率 11.4% 以上的软件或平台。其中,排名前 10 位产品的使用率及其变化情况见表 4-9。

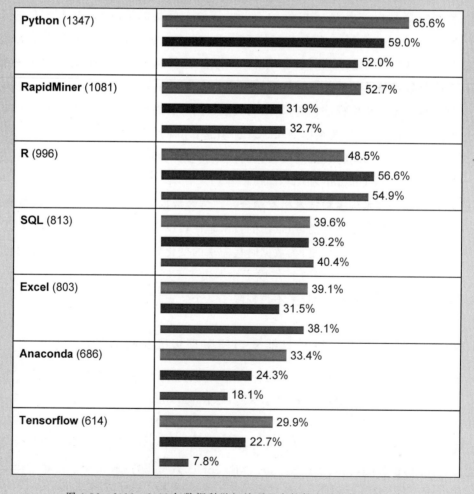

图 4-36　2016—2018 年数据科学相关项目中软件产品的使用率(%)

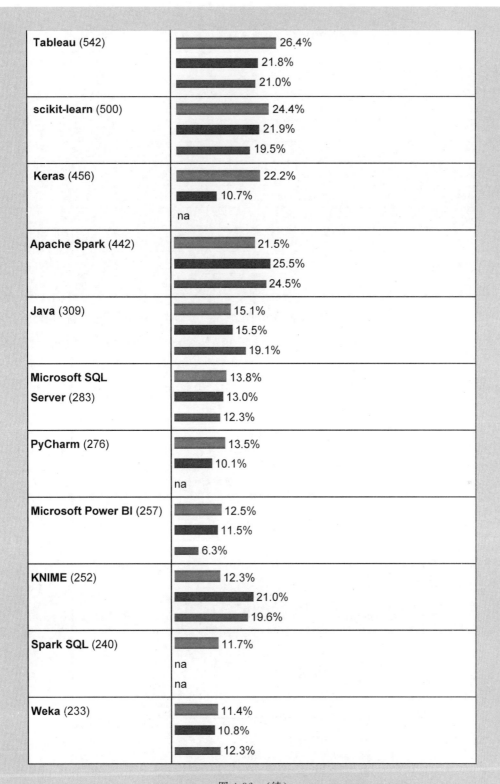

图 4-36 （续）

表 4-9　排名前 10 位数据科学产品的使用率及变化情况/%

Software	2018 使用率	使用率变化（2018 vs 2017）
Python	65.6	11
RapidMiner	52.7	65
R	48.5	−14
SQL	39.6	1
Excel	39.1	24
Anaconda	33.4	37
Tensorflow	29.9	32
Tableau	26.4	21
scikit-learn	24.4	11
Keras	22.2	108

此外,图 4-37 给出了另一份著名的年度报告——2019 年 Gartner 数据科学和机器学习平台魔力象限（Gartner MQ for Data Science and Machine Learning Platform）报告,其

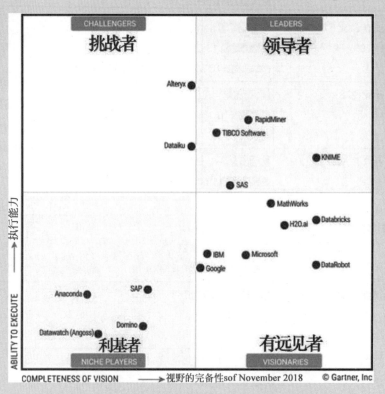

图 4-37　2019 年 Gartner 数据科学和机器学习平台魔力

（来源：Gartner）

数据统计截止时间为 2018 年 11 月[1]。从 2019 年报告可以看出,数据科学和机器学习平台的发展情况如下。

(1) 领导者(Leaders),有 4 家:KNIME、RapidMiner、TIBCO Software 和 SAS。

(2) 挑战者(Challengers),有 2 家:Alteryx 和 Dataiku。

(3) 援建者(Visionaries),有 7 家:Mathworks、Databricks、H2O.ai、IBM、Microsoft、Google 和 DataRobot。

(4) 利基者(Niche Players),有 4 家:SAP、Anaconda、Domino、Datawatch (Angoss)。

 ## 如何继续学习

【学好本章的重要意义】

数据科学中不仅需要传统数据计算和管理技术,更需要新兴的技术,如以 MapReduce、Spark 为代表的新兴数据计算技术与以 NoSQL、NewSQL 和关系云为主的新兴数据管理技术。对于初学者来说,掌握数据科学中的技术与工具具有两个重要意义:一是加强对数据科学中的新理念与新理论的理解;二是提升自己的动手操作能力。

【继续学习方法】

技术与工具的学习不能仅停留在理论学习,更应重视动手操作,做到理论与实践并重。因此,继续学习的重点应放在具体工具的动手实践之上,尤其是 Spark、MapReduce 等典型计算技术以及 HBase、Memcached、MongoDB 和 Cassandra 等常用数据管理技术。

【提醒及注意事项】

数据科学并不是绝对排斥传统数据计算、管理技术与工具。以数据管理技术为例,在未来很长一段时间内,传统的关系数据库与 NoSQL 将并存——需要处理关系数据库擅长的问题,仍然首选关系数据库技术;需要处理关系数据库不擅长的问题,将考虑更加适合的数据存储技术,如 NoSQL、NewSQL 技术等。因此,继续学习本章知识时不应忽略对传统数据计算、管理技术与工具的学习。

---

① 《2018KDnuggets 数据分析、数据科学以及机器学习领域顶级工具调查报告》(Top Analytics/Data Science/ML Software in 2018 KDnuggets Poll)和《Gartner 数据科学和机器学习平台魔力象限报告》(Gartner MQ for Data Science and Machine Learning Platform)均为数据科学领域的著名研究报告。目前上述两个报告为年度报告,每年定期发布,本书介绍的分别为 2018 年和 2019 年发布的报告,请读者关注最新发布的报告。

【与其他章节的关系】

本章是"第 1 章　基础理论"中给出的数据科学理论体系的进一步讲解,学习好本章的内容将帮助您进一步深入理解第 1 章中给出的数据科学的术语、目的、理论体系和主要原则;本章是"第 3 章　流程与方法"的实现,也是"第 5 章　数据产品及开发"的基础。

习题

1. 结合自己的专业领域或研究兴趣,调研自己所属领域的数据计算技术与工具。
2. 调研常用数据计算平台(包括开源系统),并进行对比分析。
3. 用数据可视化方法解释 MapReduce 的基本框架执行过程。
4. 调查分析 MapReduce 与 Spark 的区别与联系。
5. 结合自己的专业领域或研究兴趣,调研自己所属领域的数据管理方法、技术与工具。
6. 调查研究典型的 2～3 个关系数据库系统,并探讨其关键技术和主要特征。
7. 调查研究典型的 2～3 个 NoSQL 数据库系统,并探讨其关键技术和主要特征。
8. 对比分析关系数据库、NoSQL 数据库和 NewSQL 数据库的区别与联系。
9. 对比分析数据库技术与数据仓库技术的区别与联系。
10. 阅读本章所列出的参考文献,并采用数据可视化方法展示该领域的经典文献数据。

参考文献

[1]　Alam, M. Oracle NoSQL 数据库:实时大数据管理[M]. 越瑾,译. 北京:清华大学出版社,2015.

[2]　Anderson J C,Lehnardt J,Slater N. CouchDB:the definitive guide[M]. Sebastopol:O'Reilly Media, Inc.,2010.

[3]　Banker K. MongoDB in action[M]. New York:Manning Publications Co.,2011.

[4]　Benjamin B,Jenny K. Data Analytics with Hadoop[M]. Sebastopol:O'Reilly Media,Inc.,2016.

[5]　Borthakur D,Gray J,Sarma J S,et al. Apache Hadoop goes realtime at Facebook[C]. Proceedings of the 2011 ACM SIGMOD International Conference on Management of data. ACM,2011:1071-1080.

[6]　Dean J,Ghemawat S. MapReduce:simplified data processing on large clusters[J]. Communications of the ACM,2008,51(1):107-113.

[7]　Fasale A,Kumar N. YARN Essentials[M]. Birmingham:Packt Publishing,2015.

[8]　Ghemawat S,Gobioff H,Leung S T. The Google file system[C]. ACM SIGOPS operating systems review. ACM,2003,37(5):29-43.

[9]　Hewitt E. Cassandra:the definitive guide[M]. Sebastopol:O'Reilly Media,Inc.,2010.

[10]　Holmes A. Hadoop in practice[M]. New York:Manning Publications Co.,2012.

[11]　Junqueira F,Reed B. ZooKeeper:distributed process coordination[M]. Sebastopol:O'Reilly Media, Inc.,2013.

[12]　Karau H,Konwinski A,Wendell P,et al. Learning spark:lightning-fast big data analysis[M].

Sebastopol：O'Reilly Media，Inc.，2015.

[13] Lam C. Hadoop in action[M]. New York：Manning publications Co.，2010.

[14] Macedo T，Oliveira F. Redis cookbook[M]. Sebastopol：O'Reilly Media，Inc.，2011.

[15] Marz N，Warren J. Big Data：Principles and best practices of scalable realtime data systems[M]. New York：Manning Publications Co.，2015.

[16] McCreary D，Kelly A. Making sense of NoSQL[J]. Shelter Island：Manning，2014：19-20.

[17] Ryza S，Laserson U，Owen S，et al. Advanced analytics with spark：patterns for learning from data at Scale[M]. Sebastopol：O'Reilly Media，Inc.，2015.

[18] Sadalage P J，Fowler M. NoSQL distilled：a brief guide to the emerging world of polyglot persistence [M]. New York：Pearson Education，2012.

[19] Tiwari S. Professional NoSQL[M]. Hoboken：John Wiley & Sons，2011.

[20] Vaish G. Getting started with NoSQL[M]. Birmingham：Packt Publishing Ltd，2013.

[21] Venner J. Pro hadoop[M]. New York：Apress，2009.

[22] White T. Hadoop：The definitive guide[M]. 4th ed. Sebastopol：O'Reilly Media，Inc.，2015.

[23] White T. Hadoop 权威指南[M]. 周敏奇，王晓玲，金澈清，等译. 北京：清华大学出版社，2011.

[24] Zaharia M. An architecture for fast and general data processing on large clusters[M]. Williston：Morgan & Claypool，2016.

[25] 朝乐门. 数据科学[M]. 北京：清华大学出版社，2016.

[26] 董西成. Hadoop 技术内幕：深入解析 YARN 架构设计与实现原理[M]. 北京：机械工业出版社，2013.

[27] 陆嘉恒，文继荣. 分布式系统及云计算概论[M]. 北京：清华大学出版社，2011.

[28] 陆嘉恒. Hadoop 实战[M]. 北京：机械工业出版社，2011.

[29] 陆嘉恒. 大数据挑战与 NoSQL 数据库技术[M]. 北京：电子工业出版社，2013.

[30] Sadalage P J，Fowler M. NoSQL 精粹[M]. 爱飞翔，译. 北京：机械工业出版社，2013.

[31] 申德荣，于戈，王习特，等. 支持大数据管理的 NoSQL 系统研究综述[J]. 软件学报，2013，08：1786-1803.

[32] 王珊，萨师煊. 数据库系统概论[M]. 5 版. 北京：高等教育出版社，2014.

[33] 佐佐木达也. NoSQL 数据库入门[M]. 罗勇，译. 北京：人民邮电出版社，2012.

第 5 章

数据产品及开发

 如何开始学习

【学习目的】

- 【掌握】数据产品的类型、主要特征及开发方法。
- 【理解】数据能力的评估方法、数据治理的主要内容、数据柔术的基本思想。
- 【了解】数据战略的制定要求。

【学习重点】

- 数据产品的开发方法。
- 数据能力的评估方法。
- 数据治理的主要内容。
- 数据柔术的基本思想。

【学习难点】

- 数据产品的设计。
- 数据柔术的基本思想。
- DMM 模型的应用。

【学习问答】

序号	我 的 提 问	本章中的答案
1	数据产品是什么？与传统产品之间的区别是什么？	定义(5.1节)、主要特征(5.2节)
2	如何开发数据产品？	关键活动(5.3节)、数据柔术(5.4节)、数据能力(5.5节)、数据战略(5.6节)、数据治理(5.7节)
3	数据产品开发需要具备哪些基本功？	数据柔术(5.4节)、数据能力评估(5.5节)、数据战略制定(5.6节)、数据治理(5.7节)
4	数据管理与数据治理的区别是什么？	数据治理与数据管理的区别(5.7节)
5	数据柔术是什么？如何掌握数据柔术？	数据柔术(5.4节)
6	如何评估一个组织机构的数据管理能力？	数据能力(5.5节)
7	如何制定一个组织机构的大数据战略？	数据战略(5.6节)

数据产品开发是数据科学的重要研究任务之一，也是数据科学区别于其他科学的重要研究任务。与传统产品开发不同的是，数据产品开发具有以数据为中心、多样性、层次性和增值性等特征。数据产品开发是数据科学的主要抓手，也是传统产品的下一轮创新和更新换代的关键所在。

数据产品开发案例1——Metromile 项目及保险产品的创新

Metromile 是 2011 年在美国旧金山成立的一家汽车保险机构。在传统汽车保险中，无论您行车多或少，所缴的汽车保费是固定不变的，这对于那些行车少的人明显不够公平。

根据 Metromile 提供的数据，65%的车主支付了过高的保费以补贴少数行车最多的人。Metromile 提供的是按里程收费的汽车保险，以改变传统的固定收费模式，让行车少的人支付更少的保费，实现里程维度上的个性化定价。

Metromile 提供的车险由基础费用和按里程变动费用两部分组成，其计算公式为：每月保费总额＝每月基础保费＋每月行车里程×单位里程保费。其中，每月基础保费和单位里程保费会根据不同车主的情况有所不同(例如年龄、车型、驾车历史等)，每月基础保费一般为 15～40 美元，按里程计费的部分一般是 2～6 美分/英里(1 英里＝1.609 344千米)。Metromile 还设置了保费上限，当日里程数超过 150 英里(华盛顿地区是 250 英里)时，超过的部分不需要再多缴保费。

之所以能够实现按里程计算保费，源于物联网等信息技术的应用。车主需要安装一个由 Metromile 免费提供的 OBD 设备——Metromile Pulse，以计算每次出行的里程数。配合手机 APP，Metromile 还能为车主提供更多的智能服务，例如最优的导航线路、查看油耗情况、检测汽车健康状况、汽车定位、一键寻找附近修车公司、贴条警示等服务,并且每月会通过短信或者邮件对车主的相关数据进行总结[①]。

数据产品开发案例 2——Amazon 专利及电商产品的创新

在您购买之前,电商已经知道您近期会买什么并把货物送到你家附近? 本文为您解读亚马逊的一项重要发明——Amazon's Anticipatory Shipping(预期送货),具有很强的开创性,是数据科学领域的经典实践之一。

1. 提出者

提出者是 Amazon Technologies Inc 的 Joel R. Spiegel 等。

2. 提出时间

2004 年首次申请专利,后全文并入新专利中,于 2013 年底发布。

3. 提出目的

提出目的是降低物流成本,缩短顾客收货时间。

4. 基本思路

这项专利采用的是大数据预测性分析技术,属于数据科学中的数据产品开发范畴。基本思路为预测用户需求,提前运送商品到目的地区域,在运输中匹配订单,确定最终送货地址。主要创新之处在于提出预期运输的方法和计算机系统,并应用于预测先前物品状态,确定包裹的位置、成本、风险、重定向及顾客动机。

5. Amazon 应用

据美国国家公共电台报道,自亚马逊取得"预期送货"专利之后,它在全国各地建立了庞大的仓储业务,并且持续在靠近市中心的地方增加小型仓库。后推出 Prime Now 超快速交付选项。Prime Now 会员可以享受免费 2 小时到货。

5.1 定义

数据产品(Data Product)是指"能够通过数据来帮助用户实现其某一个(些)目标的产品"。数据产品是在数据科学项目中形成,能够被人、计算机以及其他软硬件系统消费、调用或使用,并满足他们(它们)某种需求的任何产品,包括数据集、文档、知识库、应用系统、硬件系统、服务、洞见、决策及其各种组合。需要注意的是:

- 数据产品开发涉及数据科学项目流程的全部活动,数据产品不仅包括数据科学项目的最终产品,而且也包括其中间产品以及副产品。例如,本书图 3-1 所示的数据科学的基本流程中的每个活动产生的中间产品均可称为"数据产品"。

---

① 晓保. Metromile:更公平的车险[J]. 金融经济,2018(17).

- 与传统物质产品不同的是,数据产品的消费者不仅包括人类用户,还包括计算机以及其他软硬件系统。其实,数据产品被计算机以及其他软硬件系统调用和"消费"的过程是"数据转换为能源和材料的过程",进而可以推动信息化和工业化深度融合。
- 数据产品的存在形式有多种,不仅包括数据集,还包括文档、知识库、应用系统、硬件系统、服务、洞见、决策或它们的组合。

从数据流的视角看,"数据产品的开发过程"是一个"数据加工(Data Wrangling 或 Data Munging)"的过程。通常,数据产品开发需要一种特殊的方法和技术——数据柔术(Data Jujitsu),如图 5-1 所示。

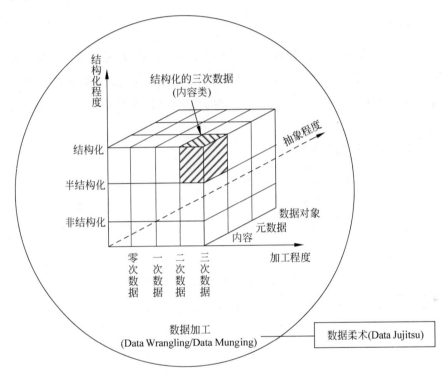

图 5-1 数据产品开发中的数据与数据柔术

1. 数据加工

数据产品开发的关键环节是数据加工。 从实现方式看,数据加工是一种数据转换过程,可分为单维度转换和多维度转换。

- **单维度转换**。在数据加工过程中,从结构化程度、加工程度和抽象程度等多个维度(见图 5-1)中选择某一维度,并在此维度上进行数据转换。例如,将非结构化数据转换为结构化数据。
- **多维度转换**。数据加工的工作中也可以在不同维度之间进行转换,例如将零次半结构化数据转换为二次结构化数据。

需要注意的是,数据科学中的数据加工不完全等同于传统意义上的数据转换。二者的主要区别在于：数据加工过程更强调的是将数据科学家的 3C 精神融入数据转换过程，追求的是数据处理过程的创新与增值，如表 5-1 所示。

表 5-1　数据转换与数据加工的区别

原 始 数 据	以学生基本信息为例
传统意义上的数据转换	删除脏数据、合并冗余数据，并存入关系数据库
数据科学中强调的数据加工	通过学生基本信息与社交信息的互联，进行关联分析，从而实现创新与增值，如在学生基本信息中增加新的字段——社交能力

2. 数据柔术

数据产品开发的关键技术是数据柔术。从目标与对象看，数据柔术属于数据处理方法。但是，与传统意义上的数据处理方法不同的是，数据柔术更加强调的是数据科学家的主观能动性、创造性思维和艺术设计能力。关于数据柔术的详细介绍，请参见本章"5.4 数据柔术"。

Google 公司的数据产品开发

有统计显示，Google 公司的产品和服务已经超过 200 余种(Mahesh Mohan, 2016)。据 Alexa Traffic 的统计结果显示，Google 公司的十大产品和服务如表 5-2 所示。不难发现，Google 公司的产品和服务，尤其是这十大产品和服务的开发具有一个共同的数据基础——Google 搜索引擎爬取的原始数据。

表 5-2　Google 公司的十大产品与服务

Where do visitors go on google. com?	
Subdomain	Percent of Visitors
google. com	72.14%
mail. google. com	49.44%
accounts. google. com	34.27%
docs. google. com	13.49%
plus. google. com	10.69%
drive. google. com	7.07%
transtate. google. com	6.63%
support. google. com	5.65%
maps. google. com	5.28%
adwords. google. com	3.46%
play. google. com	2.88%
news. google. com	2.30%
developers. google. com	1.09%
productforums. google. com	1.02%

续表

Where do visitors go on google. com?	
Subdomain	Percent of Visitors
sites. google. com	1.01%
code. google. com	0.94%
urt. google. com	0.81%
groups. google. com	0.77%

（来源：Alexa Traffic stats of Google. com）

5.2 主要特征

相对于传统意义上的其他产品，数据产品的主要特征如下。

1. 以数据为中心

"以数据为中心"是数据产品区别于其他类型产品的本质特征。数据产品"以数据为中心"的特征不仅体现在"以数据为核心生产要素"，而且还表现在以下三个方面。

- **数据驱动**。数据产品开发的目的、方法、技术与工具的选择往往是由数据驱动的，不再是传统产品开发中的常用驱动方式，如目标、决策或任务驱动。
- **数据密集型**。数据产品开发的瓶颈和难点往往源自数据，而不再是计算和存储。也就是说数据产品开发具备较为显著的数据密集型的特点。
- **数据范式**。数据产品的开发往往采用"基于数据的研究范式"（即数据范式），其方法论往往属于历史经验主义的范畴。然而，传统产品开发往往依赖"基于知识的研究范式"（即知识范式），其方法论通常属于理论完美主义的范畴，如图 5-2 所示。

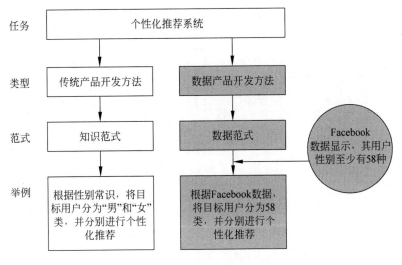

图 5-2 知识范式与数据范式

Facebook 中的 70 多种性别——数据范式与知识范式的差异

　　传统知识告诉我们,在理论上,人类的性别只有两种——"男"与"女"。与此不同的是,在实践中,数据表明人类的性别选择可能有多种。如,在 Facebook 性别选择中给出了超过 70 多种性别,例如:

- Androgyne(雌性同体)。
- Bigender(双性别)。
- Cis Female(Cis 女)。
- Cis Male(Cis 男)。
- Female to Male(女性到男性)。
- Male to Female(男性到女性)。
- Transsexual Female(变性女)。
- Transsexual Male(变性男)。
- Transsexual Person(变性人)。

……

　　值得思考的是,假如想基于性别推荐某一产品,如何做呢? 可能有两种选择:

- 如果采用知识范式,则推荐策略有两种——男和女。
- 如果采用数据范式,则推荐策略可能与知识范式不同——不再是两种,可能多达70 种。

2. 多样性

　　从产品形态看,数据科学中的"数据产品"并不是特指某一类型的产品,如数据集、知识库或应用系统。相反,数据产品的存在或(和)表现形式可以有多种,如图 5-3 所示。

图 5-3　数据产品的多样性

- **数据类产品**。对输入数据进行清洗、脱敏、集成、归约、标准化和标注等处理后形成的，以数据形式输出的产品或服务，如干净数据。
- **信息类产品**。将数据转换成信息之后，以信息形式输出的产品或服务，如数据新闻、数据订阅、报告、快报、摘录和定题服务等。
- **知识类产品**。将数据转换成知识之后，以知识形式输出的产品或服务，如百科全书、语料库、领域本体、知识库、规则库等。
- **智慧类产品**。将数据转换成智慧之后，以智慧形式输出的产品或服务，如决策支持、数据洞见、数据业务化、数据驱动等。

3. 层次性

从加工程度看，"数据产品"的另一个特征是层次性。可以将数据产品分为内容、应用、服务和决策四个不同层次，如图 5-4 所示。

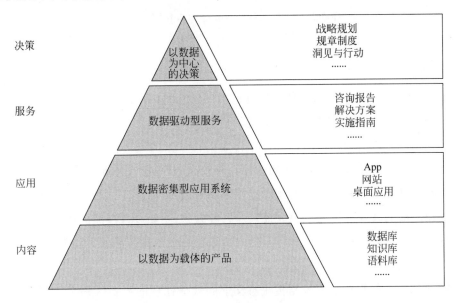

图 5-4　数据产品的层次性

- **内容类产品**。以数据为载体的产品，即对输入数据进行一定的数据加工处理之后得到的结果，如新的数据库、知识库和语料库等。
- **应用类产品**。以数据密集型应用系统为载体的产品，如 App、网站或桌面应用等。如图 5-5 给出的 Google 全球商机洞察（Google Global Market Finder）是一种典型的应用类产品，可以帮助客户找到所需的商机，并将客户广告推送给全球用户。
- **服务类产品**。以数据驱动型服务为主的产品，如咨询报告、解决方案及实施指南等。
- **决策类产品**。以数据为中心的决策，主要指数据视角下的战略规划、规章制度、洞见与行动等。

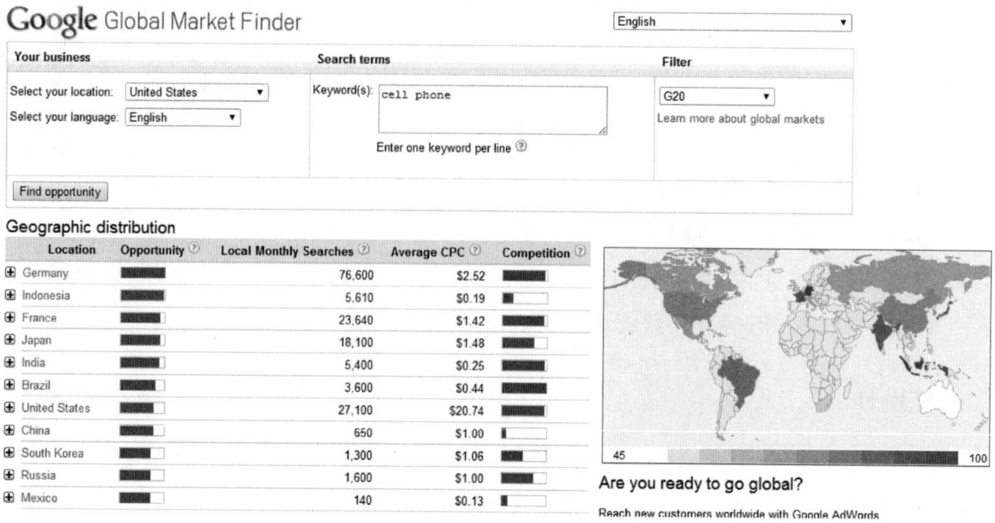

图 5-5　Google 全球商机洞察(Google Global Market Finder)

4. 增值性

从价值维度看,数据产品的开发过程应是"增值"过程,将数据科学家的 3C 精神融入数据产品开发活动之中,进而实现数据产品的增值。

- **创造性地工作**。数据产品的设计应将数据科学家的创造性思维加入数据产品的主要创新与增值活动,数据产品的设计具有较高的原创性、艺术性和突破性。
- **批判性地思考**。数据产品的研发过程需要采用批判性思考方式,对于已有相关产品及新产品的开发过程均应采取批判性思考方式,不断改进产品的质量。
- **好奇性地提问**。提出一个好问题是成功开发一个数据产品的重要前提。通常,数据产品开发的难点是如何提出一个好问题。

可见,增值性是数据产品开发与传统意义上的数据处理的主要区别之一。需要注意的是,增值活动贯穿于数据产品开发的全过程,包括数据对象的封装、集成与服务的所有环节,如图 5-6 所示。

- **数据对象的封装**。将数据内容及其元数据封装成"数据对象"。例如,Google 将网络爬虫收集的数据内容、来源、点击率、用户评价等元数据封装成一个"数据对象",并以搜索结果的形式提供给用户。
- **数据系统的研发**。在数据对象的封装基础上,开发出特定的软件系统(如 Google 翻译)、硬件系统(如 Google 眼镜)或基础设施(如 Google MapReduce、BigTable、GFS 等)。
- **集成应用**。在开发特定数据产品的基础上,将多个数据产品(如软件系统、硬件系统、基础设施)进一步集成为新产品。例如,Google 结合自己的搜索数据及软硬件

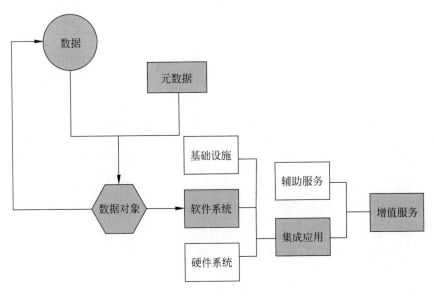

图 5-6 数据产品链

系统,提供集成应用 Google App Engine。

- **辅助服务**。在数据、软件系统、硬件系统、基础设施的基础上,还可以提供辅助服务类数据产品。例如,Google 基于自己的大数据以及 BigTable、服务器设备等软硬件系统提供一些辅助服务,如 Google Docs、委托开发、委托维护、外包等。
- **衍生服务**。在集成服务和辅助服务的基础上,数据产品开发还可以提供一些衍生服务。例如,第三方机构针对 Google 的集成服务和辅助服务,提供的市场咨询、决策支持、数据的深度开发等衍生服务。

5.3 关键活动

为了确保数据产品的基本特征,数据产品开发应遵循的基本原则和应特别予以重视的主要活动要素如下。

1. 基本原则

通常,传统 IT 产品的开发遵循的是"三分技术、七分管理和十二分数据"的原则——技术固然很重要,管理比技术还重要,但更重要的是数据,因为数据比"技术+管理"还关键。与此不同的是,数据产品开发中首先关注到的是"数据",也就是说,数据产品开发中"数据"当然很重要;但是,智慧(开发数据产品的艺术)比"数据"还重要;然而最重要的是"用户体验",即"三分数据、七分智慧和十二分体验"原则,如图 5-7 所示。

图 5-7　传统产品开发与数据产品开发的区别

"三分数据、七分智慧和十二分体验"原则反映了数据产品开发中应予以重视的三个基本问题。

- 数据是数据产品开发的原材料。
- (数据科学家的)智慧是数据产品开发的主要增值来源。
- (用户的)体验是数据产品的主要评价指标。

2. 活动要素

数据产品开发工作之中需要特别注意的基本活动有以下几项。

- 创造性设计。
- 数据洞见。
- 可视化。
- 故事化描述。
- 虚拟化。
- 按需服务。
- 个性化服务。
- 安全与隐私保护。
- 用户体验。
- 政策分析。

5.4　数据柔术

数据柔术(Data Jujitsu)是指将"数据"转换为"产品"的艺术。数据柔术是由 D. J. Patil(见图 5-8)提出的一个新术语。在他看来,数据产品开发与古代柔术有很多相似之处——"借助对方的力量(而不是自己的力量)获得成功的艺术"。因此,数据产品开发的难点在于"如何借助目标用户的力量来解决数据产品中的难题"。数据柔术强调两个基本问题:一是产品开发要有较高的艺术性;二是以目标用户为中心的产品开发。

D. J. Patil

著名数据科学家,1974 年生,毕业于马里兰大学帕克分校,获得应用数学博士学位。D. J. Patil 是美国白宫第一任首席数据科学家(2015—2017),曾任 LinkedIn 首席科学家和数据产品团队负责人,并在 Greylock Partners、Skype、PayPal 和 eBay 等多家企业担任过重要角色。

他撰写(或参与撰写)的专著《如何构建数据科学家团队》(Building Data Science Teams)、《数据柔术——将数据转换成产品的艺术》(Data Jujitsu：The art of turning data into product)、《数据驱动——培育数据文化》(Data Driven：Creating a Data Culture)(与著名数据科学家 Hilary Mason 合著)以及论文《数据科学家——21 世纪最性感的职业》(Data Scientist：The Sexiest Job of the 21st Century)(与著名管理学家 Thomas H. Davenport 合著)在数据科学领域产生了重要影响。Tim O'Reilly 曾提到,D. J. Patil 和 Jeff Hammerbacher 一起创造了术语"数据科学(Data Science)"。

图 5-8　D. J. Patil

1. 引入设计思维

产品设计是数据产品开发中不可忽略的重要活动。设计质量的好坏将直接影响数据产品的服务质量与用户体验。以某个数据产品中的输入框——用户的毕业院校为例,用户填写自己的毕业院校信息时,可能将同一个学校名称写成多种形式(图 5-9 中设计方案之一),具体如下。

- 中国人民大学。
- 人民大学。
- 人大。
- 陕北公学。
- 华北大学。
- Renmin University of China。
- RUC。

……

显然,这些输入数据的多样性会导致后续数据处理的复杂性。为此,可能采取的设计方案有多种,如:

- 下拉列表。通过下拉列表给出所有可能的院校信息,并要求用户"只能以选择方式提交自己的毕业院校",这当然可以,但会导致另一个问题——当院校个数较多时,用户体验很差(图 5-9 中设计方案之二)。

设计方案之一

. . .

毕业院校 [_____]

. . .

[提 交]

设计方案之二

. . .

毕业院校
| 北京大学 |
| 清华大学 |
| 中国人民大学 |
| 复旦大学 |
| 同济大学 |
| 浙江大学 |

[提 交]

设计方案之三

. . .

毕业院校
:
○ 北京大学
○ 清华大学
○ 中国人民大学
○ 复旦大学
○ . . .

. . .

[提 交]

设计方案之四

. . .

毕业院校 [中国_____]

. . .

中国人民大学
中国人民公安大学
中国农业大学
中国传媒大学
中国科学技术大学

[提 交]

图 5-9　UI(User Interface)设计方案与设计思维

- 单选按钮。通过单选按钮形式给出院校名称,虽然看起来解决了复杂数据的输入问题,但同样会导致另一个问题——当院校个数较多时,用户体验很差(图 5-9 中设计方案之三)。

- 智能提醒。当用户开始输入时系统智能地动态提醒相关学校名称,如输入"中国"二字时,系统自动提示以"中国"二字开头的高等院校名称(图 5-9 中设计方案之四)。

- 其他解决方案,如提供"您是否指的是 *** 学校?"或提供候选学校的校徽。

　　显然,从功能角度看,上述设计方案都可以实现所需功能,但是,其用户体验却不同。根据设计式思维的观点,数据产品设计应重视充分发挥目标用户通过"前台"界面做出的贡献——在方便用户操作的同时,借助用户力量,有"艺术性"地解决数据产品的难题,而不是数据科学家通过自己设计的复杂算法,在"后台"解决这些难题。有统计数据显示,对于同一个问题而言,数据科学家在"后台"解决的成本往往是目标用户在"前台"解决此问题的 $100\sim1000$ 倍。

　　设计思维是数据产品开发的要素。Google 搜索关键字智能提示的主要依据为关键字的出现频率、搜索用户的地理位置及历史记录。以关键字 Renmin University 为例,同一个用户在不同地理位置上用 Google 搜索时,系统给出的智能提示有所不同,如图 5-10 所示。

图 5-10　Google 搜索的用户体验

值得一提的是,数据产品的设计中不能忽略可能出现的错误或副产品。以 Google 搜索中的智能提示为例,所给出的智能提示可能造成性别歧视、变相广告甚至造成种族或宗教偏见。

图 5-11　人与计算机图像内容
识别能力的不同

2. 支持人机协同

数据产品开发中应正确认识人与计算机在数据处理中的不同优势。以图 5-11 所示的两张照片的内容识别为例,对于人类来说非常容易,很小的孩子就能看出照片中是"长发人"还是"长毛狗"。但是,对于计算机来说却不那么容易。因此,在数据产品的开发中应重视人与计算机的不同优劣势,必要时采取人机协同方式进行数据处理。

亚马逊的一款数据产品——Amazon Mechanical Turk 发挥人与计算机的不同优势,较好地实现了提升数据产品的服务质量与用户体验的目的。

Amazon Mechanical Turk 的数据处理

Amazon Mechanical Turk 是 2005 年由亚马逊公司研发的数据处理平台。其名称来自于 1769 年匈牙利发明家 Wolfgang von Kempelen 研制的会下棋的机器人——Mechanical Turk[①]。其实,Mechanical Turk 机器人只是个道具,由躲在机器里面的下棋

---

① Amazon Web Services LLC or its affiliates. Amazon Mechanical Turk FAQs[OL]. http://aws. amazon. com/mturk/faqs/.

高手操纵,并没有依靠目前机器人中普遍采用的人工智能技术。Amazon Mechanical Turk[①]为数据处理中的数据提供方(Workers,又称 Turkers 或"供方")和数据需求方(Requesters,或"需方")之间提供了一个合作平台。

Amazon Mechanical Turk 数据处理的主体是人,而不是计算机。需方将数据处理需求分解成较具体的、易于完成的"小任务"——Human Intelligence Tasks(HITs)——之后,通过此平台向供方发布。供方选择自己擅长的 HITs,并完成指定操作。供方提交的结果经需方确认后将得到一定数额的资金回报。Amazon Mechanical Turk 平台还提供了编程接口,软件开发者也可以通过调用平台提供的接口构建自己的应用程序。

相对于传统数据处理平台,Amazon Mechanical Turk 平台具有如下的特殊性。

(1) 参与者的长尾性。Amazon Mechanical Turk 平台的需方和供方均具备长尾性。

一方面,此平台对数据处理任务的需求发布者不做任何限制,任何长尾主体注册和登录之后均可通过互联网在此平台上发布自己的数据处理需求。

另一方面,此平台中的数据处理任务由人工完成,而且参与完成的长尾主体是通过互联网选择数据处理任务和提交数据处理结果,一般对数据处理主体的身份和职业不做限制。

因此,参与者的长尾性保证了 Amazon Mechanical Turk 平台的灵活性和低成本性。

(2) 获取劳动力的弹性。Amazon Mechanical Turk 平台中劳动力的规模具备弹性特点。在传统数据处理模式中,数据处理的劳动力的获得需要经过一系列的常规过程,如公布招聘信息、简历挑选、组织面试、岗位培训、职责分配、绩效考核等。因此,传统数据处理模式中获取劳动力的即时性较差,对劳动力的利用率较低。

但是,Amazon Mechanical Turk 平台(见图 5-12)改变了这种做法,其劳动力获取是按需的、弹性的[②],不仅可以很容易获得与特定数据处理任务相对应的劳动力,而且也可以根据任务量和完成情况,调整劳动力的数量和范围。

(3) 小任务性。Amazon Mechanical Turk 平台发布的任务粒度都比较小,当需方的数据处理任务粒度较大时,需要进一步分解成一批更小的、更容易完成的数据处理任务,即 HITs。小任务性是此平台的主要特点之一,较好地吻合了长尾主体的数据处理特征和规律,可以充分利用自己的业务时间,在不花费太多精力的前提下,轻松完成供方的任务。一个 HIT 的生命周期包括可指派状态(Assignable)、不可指派状态(Unassignable)、可评审状态(Reviewable)、正在评审状态(Reviewing)和已处置状态(Disposed)等主要阶段,如图 5-13 所示。

① Amazon Web Services LLC or its affiliates. Amazon Mechanical Turk[OL]. http://aws. amazon. com/mturk/.

② Amazon Web Services LLC or its affiliates. Overview of Mechanical Turk[OL]. http://docs. amazonwebservices. com/AWSMechTurk/latest/RequesterUI/OverviewofMturk. html.

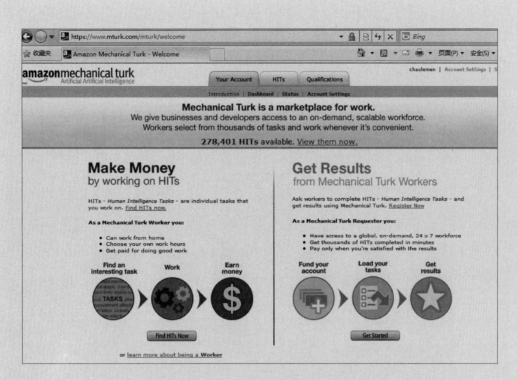

图 5-12 Amazon Mechanical Turk 平台

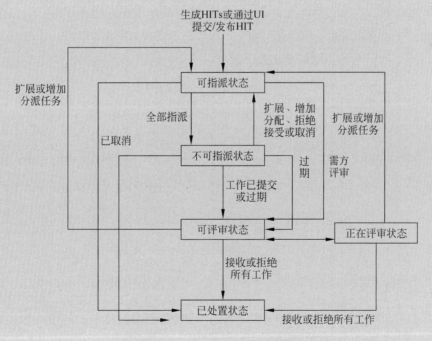

图 5-13 一个 HIT 的生命周期

此外,小任务性也有助于保证供方工作的原始性,便于收集供方的第一感觉或原始想法,避免供方进行过多的修饰和过滤自己的观点。

(4)后支付模式。Amazon Mechanical Turk 平台采用的是"先劳动后支付"的模式,需方在发布任务的同时公布报酬金额。供方完成的小任务,经需方确认后,方可获得相应的报酬。"先劳动后支付"较好地避免了不认真用户的参与,提高了用户在完成任务时的积极性。

(5)资格审查。平台还提供了设置供方的资格条件(Qualification),如地域、领域和诚信度。供方可以采用资格条件选择劳动者类型。

(6)数据处理成本低。通过 Amazon Mechanical Turk 平台进行数据处理时,不需要聘请固定员工和日常管理成本,而是利用长尾主体的力量和网络平台,采取"先劳动后支付"模式,省去了传统数据处理中的员工管理的成本。此平台建议需要对一个 HIT 承诺的最小报酬可以低至 0.005 美元。

因此,当任务量不是太大、复杂度不够大时,通过此平台数据处理成本小于传统数据处理成本。但是,当需方数据处理任务非常复杂、工作量很大、参与完成的供方过多时,此平台上的数据处理成本可能超过传统模式。

可见,如何发挥人与计算机的不同优势是数据产品开发的难点之一。数据科学家往往关注的是基于人或计算机的力量进行数据产品开发时在成本上的差异性。图 5-14 给出了二者的成本曲线。从长远看,基于机器的数据产品的处理成本低于基于人的数据产品。因此,在数据产品的开发初期,可以采取基于人的数据处理模式,当数据产品相对成熟或获得用户认可时,逐渐引入计算机自动化处理技术。

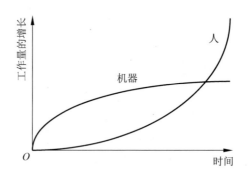

图 5-14　基于人与计算机的数据处理成本曲线

3. 善于留住用户

用户的"中途离开"是数据产品消费中最常见的问题之一。因此,如何留住用户是数据产品开发中值得重视的问题。以亚马逊数据产品——"其他商家(Other Sellers)"为例,该平台在显示某个图书的详细信息（如书名、作者、价格、用户评论）的同时，还提供了一个比较有创意的功能，即"其他商家（Other Sellers）"，如图 5-15 所示。在此 Other Sellers 选项卡中，列出了正在出售该图书的其他商家及最低市场价格，其用意在于用户不会为了收集其他商家的数据而离开该产品的页面。

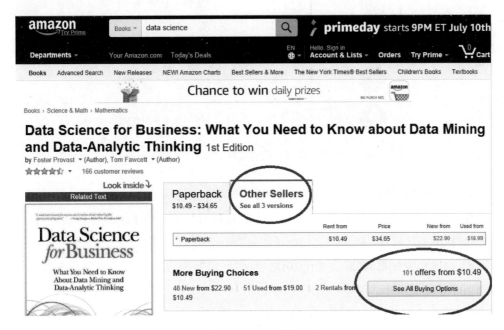

图 5-15　亚马逊的数据产品——其他商家（Other Sellers）

4."顶天立地"的产品设计

数据产品的设计必须"顶天立地"——既需要一定的创造性、引导用户行为和引领未来的特点，又要结合用户的实际需要，满足用户的实际需求。相对于数据产品的"顶天"，数据科学家往往忽略其"立地"。例如，亚马逊的一款数据产品——"你看过的产品，还有谁看过"的思想来自于我们在现实生活中的购物体验——往往在朋友的陪同下购物和/或听取朋友的购买建议。

LinkedIn 也有一款数据产品——"你可能认识的人们（People You May Know）"（见图 5-16）的设计思想也源自于现实生活的实际场景——当人们在会议接待处报到时，往往喜欢去寻找自己可能认识的参会者是否也在报到处或已经报到。

5．数据，取之于民，用之于民

用户不仅是数据的消费者，也是提供者。数据产品开发中应遵循一个基本的原则——"取之于民，用之于民"，将用户产生或留下的数据，"以恰当的方式馈赠给用户"。也就是说，数据产品中的数据流并不是单向的，而是数据产品与目标用户之间的双向流动，进而达到数据柔术中提倡的"借助用户力量来解决数据产品中的难题"。

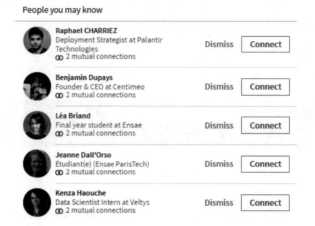

图 5-16　LinkedIn 的数据产品——你可能认识的人们(People you may know)

数据产品开发中实现"取之于民,用之于民"的难点也正是如何找到一个"恰当的方式"馈赠给用户。如果数据产品简单地将用户产生的数据反馈给他们,很容易造成另一个问题——"数据恶心"。

那么,如何实现数据的"取之于民,用之于民"? 需要通过数据加工将数据转换成产品,具体做法可以有很多种。例如:

- LinkedIn 以一款数据产品——"你的观众是谁(Who's viewed your profile)"的形式将用户产生或留下的数据返还给用户,进而确保较高的用户体验,如图 5-17 所示。

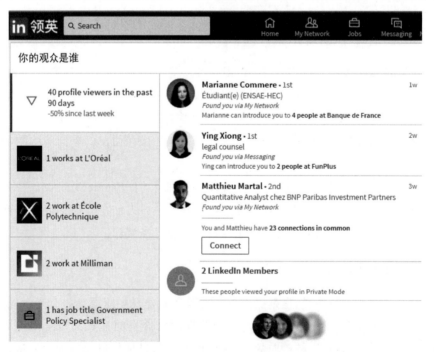

图 5-17　LinkedIn 的数据产品——你的观众是谁

- Xobni 收集和分析用户的 E-mail 信息,并以"收件箱管理功能"的方式返还给用户。
- Mint 收集和分析用户的信用卡信息,并以"帮助目标用户理解自己的消费习惯"的形式返还给用户。
- 智能电表类数据产品往往以"分析你的电力消费习惯"的形式将数据反馈给用户。

6. 避免导致"数据恶心"

数据科学家应避免所开发出的"数据产品"在目标用户群中产生"数据恶心"。也就是说,数据产品的开发必须有效结合目标用户的需求与体验,不能仅仅以数据科学家自己的兴趣爱好或工作需要作为设计基准。因此,数据产品开发应特别注意目标用户与数据科学家对同一个数据产品可能产生的不同体验。例如,数据科学家喜爱的产品,目标用户不一定喜欢,甚至感到"恶心"。

"取之于民,用之于民"是数据产品开发的重要原则。但是,数据的"用之于民"环节很容易导致"数据恶心"——提供过多的数据或过于复杂的人机交互往往会导致目标用户的反感。LinkedIn 在其数据产品"你的观众是谁(Who's viewed your profile)"的原型系统之中曾提供过"多次单击链接即可查看更详细的内容"的功能,但其产品开发团队的测试结果发现"几乎没有人通过多次单击的方式查看更详细的内容"。

"逆向交互定律(Inverse Interaction Law)"可以解释 LinkedIn 的这款数据产品原型的设计中存在的"数据恶心"的现象。所谓"逆向交互定律"就是"平台提供的数据超过一定规模后,产生的用户交互会越少",如图 5-18 所示。

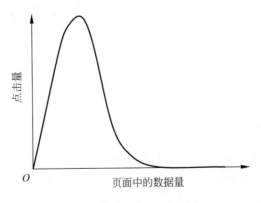

图 5-18 逆向交互定律

避免"数据恶心"的有效方法之一是使数据产品开发活动尽量聚焦在"数据的可操作性"——需要给用户提供哪些操作? 这些操作是否是用户真正需要的? 用户的操作体验如何?

7. 预估可能产生的"副产品"或"负面影响"

为了更好地实现某一功能与服务,数据科学家往往专注于特定算法的设计,但很容易忽略可能出现的"副产品"或"负面影响"——在个别情况下得出错误结果,或者产生社会、法律、道德、宗教、舆论等问题。因此,数据产品的开发需要识别各类风险,进行风险评估和风险应对策略,并积极制定应急预案。

德国最高法院判决 Facebook"查找好友"功能违法

北京时间 2016 年 1 月 16 日早间消息,德国最高法院本周维持了两家低级别法院的判决,即 Facebook 帮助用户向联系人推荐该服务的功能违法。

德国联邦最高法院的一个委员会判决,Facebook 的"查找好友"功能构成广告骚扰。这一诉讼由德国消费者组织联盟(VZBZ)于 2010 年提起。

Facebook 的这项功能要求用户提供授权,从而向用户的电子邮件联系人发送邀请注册邮件。这意味着 Facebook 可以向非该公司用户发送推广信息。

法庭认为,这是一种带欺诈性质的营销手段。2012 年和 2014 年,柏林的两家低级别法院也做出了类似判决。当时的判决认为,Facebook 违反了德国的数据保护法,并存在不公平的贸易行为。

德国最高法院还表示,Facebook 未能适当地告知用户,该公司将如何利用联系人数据。对此,Facebook 驻德国发言人表示,正在等待正式判决,并将研究这一判决对该公司的服务有何影响。VZBZ 对这一判决表示欢迎。该组织在公告中表示,对于在德国进行类似广告宣传的其他公司,这一判决具有参考意义。VZBZ 负责人克劳斯·穆勒(Klaus Mueller)表示:"我们需要研究,对于当前的'查找好友'功能,这一判决意味着什么。除 Facebook 之外,其他服务也会用类似的广告形式吸引新用户。他们现在要重新思考自己的做法……

(来源:新浪科技)

---

8. 正确处理查全率、查准率和响应时间之间的关系

数据产品开发中需要综合考虑三个不同的指标——查全率、查准率和响应时间。需要注意的是,这三个指标往往是相互限制,难以同时确保三个指标的最高值。因此,数据科学家在数据产品开发中往往妥协或放弃其中的一个或两个指标,进而确保另一个指标。

- 搜索引擎中的返回结果。可以采取"响应时间优先"策略,做到快速显示搜索结果的目的。
- 搜索引擎中的餐饮类广告信息。采取"查准率优先"策略,根据用户搜索的关键字和地理位置推荐有针对性的广告。
- 搜索引擎中的图书类广告信息。可以采取"查全率优先"策略,尽可能地提供与目标用户输入的关键字相同的图书。

用户体验的重要性

- Aberdeen Group 的调查发现"页面的显示速度每延迟 1s,网站访问量就会降低 11%,从而导致营业额或者注册量减少 7%,顾客满意度下降 16%"。
- Google 公司认为"响应时间每延迟 0.5s,查询数将会减少 20%"。
- Amazon 公司认为"响应时间每延迟 0.1s,营业额下降 1%"。

9. 重视用户认知行为的主观性

数据产品的开发中,应注意用户认知行为的主观性——错误或负面信息往往更容易被目标用户感知,并对整个数据产品产生错误的认知。以 LinkedIn 的数据产品——"岗位推荐(Jobs you may be interested in)"为例(见图 5-19),如果所推荐的 10 个工作岗位中,只要有一个"不良岗位",多数用户会对整个推荐目录产生不好的印象,工作岗位的推荐会以失败告终。

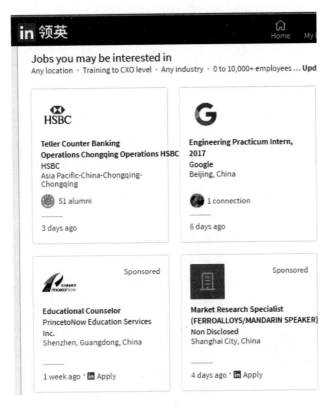

图 5-19　LinkedIn 数据产品——岗位推荐

因此,数据产品的设计中应重视"最坏的结果"对整个产品的影响——"最坏的结果"对目标用户的主观认识所产生的消极作用往往大于"最好的结果"的积极作用。

10. 招募更多的用户，获得有效的数据

在数据产品的开发中，应重视招募更多的用户，并挖掘用户之间的社交关系。数据科学家可以通过目标用户的"朋友"的数据或响应来训练推荐算法，实现精准推荐或协同过滤的目的，进而避免数据产品中"最坏的结果"所导致的颠覆性负面影响。以 LinkedIn 的职位推荐系统(见图 5-20)为例，在对某一个用户推荐职位列表之前，可以将候选职位发送给目标用户的若干朋友，并根据这些朋友的反馈数据或历史数据来优化推荐结果。因此，数据产品的开发中还需要注意两个问题。

- 需要让用户提供哪些信息以及这些信息是否满足数据产品开发的需求。例如，让用户输入自己的邮政编码和自己的工作单位的邮政编码会对后续数据产品开发产生不同的影响——显然后者更便于处理和分析。

- 在要求用户提供个人信息时，应明确告知收集范围、目的、承诺、利用方式以及未来返还给用户的服务。

图 5-20　LinkedIn 的数据产品——帮助你的朋友找到工作

11. 预见失败及确保良好的用户体验

数据产品开发工作难以避免"失败的结果"。以基于协同过滤的推荐类数据产品为例，在个别情况下，推荐系统可能向某个用户推荐错误的产品。那么，当产生错误或失败的推荐时，数据产品的应对策略尤为重要——是给用户一个"关闭窗口"的功能，还是给用户"重新推荐"的按钮？不同的策略对目标用户产生的体验可能不同。

Facebook 的广告系统较好地解决了"如何在产生失败的推荐时还能确保较好的用户体验"的问题。当用户认为 Facebook 推荐的广告为"失败"的广告时，用户不仅可以隐藏该广告，而且还可以填写"为什么这个广告是失败的广告"，如图 5-21 所示。可见，为用户提供更多的"控制权"和"主动性"是提升用户体验的重要保障。

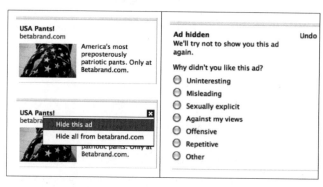

图 5-21　Facebook 的良好用户体验

5.5 数据能力

在数据管理和数据治理领域,常见容易混淆的术语及其含义如下。

- 数据管理(Data Management):数据获取、存储、整合、分析、应用、呈现、归档和销毁等各种生存形态演变的过程(来源:国家标准《信息技术服务 治理 第5部分:数据治理规范》(GB/T 34960.5—2018))。

- 数据治理(Data Governance):数据资源及其应用过程中相关管控活动、绩效和风险管理的集合(来源:国家标准《信息技术服务 治理 第5部分:数据治理规范》(GB/T 34960.5—2018))。

- 数据处理(Data Processing):数据操作的系统执行(来源:国家标准《信息技术 大数据 术语》(GB/T 35295—2017))。

- 数据战略(Data Strategy):组织开展数据工作的愿景、目的、目标和原则(来源:国家标准《数据管理能力成熟度评估模型》(GB/T 36073.5—2018))。

- 数据架构(Data Architecture):数据要素、结构和接口等抽象及其相互关系的框架(来源:国家标准《信息技术服务 治理 第5部分:数据治理规范》(GB/T 34960.5—2018))。

- 数据生存周期(Data Lifecycle):将原始数据转换为适用于行动的知识的一组过程(来源:国家标准《信息技术 大数据 术语》(GB/T 35295—2017))。

- 元数据:关于数据或数据元素的数据(可能包括其数据描述),以及关于数据拥有权、存储路径、访问权和数据易变性的数据。

- 数据元(Data Element):由一组属性规定其定义、标识、表示和允许值的数据单元(来源:国家标准《信息技术 元数据注册系统(MDR) 第1部分:框架》(GB/T 18391.1—2009))。

- 主数据(Master Data):组织中需要跨系统、跨部门进行共享的核心业务实体数据(来源:国家标准《数据管理能力成熟度评估模型》(GB/T 36073.5—2018))。

从理论上讲,数据能力的评价方法有两种:评价结果(结果派)和评价过程(过程派)。根据软件工程等领域的经验,质量评价和能力评估中通常采用过程派的思想。在数据科学中,数据能力的评价也采取过程评价方法。

数据管理成熟度(Data Management Maturity,DMM)模型是最为典型的数据能力评价方法。该模型由 CMMI® 研究所于 2014 年推出,其设计沿用了能力成熟度模型集成(Capability Maturity Model Integration,CMMI)的基本原则、结构和证明方法。DMM 模型将机构数据管理能力定义为 5 个不同的成熟度等级,并给出了机构数据管理工作抽象成

6 类关键过程域,共 25 个的关键活动,如图 5-22 所示。

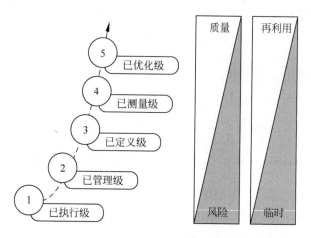

图 5-22　DMM 模型基本思路

CMM

　　CMM(Capability Maturity Model)是在"软件工业浪潮"和"软件过程运动"的背景下,由美国国防部(DoD)资助卡耐基·梅隆大学(Carnegie Mellon University,CMU)的软件工程研究所(Software Engineering Institute,SEI)的 Watts Humphrey 等专家进行软件过程计划研究的代表性成果之一,主要用于软件质量评价,其基本思想如图 5-23 所示。CMM 的发展历程如下。

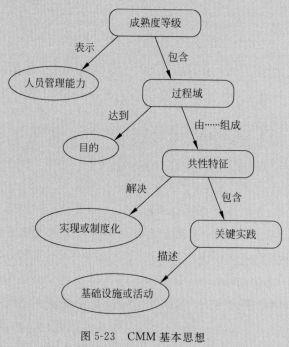

图 5-23　CMM 基本思想

- CMM 的提出目的是应对 20 世纪 70 年代左右出现的"软件危机"。在此,所谓"软件危机"并不是"入侵威胁"或"病毒威胁",而是由于当时的软件开发项目过于重视"结果"的好坏而忽略了"过程"的规范性,导致了软件的维护成本过高。软件危机之后,人们开始思考如何评价软件质量的问题——软件开发的"结果"重要还是"过程"重要?

- CMM 的重要贡献在于"看到了软件开发过程的成熟度在保证软件质量的重要地位",是"软件工业浪潮"和"软件过程运动"的标志性成果之一。CMM 的出现标志着软件质量的评价从"结果派"转向"过程派"。

- 随着 CMM 在软件开发领域的成功应用,CMM 在其他相关学科领域得到了推广应用,出现了一些面向特定领域的模型,如 SE-CMM、SW-CMM、SA-CMM 和 IPPD-CMM 等,但导致了另一个问题——"框架泥潭",即不同领域的 CMM 的差异性太大且难以集成。

- 为了解决当时的 CMM"框架泥潭"问题,SEI 又提出了 CMMI。显然,CMMI 的主要目的是为所有 CMM 类模型建立共同框架。CMMI 项目组的研究目标分长期和短期两种。短期目标是集成 SW-CMM、SE-CMM 和 IPD-CMM 3 个具体过程改进模型,在此基础上提出 CMMI 的初步框架。目前,该目标已经实现,其标志是 2000 年发布的 CMMI 1.0;长期目标是为更多学科加入到 CMMI 的工作奠定基础,提供一种可自动扩展的框架。

CMMI 的主要内容包括 CMMI 框架,CMMI 部件,制度化,表示方法(阶段式表示、连续式表示)以及 CMMI 的使用等。可以采用成熟度等级、关键过程域(Key Process Area,KPA)、共性特征(Common Feature,CF)和关键实践(Key Practice,KP)4 个关键概念刻画 CMM 的核心思想。

- 成熟度等级:将组织机构的软件开发能力划分为 5 个成熟度等级,如图 5-24 所示。CMM 的 5 个等级反映了从混乱无序的软件生产到有规律的开发过程,再到标准化、可视化和不断完善的开发过程的阶梯式结构。

- 关键过程域(Key Process Area,KPA):每一级成熟度(除第一级外)由若干个 KPA 构成,每个 KPA 描述软件开发过程的某一个方面应达到的目标所必需的关键实践。CMMI 评估结果分为 5 个等级,共由 18 个关键过程域和 316 个关键实践(KP)。

- 共性特征(Common Feature,CF):定义了每个 KPA 中应完成和达到的基本特征。

- 关键实践(Key Practice,KP):达到共性特征(CF)需要完成的具体实践。需要注意的是,关键实践只提出了软件过程必须达到的标准而并未限定如何实现这些标准。因此,组织机构可根据自身具体情况采用不同的过程和方法完成同一个过程等级。

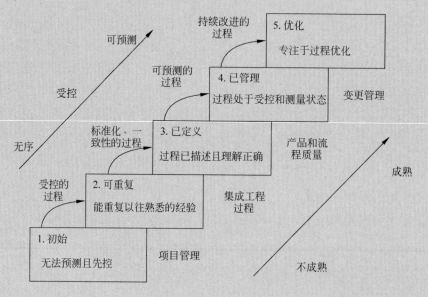

图 5-24　CMM 成熟度等级

CMMI 的实施应遵循以下指导原则。

- CMMI 组织要有代表性和广泛性。
- 使用系统工程过程。
- 保护业界已有的投资。
- 与 ISO 标准的兼容。
- 模型可剪裁性。
- 商业界参与。

1. 关键过程域

关键过程是一系列为达到某既定目标所需完成的实践,包括对应的工具、方法、资源和人。DMM 给出了组织机构数据管理所需的 25 个关键过程,并将其进一步聚类成 6 个关键过程域:数据战略(Data Strategy)、数据治理(Data Governance)、数据质量(Data Quality)、数据操作(Data Operation)、平台与架构(Platform & Architecture)和辅助性过程(Supporting Process),如图 5-25 所示。

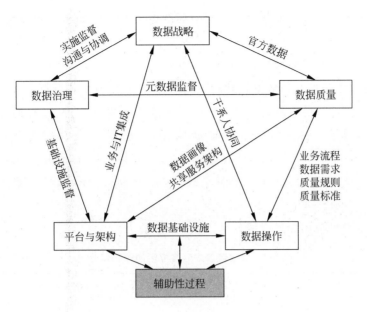

图 5-25 DMM 关键过程域

- **数据战略**。组织机构科学管理其数据资源的重要前提。数据管理工作需要在统一的顶层设计和战略规划的框架下进行,因此组织机构的数据管理往往以制定数据战略为起点。DMM 中的关键过程域"数据战略"包括 5 个关键过程:数据管理战略 (Data Management Strategy)、有效沟通(Communication)、数据管理职责(Data Management Case)、业务案例(Business Case)和资金供给(Funding)。

- **数据治理**。确保数据战略顺利执行的必要手段。数据治理与数据管理的区别在于数据治理是"数据管理的管理"。DMM 中定义的关键过程域"数据治理"包括 3 个关键过程:治理管理(Governance Management)、业务术语表(Business Glossary)和元数据管理(Metadata Management)。

- **数据质量**。组织机构数据管理的主要关注点,要求数据管理中的输入数据和输出数据的质量必须达到当前业务需求与未来战略要求。DMM 中定义的关键过程域"数据质量"包括 4 个关键过程:数据质量战略(Data Quality Strategy)、数据画像(Data Profiling)、数据质量评估(Data Quality Assessment)、数据清洗(Data Cleansing)。

- **数据操作**。组织机构数据管理的具体表现形式,需要明确定义组织机构的数据操作规范,并予以监督和优化。DMM 中定义的关键过程域"数据操作"包括 4 个关键过程:数据需求定义(Data Requirement Definition)、数据生命周期管理(Data Lifecycle Management)、供方管理(Provider Management)。

- **平台与架构**。组织机构数据管理的必要条件,为数据战略的实现提供统一的架构设计和平台实现。DMM 中定义的关键过程域"平台与架构"包括 5 个关键过程:架构方法(Architectural Approach)、架构标准(Architectural Standard)、数据管理平台(Data Management Platform)、数据集成(Data Integration)以及历史数据、归档和保留(Historical Data, Archiving and Retention)。

- **辅助性过程**。虽不是数据管理的直接内容,但在组织机构数据管理工作,尤其是在其数据操作、平台和架构等关键过程域中扮演辅助性作用,具有不可或缺的地位。DMM 中定义的关键过程域"辅助性过程"包括 5 个关键过程:测量与分析(Measurement and Analysis)、过程管理(Process Management)、过程质量保障(Process Quality Assurance)、风险管理(Risk Management)和配置管理(Configuration Management)。

数据管理成熟度模型的过程域分类如表 5-3 所示。

表 5-3　数据管理成熟度模型的过程域分类

数 据 战 略	数 据 治 理	数 据 质 量	数 据 操 作	平 台 与 架 构	辅 助 流 程
• 数据管理战略 • 有效沟通 • 数据管理职责 • 业务案例 • 资金供给	• 治理管理 • 业务术语表 • 元数据管理	• 数据质量战略 • 数据画像 • 数据质量评估 • 数据清洗	• 数据需求定义 • 数据生命周期管理 • 供方管理	• 架构方法 • 架构标准 • 数据管理平台 • 数据集成 • 历史数据、归档和保留	• 测量与分析 • 过程管理 • 过程质量保证 • 风险管理 • 配置管理

2. 成熟度等级

数据管理成熟度(DMM)模型将组织机构的数据管理成熟度划分为 5 个等级,从低到高依次为:已执行级、已管理级、已定义级、已测量级、已优化级,并给出了每一层级的特点描述及其对数据重要性的基本认识,如图 5-26 所示。

(1) **已执行级(Performed Level)**。组织机构只有个别项目的范围之内"执行"了 DMM 给出的关键过程,但缺乏机构层次的统筹与管理。其主要特点如下。

- 在具体项目中,DMM 关键过程域中给出的关键过程已被执行,但随意性和临时性较大。
- DMM 关键过程的执行往往仅限于特定业务范畴,很少存在跨越不同业务领域的关键过程。
- 缺少针对 DMM 关键过程的反馈与优化。以 DMM 关键过程中的"数据质量"为例,其数据管理工作可能过于集中在一个特定业务,如"数据修复活动",并没有扩散到整个的业务范围或并没有开展对数据修复活动本身的反馈与优化工作。
- 虽然有可能在特定业务过程中进行了基础性改进,但没有进行持续跟进,也未拓展到整个组织机构。
- 组织机构没有统筹其数据管理工作,而数据管理活动局限在具体项目中,主要按照

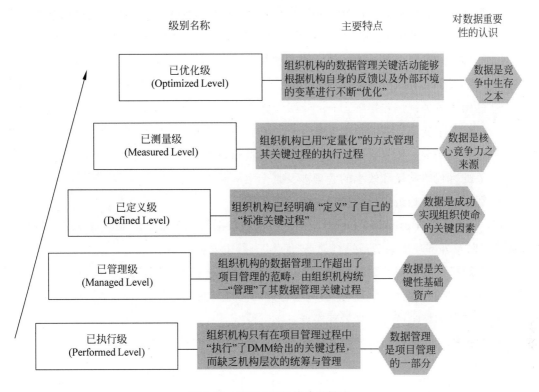

图 5-26 DMM 层级划分及描述

其具体项目的实施需求进行,如果一个具体项目中需要进行数据管理,可能执行 DMM 中给出的相关过程,反之亦然。

(2)**已管理级**(**Managed Level**)。组织机构的数据管理工作超出了项目管理的范畴,由组织机构统一"管理"了其数据管理关键过程。其主要特点如下。

- 关键过程的定义与执行符合组织机构数据战略的要求。
- 组织机构聘请了数据管理相关的专业人士,员工的数据利用与数据生产行为有效。
- 关键过程已拓展至相关干系人。
- 对关键过程进行监督、控制和评估。
- 关键过程的评估依据为该 DMM 中对过程的具体描述。
- 组织机构已经意识到数据的重要性——数据是关键性基础资产,并开始对其实施"管理",但其管理往往并不规范。

(3)**已定义级**(**Defined Level**)。组织机构已经明确定义了自己的"标准关键过程"。其主要特点如下。

- 组织机构已明确给出了关键过程的"标准定义",并定期对其进行改进。
- 已提供了关键过程的测量与预测方法。
- 关键过程的执行过程并不是简单或死板地执行组织机构给出的"标准定义",而是根据具体业务进行了一定的"裁剪"工作。

- 数据的重要性已成为组织机构层次的共识,将数据当作成功实现组织机构使命的关键因素之一。

（4）**已测量级**（**Measured Level**）。组织机构已用"定量化"的方式管理其关键过程的执行过程。其主要特点如下。

- 已构建了关键过程矩阵。
- 已定义了变革管理的正式流程。
- 已实现用定量化方式计算关键过程的质量和效率。
- 关键过程的质量和效率的管理涉及整个生命周期。
- 数据被认为是组织机构核心竞争力的来源。

（5）**已优化级**（**Optimized Level**）。组织机构的数据管理关键活动能够根据组织机构自身的反馈以及外部环境的变革进行动态"优化"。其主要特点如下。

- 组织机构能够对其数据管理关键过程进行持续性拓展和创新。
- 充分利用各种反馈信息,推动关键过程的优化与业务成长。
- 与同行和整个产业共享最佳实践。
- 数据被认为是组织机构在不断变革的竞争市场环境中持续生存之本。

3. 成熟度评价

基于 DMM 模型的组织机构的数据管理能力成熟度水平的评价工作的实施可以借鉴 SEI 建议的 IDEAL 模型（见图 5-27）。

- **启动**（**Initiating**）。组织机构应为 DMM 的引入做好准备工作,确定组织机构为数据管理目标所做的过程及其他内在联系。
- **诊断**（**Diagnosing**）。确定组织机构的数据管理过程成熟度等级。主要活动是确定组织机构的数据管理能力的当前和期望状态,并拟定建议稿。
- **建立**（**Establishing**）。构建实现改进目标的具体步骤。主要活动包括设定数据管理改进活动的优先级、开发方法和规划行动。
- **行动**（**Acting**）。实施上一阶段中设定计划的过程。主要活动包括创建和实现解决方案。
- **学习**（**Learning**）。改进数据管理能力的最后一个阶段,即分析数据管理过程改进中的经验教训,引入新的理论、方法和技术,进而增强自身的数据能力。

需要注意的是,能力成熟度评价的目的并不是给组织机构的数据管理现状进行"打分",而是在于"如何帮助组织机构改进其数据能力",因此,数据能力的成熟度评价过程是一个螺旋式推进的过程,需要进行多轮的"评估—改进—评估"的工作。另外,在数据能力的成熟度评估过程中,数据科学家应充分发挥"3C 精神",综合运用数据科学的理念、理论、方法、技术、工具和最佳实践。例如,CMMI 采用雷达图的方式给出了组织机构数据管理能力的成熟度评估结果,如图 5-28 所示。

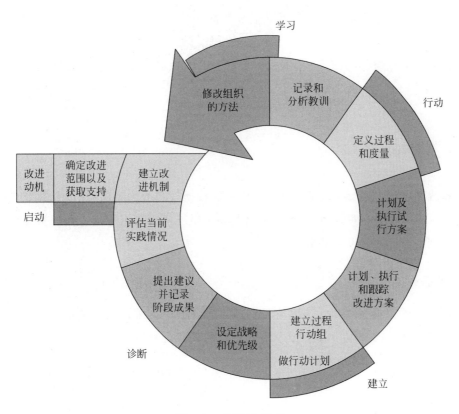

图 5-27 IDEAL 模型

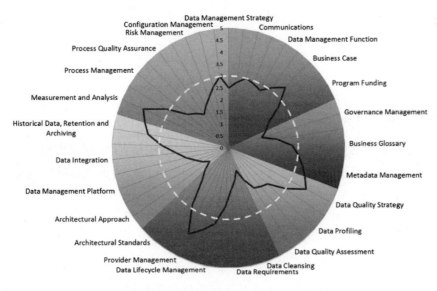

图 5-28 组织机构数据管理能力成熟度评估结果的可视化

国家标准《数据管理能力成熟度评估模型》(GB/T 36073.5—2018)是借鉴数据管理成熟度模型制定的国家标准,主要给出了数据管理能力成熟度模型及相应的成熟度等级,定义了数据战略、数据治理、数据架构、数据应用、数据安全、数据质量、数据标准和数据生存周期等 8 个能力域。

5.6　数据战略

数据战略(Data Strategy)是一个组织机构的数据管理的愿景、目标以及功能蓝图的统一管理。从 DMM 模型可以看出,数据战略是一个组织机构数据管理工作的重要前提。数据战略的制定需要注意以下基本问题。

1. 数据战略的定位

"数据战略"和"数据管理目标"是两个不同的概念。数据战略不仅需要定义数据管理的目标,更重要的是给出如何实现这些管理目标的具体行动方案以及如何动态调整数据管理目标的机制,如图 5-29 所示。

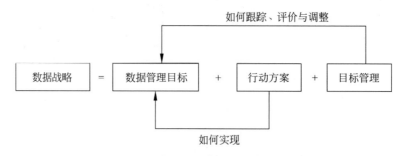

图 5-29　数据战略与数据管理目标的区别

2. 数据战略的目标

数据战略的根本目的是定义一个"数据驱动型组织"或培育"数据驱动型文化",将数据作为组织机构决策活动的驱动因素,增强组织机构的敏捷性,进而提高组织机构的核心竞争力,如图 5-30 所示。

3. 数据战略的侧重点

数据战略应以解决数据密集型问题为主要关注点和责任,从数据视角分析组织机构业务活动中存在的瓶颈性问题,而不是过于强调计算密集型或人才密集型问题,如图 5-31 所示。

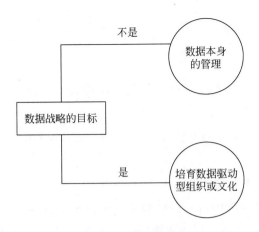

图 5-30 数据战略的目标

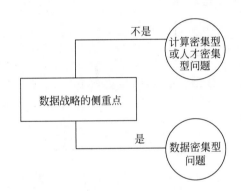

图 5-31 数据战略的侧重点

4. 数据战略的范畴

数据战略的制定不仅仅要考虑组织机构的当前业务需求,更重要的是综合考虑潜在风险与未来需求。数据的安全与质量风险是数据管理中的两个重要潜在风险,需要予以重视。另外,大数据的真正价值往往体现在未来,而组织机构的数据战略需要提前考虑企业未来需求的变化趋势,如图 5-32 所示。

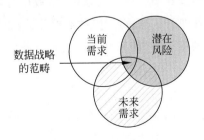

图 5-32 数据战略的范畴

数据战略可以针对国家、地区、机构、部门等不同层次制定。以国家或地区层次的数据战略为例,近年来很多国家或地区都纷纷制定其大数据相关的战略,如:

- **中国**。促进大数据发展行动纲要。
- **欧洲**。欧洲大数据价值战略研究与创新议程(European Big Data Value Strategic Research and Innovation Agenda,BDV SRIA)。
- **美国**。联邦大数据研究与发展计划(The Federal Big Data Research and Development Strategic Plan)。
- **英国**。英国数据能力战略(UK Data Capability Strategy)。
- **德国**。工业 4.0(Industrie 4.0)计划。
- **日本**。面向 2020 的 ICT 综合战略(2020 年頃に向けたICT 総合戦略)。

《促进大数据发展行动纲要》

- 发文字号:国发〔2015〕50 号。
- 发布日期:2015 年 9 月 5 日。
- 主要任务:加快政府数据开放共享,推动资源整合,提升治理能力。推动产业创新发展,培育新兴业态,助力经济转型。强化安全保障,提高管理水平,促进健康发展。
- 主要目标:立足我国国情和现实需要,推动大数据发展和应用在未来 5~10 年逐步实现。

到 2020 年,形成一批具有国际竞争力的大数据处理、分析、可视化软件和硬件支撑平台等产品,培育 10 家国际领先的大数据核心龙头企业,500 家大数据应用、服务和产品制造企业。

5.7　数据治理

　　数据治理(Data Governance)可以理解为对数据管理的管理。从 DMM 模型可以看出,数据治理是实现数据战略的重要保障。需要注意的是,数据管理和数据治理是两个不同的概念,如图 5-33 所示。数据管理的是指通过管理"数据"实现组织机构的某种业务目的。然而,数据治理则指如何确保"数据管理"的顺利、科学、有效进行。

1. 主要内容

　　数据治理工作涉及数据管理工作的每一个环节,是一项全员参与的常规性工作,主要工作重点如下。

- **理解自己的数据**。首先,需要理解组织机构自己的数据,并明确其特征、类型、趋势、风险及价值;其次,进行安全等级划分,定义组织机构的主数据管理。

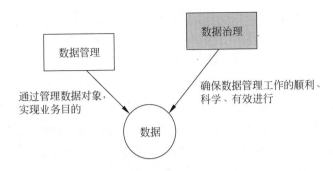

图 5-33 数据管理与数据治理的区别

IBM 提出的企业数据管理的范畴

图 5-34 是 IBM 提出的企业数据管理的范畴。从图中可以看出，企业数据主要包括以下四种类型。

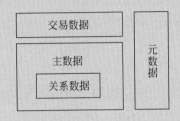

图 5-34 IBM 提出的企业数据管理的范畴

- **交易数据**。用于记录业务事件，如客户的订单、投诉记录、客服申请等，往往用于描述在某一个时间点上业务系统发生的行为。
- **主数据**。用于记录企业核心业务对象，如客户、产品、地址等。与交易流水信息不同，主数据一旦被记录到数据库中，需要经常对其进行维护，从而确保其时效性和准确性。主数据还包括关系数据，用以描述主数据之间的关系，如客户与产品的关系、产品与地域的关系、客户与客户的关系、产品与产品的关系等。
- **元数据**。用于记录数据的数据，用以描述数据类型、数据定义、约束、数据关系、数据所处的系统等信息。
- **关系数据**。用于描述主数据之间的关系，如客户与产品的关系、客户与客户的关系、产品与厂家的关系等。

- **数据干系人的识别与分析**。明确组织机构的数据管理中各干系人，包括数据的生产者、采集者、保管方、利用者及间接利益相关方。数据干系人的正确识别是数据治理的重要前提。
- **数据部门的设立**。需要设立专门的统一指挥部门，负责组织机构数据管理工作，并明确其职责,在不同数据干系人之间建立有效沟通渠道。

- **行为规范的制定**。需要针对组织机构的不同业务的特殊性,明确给出较为详细的数据管理规范,例如文档模板、数据词典、撰写文档要求等。主数据管理、商务智能、数据洞见是数据管理规范的重点内容。

- **数据管理方针和目标的确定**。数据治理工作应按照组织机构数据战略的要求,定期地制定和更新阶段性数据管理的方针与目标,确保组织数据管理的有效执行。

- **岗位职责的定义**。需要明确定义数据管理中的各参与方的岗位职责,预防各种潜在风险,并设立责任倒查机制和弥补措施。

- **应急预案与应急管理**。数据治理的重要组成部分之一,需要明确规定各种可能的紧急事件及其具体应对方案。

- **等级保护与分类管理**。组织机构数据治理应对其数据、人员、技术、设备进行分类管理,并根据其安全和保密要求进行等级保护。

- **有效监督与动态优化**。组织机构数据工作必须建立有效监督机制,并根据监督中发现的问题与风险,不断优化其数据管理工作。

2. 基本过程

数据治理并不是一次性工作,而是一种循序渐进的过程,主要包含计划(Plan)、执行(Do)、检查(Check)和改进(Action)等基本活动,如图 5-35 所示。

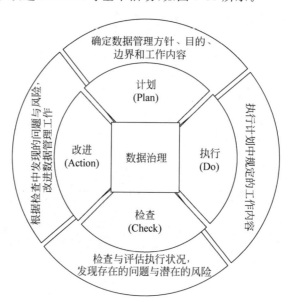

图 5-35 数据治理的 PDCA 模型

- **计划(Plan)**。数据管理方针和目标的确定,明确组织机构的数据管理的目的、边界和工作内容。

- **执行（Do）**。根据数据管理计划，设计或选择具体的方法、技术、工具等解决方案，实现计划中的工作内容。
- **检查（Check）**。定期检查执行效果，进行绩效评估，并发现存在的问题与潜在的风险。
- **改进（Action）**。根据检查结果中发现的问题与风险，进一步改进自己的数据管理工作。

DGI 数据治理框架

DGI(The Data Governance Institute)成立于 2003 年，是世界上较早从事数据治理研究和实践方向，并且当今影响力较大的专业机构之一。该机构提出的数据治理框架(The DGI Data Governance Framework)在数据治理领域具有很大的影响。

DGI 认为数据治理是对数据相关的决策及数据使用权限控制的活动。它是一个信息处理过程中根据模型来执行的决策权和承担责任的系统，规定了谁、可以在什么情况下、对哪些信息做怎样的处理。图 5-36 给出了 DGI 数据治理框架。DGI 数据治理框架是用于分类、组织和传递复杂企业数据的逻辑框架。数据治理任务通常有如下三个部分。

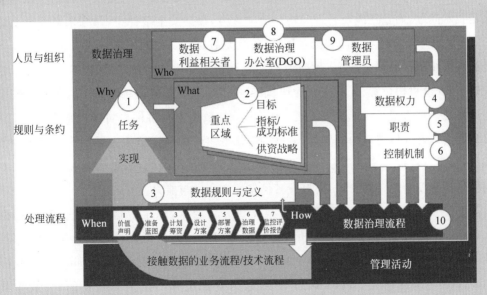

图 5-36 DGI 数据治理框架

- 主动定义或序化规则。
- 为数据利益相关者提供持续的，跨职能的保护和服务。
- 应对并解决因不遵守规则而产生的问题。

国家标准《信息技术服务 治理 第 5 部分：数据治理规范(GB/T 34960.5—2018)》是 GB/T 34960 系列标准的一部分。GB/T 34960 分为如下部分。

第 1 部分：通用要求。

第 2 部分：实施指南。

第 3 部分：绩效评估。

第 4 部分：审计导则。

第 5 部分：数据治理规范。

5.8　数据安全、隐私、道德与伦理

在数据产品开发中,不能忽视数据安全、隐私、道德和伦理问题,防止出现数据安全、数据偏见、算法歧视、数据攻击和隐私泄密。

1. 数据安全

目前,人们对大数据安全普遍存在两个曲解。一是数据安全只是技术问题。数据安全不仅是技术问题,而且还涉及管理问题。通常认为,数据安全事件中,70%来自管理上的漏洞,而30%才是来自技术上的缺陷。因此,管理是数据安全中不可忽略的重要问题,将数据安全放在组织机构的数据战略、数据治理和数据管理之中进行统一管理,应重视安全管理制度建设、安全机构设置、人员安全管理、系统建设管理和系统运维管理。二是数据安全的主要威胁是外部入侵。统计数据发现,70%左右的数据安全事件来自于内部人员,而30%左右是因为外部入侵造成的。例如,著名的斯诺登事件中斯诺登本人曾是一名美国中情局的职员,同时还曾负责美国国家安全局的一个秘密项目。因此,数据安全中不能忽略对内部人员的信息安全教育和管理,应提升其信息安全意识与能力。

需要注意的是,数据安全不等同于数据保密。通常,除了数据保密——数据的机密性(Confidentiality)之外,数据安全还包括完整性(Integrity)、可用性(Availability)、不可否认性(Non-repudiation)、鉴别(Authentication)、可审计性(Accountability)和可靠性(Reliability)等多个维度。在具体工作中,数据安全也并不是独立存在的,一般与其对应信息系统的安全密切相关。目前,信息系统的安全保护普遍采取等级保护策略,即针对不同的攻击来源和保护对象采取不同的应对策略。以国家标准《信息系统安全等级保护基本要求(GB/T 22239—2008)》为例,其主要安全等级及保护基本要求如表 5-4 所示。

表 5-4　信息系统安全等级及保护基本要求

等　级	攻　击　来　源	保护对象	应　对　要　求
第 1 级	个人的、拥有很少资源的威胁源发起的恶意攻击、一般的自然灾难	关键资源	在系统遭到损害后，能够恢复部分功能
第 2 级	外部小型组织的、拥有少量资源的威胁源发起的恶意攻击、一般的自然灾难	重要资源	能够发现重要的安全漏洞和安全事件；在系统遭到损害后，能够在一段时间内恢复部分功能
第 3 级	来自外部有组织的团体、拥有较为丰富资源的威胁源发起的恶意攻击、较严重的自然灾难	主要资源	能够发现安全漏洞和安全事件；在系统遭到损害后，能够较快恢复绝大部分功能
第 4 级	国家级别的、敌对组织的、拥有丰富资源的威胁源发起的恶意攻击、严重的自然灾难	全部资源	能够发现安全漏洞和安全事件；在系统遭到损害后，能够迅速恢复所有功能

P^2DR 模型

大数据很难做到（或不存在）无条件的绝对安全，人们追求的是有条件的相对安全，数据安全保障是数据的保护者和攻击者之间的一个动态博弈过程。当攻击（或入侵）的代价超出数据本身的价值或攻击（或入侵）所需要的时间超出数据的有效期时，入侵者一般不会采取攻击或入侵。

P^2DR 模型是美国 ISS 公司提出的一种动态网络安全体系，其认为网络安全是一种动态的、有条件的相对安全。P^2DR 模型包括四个主要部分：Policy（策略）、Protection（防护）、Detection（检测）和 Response（响应），如图 5-37 所示。其中，策略处于核心地位，为其他三个组成部分提供支持和指导，而保护、检测和响应为网络安全的三个基本活动。从相对安全角度看，P^2DR 模型可以用以下公式表示。

(1) 当入侵所需时间大于 0，即 $P_t > 0$ 时，

$$P_t > D_t + R_t$$

(2) 当入侵所需时间等于 0，即 $P_t = 0$ 时，

$$E_t = D_t + R_t$$

其中，E_t 为数据的暴露时间。

图 5-37　P^2DR 模型

2. 数据偏见

在数据科学项目中，避免出现 BIBO（Bias In, Bias Out，偏见进则偏见出）现象的出现。数据偏见（Data Bias）的成因可能是有意的，也可能是无意的，但均会造成数据科学项目的失败。数据偏见可能出现在数据科学流程的任何一个活动之中，常见的数据偏见有：

- 数据来源选择偏见。有的数据工作者偏向于仅仅选择自己喜欢或熟悉的、对自己有利的数据来源,进行数据化和数据分析工作,导致数据科学项目失败于其起点。在数据来源的选择上,如果不做预调研和试验研究,仅仅用自己的常识或直觉选择数据来源时,经常会出现此类偏见,比较著名的是幸存者偏见(Survivorship Bias)。

幸存者偏见

　　幸存者偏见指的是人往往会注意到某种经过筛选之后所产生的结果,同时忽略了这个筛选的过程,而被忽略的过程往往包含着关键性的信息。

　　1940 年左右,在英国和德国之间的空战中,双方都失去了很多轰炸机和飞行员。因此,当时英国军事部门研究的一个主要话题是:在飞机的哪一部分加厚装甲,可以提高飞机的防御能力并减少损失。当时的技术还不是很成熟,如果加厚一部分装甲,势必减少其他部分的装甲,否则就会影响飞行的平稳度。因此,研究人员需要做出选择,为飞机最脆弱的区域增加装甲。

　　当时的英国军方研究了从欧洲大陆的空战中返回的轰炸机。如图 5-38 所示,飞机上的弹孔主要集中在机身中央和机翼。因此研究人员提出,在这些部位添加装甲,以提高飞机的防御能力。

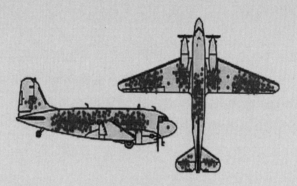

图 5-38　从欧洲大陆的空战中返回的轰炸机

　　而统计学家沃德认为,应当加厚座舱和机尾,减弱机翼装甲。他提出,能够根据返航的飞机统计出机翼的损伤,这正说明机翼的受损对飞机的飞行并不致命。而大部分坠毁的轰炸机应当是座舱和机尾受到了严重损伤。想要减少坠毁率,必须加厚座舱和机尾的装甲。

　　由于战况紧急,空军部长决定接受沃德的建议,立即加厚座舱和机尾的装甲。不久之后,英国轰炸机的坠毁率显著下降。[1]

---

[1]　http://bazyd.com/talk-about-survivorship-bias/。

- 数据加工和准备偏见。在数据加工和准备过程中,有的数据工作者偏向于将数据加工成对自己的观点(或研究结论、研究假设)有利,过滤掉那些与自己的观点不一致的数据,表面上看在用数据证明自己的观点,实际上在找对自己观点有利的片段数据。

- 算法和模型选择偏见。在数据分析中,有的数据工作者偏向于直接套用自己常用的、自己已知的算法和模型,而不是根据数据本身的特点选择和论证算法/模型的信度和效度。算法和模型选择偏见的存在使得数据工作者不去学习新的算法和模型,习惯于套用自己擅长的算法、模型,导致"以不变应万变"所带来的盲目性。

A/B 测试

A/B 测试起源于 Web 测试,是为 Web、App 界面或流程制作两个(A/B)或多个(A/B/n)版本,在同一时间维度,分别让属性或组成成分相同(相似)的两个或多个访客群组(目标人群)访问,收集各群组的用户体验数据和业务数据,最后分析、评估出最好的版本,将其正式采用。

A/B 测试是一种对比试验,准确地说是一种分离式组间试验,在试验过程中,我们从总体中随机抽取一些样本进行数据统计,进而得出对总体参数的多个评估。从统计学视角看,A/B 测试是假设检验(显著性检验)的一种应用形式。在进行 A/B 测试时,首先需将问题形成一个假设,然后制定随机化策略、样本量以及测量方法。

A/B 测试有效避免了数据加工和准备偏见以及算法/模型选择偏见,具有重要借鉴意义。例如,The Guardian(卫报)的约会网站 Soulmates 通过每月付费订阅实现盈利。产品经理 Kerstin Exner 通过 A/B 测试来优化 Soulmates 的关键绩效指标。Kerstin Exner 注意到大多数登录到 Soulmates 入口页面的访客并没有转化为订阅者。基于研究她提出假设:提前展示更多现有用户的信息将增加订阅量。她做了 A/B 测试来验证这一点,测试包括一个添加了类似的个人资料、搜索功能和客户评价的变体登录页面,获胜的版本将订阅转化率提高了 46% 以上。

- 分析结果的解读和呈现上的偏见。在解读数据科学项目的最终结果时,数据工作者需要避免各种偏见的出现,如过拟合或欠拟合现象的出现、根据自己的爱好(而不是目标用户的爱好)进行数据可视化、根据自己的主观偏见(而不是忠于数据本身)进行数据解读与呈现,以及根据自己想要的结论修改数据或数据分析过程等。

辛普森悖论

辛普森悖论(Simpson's Paradox)是概率和统计学中的一种现象,即几组不同的数据中均存在一种趋势,但当这几组数据组合在一起后,这种趋势消失或反转。例如,在肾结石治疗数据分析中,比较了两种肾结石治疗的成功率。其中方案 A 包括所有开放式外科手术,方案 B 仅涉及小的穿刺。小肾结石和大肾结石的治疗的成功率和治疗案例数如表 5-5 所示(括号中的数字表示：成功案例数/治疗总案例数)。

表 5-5　肾结石治疗数据分析——两种治疗方案的分别统计

结 石 大 小	治疗方案	
	方 案 A	方 案 B
小结石	93%(81/87)	87%(234/270)
大结石	73%(192/263)	69%(55/80)

从表 5-5 中可以发现治疗方案 A 的成功率更高,那是否我们就应该选择方案 A 呢? 我们把两种治疗方案进行总计(见表 5-6),却发现方案 B 的成功率更高。

表 5-6　两种治疗方案的汇总统计

治疗方案	方 案 A	方 案 B
总　　计	78%(273/350)	83%(289/350)

当数据中存在多个单独分布的隐藏变量,不当拆分时就会造成辛普森悖论。这种隐藏变量被称为潜伏变量,并且它们通常难以识别。而这种潜伏变量可能是由于采样错误或者数据领域本身属性造成的。如本例中,可能是由于我们的采样方法存在误差导致加权结果出现问题,不同大小的结石中对于不同方法的应用数量有较大的差异,没有做到正确地控制变量。

3. 算法歧视

算法歧视是指算法设计、实现和投入使用过程中出现的各种"歧视"现象。根据 Reuters 的报道,某公司曾于 2014 年开发了一套"算法筛选系统",用来自动筛选简历,开发小组开发出了 500 个模型,同时教算法识别 50 000 个曾经在简历中出现的术语让算法学习在不同能力分配的权重。但是久而久之,开发团队发现算法对男性应聘者有着明显的偏好,当算法识别出"女性"(women and women's)相关词汇的时候,便会给简历相对较低的分数,如女子足球俱乐部等;算法甚至会直接给来自于两所女校的学生降级。

大数据杀熟

同样的商品或服务,老客户看到的价格反而比新客户要贵出许多,这在互联网行业被叫作"大数据杀熟"。调查发现,在机票、酒店、电影、电商、旅游等多个价格有波动的网络平台都存在类似情况,而在线旅游平台更为普遍。同时,还存在同一位用户在不同网站的数据被共享的问题,许多人遇到过在一个网站搜索或浏览的内容立刻被另一网站进行广告推荐的情况。

"大数据杀熟"是一个新近才热起来的词,不过这一现象或已持续多年。有数据显示,国外一些网站早就有之,而近日有媒体对 2008 名受访者进行的一项调查显示,51.3% 的受访者遇到过互联网企业利用"大数据杀熟"的情况。

和任何新事物都会存在不同看法一样,"大数据杀熟"到底该如何定性,目前也面临争议。如上述调查中,59.2% 的受访者认为在大数据面前,信息严重不对称,消费者处于弱势;59.1% 的受访者希望价格主管部门进一步立法规范互联网企业歧视性定价行为。另外,也有专家表示,这一价格机制较为普遍,针对大数据下价格敏感人群,系统会自动提供更加优惠的策略,可以算作接受动态定价。

倘若搁置具体应如何定性的争议,"大数据杀熟"所表现出来的现象和逻辑还是存在相当大的问题。

"大数据杀熟"虽然可以说是商家的定价策略,但最终形成了"最懂你的人伤你最深"的局面,确实与人们习以为常的生活经验和固有的商业伦理形成了明显冲突。例如,一些线上商家和网站标明新客户享有专属优惠,从吸引新客户的角度完全可以理解,但在这一优惠政策的另一端,若老客户普遍要支付高于正常价格的金额,甚至越是老客户价格越高,就明显背离了朴素的诚信原则,也是对老客户信赖的一种辜负。由此还会引发商业伦理的扭曲,值得人们警惕。

有专家表示,与其称这种现象为"杀熟",不如说是"杀对价格不敏感的人":一罐可乐,在超市只卖 2 元,在五星级酒店能卖 30 元——这不能叫价格歧视,而是因为你能住得起五星级酒店,那么你就是要被"杀",这样的例子在现实中比比皆是。但是,这个理论套用在"大数据杀熟"上却并不恰当。一个关键问题是,一罐可乐的正常价格是透明的,所以在五星级酒店的溢价是公开的。但"大数据杀熟"却处于隐蔽状态,多数消费者是在不知情的情况下"被溢价"了。此外,将老顾客等同于"对价格不敏感的人",也有偷换概念之嫌。

(来源:光明日报)

4. 数据攻击

最有代表性的数据攻击为谷歌炸弹(Google Bomb)。谷歌炸弹[①]是指人为恶意构造锚文本,在搜索引擎中提升有关他人不利报道的文章或网页的点击率,即便这些文章或网站与搜索主题可能并不相关。谷歌炸弹大部分出于商业、政治或恶作剧等目的。其实现是基于搜索引擎排名算法中的两个事实:①外部链接是排名的重要因素之一。②链接文字很多

---

① https://en.wikipedia.org/wiki/Google_bomb。

时候比链接数量更重要。因此,当有大量包含特定关键词的链接指向某一个网页的时候,即使这个网页没提到这个关键词,排名也会非常靠前。需要注意的是,谷歌炸弹并非谷歌公司操控所为,而是人们利用谷歌算法漏洞产生的现象。

Google 图片搜索 Idiot 事件

2018 年 12 月 11 日,在美国国会听证会上,民主党国会议员 Zoe Lofgren 就"在谷歌图片上搜索 idiot(白痴)会出现某著名政治家的照片"一事,质问了时任谷歌公司 CEO 桑达尔·皮查伊(Sundar Pichai)——为何搜索 idiot 会出现特朗普总统的图片?谷歌搜索到底是如何运作的?

桑达尔·皮查伊回答说:"每当您输入关键字,Google 就会在其索引中抓取并存储几十亿个"网站"页面的副本。我们将关键字与其页面进行匹配,然后根据 200 多个因素对结果进行排名,如相关性、新鲜度、流行度、其他人如何使用它等。基于此,在任何给定时间内,我们尝试为该查询排序并找到最佳搜索结果。然后我们用外部评估员评估它们,他们根据客观指导进行评定。这就是我们确保(搜索)这个过程有效的方法。"

Zoe Lofgren 讽刺地问道:"所以,不是你们有一些小人躲在窗帘后面操控要向用户展示什么吗?"

皮查伊回答道:"这是大规模的运作,我们不会手动干预任何特定的搜索结果。"

---

5. 隐私保护

随着大数据时代的到来,隐私保护成为热门话题,得到社会各界的广泛关注。在数据科学项目中,需要注意保护用户隐私。隐私保护需要遵循相关的法律法规和伦理道德的要求。

Facebook-剑桥分析公司数据丑闻

2013 年剑桥大学的研究员 Aleksandr Kogan 创建了一款名为 *This is Your Digital Life* 的应用,付费吸引 Facebook 用户做心理测试,它不仅可以收集参加测试的用户的数据,还可以在用户好友不知情的情况下获取他们的数据,然后把多达 8700 万用户的数据卖给了剑桥分析公司。2015 年,Facebook 曾要求剑桥分析公司删除上述数据,但 Facebook 接到的其他报告表明,这些被滥用的用户数据并未被销毁。2016 年总统大选,剑桥分析公司利用这些数据协助特朗普竞选。2018 年剑桥分析公司的前员工 Christopher Wylie 公布了一系列文件,揭露了 FaceBook-剑桥分析公司的数据丑闻。2018 年 5 月 2 日,剑桥分析公司正式关闭其运营业务并宣布破产。2018 年 3 月 19 日,Facebook 股价大跌 7%,市值蒸发 360 多亿美元。"卸载 Facebook"运动得到了许多网友的支持。之后,各大媒体对本事件的启示进行了如下报道。

- 卫报：用户数据，尤其是 Facebook 个人资料形式的数据，对黑客和营销人员等来说，一直是个诱人目标。而用户（或他们的朋友）没有意识到这一点，错误地允许 *This is Your Digital Life* 应用程序获取了他们的数据。Facebook 对用户个人数据的不对称控制一直延伸到第三方应用程序。它们被允许从用户那里"窃取" Facebook 的个人资料，这些用户通常是被引诱去玩游戏或测试的，他们不仅同意交出自己的数据，还同意交出朋友的数据，而大多数人都不知道自己的数据被窃取了，从而为剑桥分析公司搜集用户数据来为特朗普竞选锁定选民提供了可乘之机。
- 纽约时报：大量的用户数据对 Facebook 的广告客户及其用户很有价值，使其能够只提供与用户相关的广告，从而搞清并操纵用户的情绪状态。
- 时代周刊：在这个大家连吃哪家店的东西、和谁保持联系、要去哪里都会告诉 Facebook、谷歌、亚马逊之类的公司的时代，用户自己也应该对平台提出要求，以可读并且可获取的方式了解他们的信息发给了谁，那些人会怎么用他们的信息。用户自己也应该在分享个人信息的时候更加谨慎。
- 哈佛商业评论：2018 年 5 月，世界上最严格的隐私法——欧盟（EU）出台的《一般数据保护条例》(General Data Protection Regulation)开始生效。到 2018 年年底，苹果公司和微软公司的首席执行官也呼吁在美国制定新的国家隐私标准。尤其是美国、中国等，作为数字大国，需要尽快对大数据的使用提供法律约束，对公民的个人隐私信息予以法律保障。

如何继续学习

【学好本章的重要意义】

数据产品开发是数据科学家的核心竞争力之源，也是数据科学中独有的知识内容。因此，学好数据产品开发相关的知识是数据科学中不可忽略的核心内容之一。

【继续学习方法】

数据产品开发不仅涉及理论学习与实践经验，更重要的是数据科学家的 3C 精神的培养（详见"1.6 基本原则"）。因此，建议在后续学习中不仅要重视基础理论和最佳实践的跟踪，而且也应重视与领域高端人才的合作与沟通，如参加开源项目、活跃于各大专业社区等。

【提醒及注意事项】

正确理解数据产品的本质特征是学习好本章知识的关键所在；培养自己的数据科学家精神与素质是我们继续学习本章的首要任务。

【与其他章节的关系】

本章是"第1章　基础理论"的进一步深入讲解,系统讲解了数据产品开发的方法与内容。"第6章　典型案例及实践"是本章的拓展,建议结合典型实践理解数据产品开发的知识。

习题

1. 结合自己的专业领域或研究兴趣,调研自己所属领域的数据产品开发方法、技术与工具。

2. 分析 DMM 与 DAMA-DMBOK(DAMA Guide to the Data Management Body of Knowledge)的区别和联系。

3. 调研常用数据产品开发工具软件(包括开源系统),并进行对比分析。

4. 阅读本章所列出的参考文献,并采用数据产品开发或故事化描述方式展示该领域的代表性文献数据。

参考文献

[1]　Anderson C. Creating a data-drivenorganization [M]. Sebastopol：O'Reilly Media,Inc. ,2015.

[2]　CMMI. Data Management Maturity (DMM). http://cmmiinstitute. com/data-management-maturity.

[3]　Hurwitz J, Nugent A, Halper F, et al. Big data for dummies [M]. Hoboken：John Wiley & Sons,2013.

[4]　Khatri V,Brown C V. Designing data governance[J]. Communications of the ACM,2010,53(1)：148-152.

[5]　Knaflic C N. Storytelling with data：a data visualization guide for business professionals [M]. Hoboken：John Wiley & Sons,2015.

[6]　Marz N,Warren J. Big data：principles and best practices of scalable realtime data systems[M]. New York：Manning Publications Co. ,2015.

[7]　Mayer-Schönberger V,Cukier K. Big data：a revolution that will transform how we live,work,and think[M]. Boston：Houghton Mifflin Harcourt,2013.

[8]　Patil D J. Data Jujitsu[M]. Sebastopol：O'Reilly Media,Inc. ,2012.

[9]　Paulk M C,Weber C V,Curtis B,et al. The capability maturity model：guidelines for improving the software process principal contributors and editors[M]. Boston：Addison-Wesley Pub. Co. ,1995.

[10]　朝乐门. 数据科学[M].北京：清华大学出版社,2016.

第 6 章

典型案例及实践

 如何开始学习

【学习目的】

- 【掌握】基于 Python/R 的数据科学实践；Spark 编程。
- 【理解】结合 2012 年美国总统大选理解数据科学的典型应用。
- 【了解】基于 Python/R 的统计分析、机器学习和数据可视化。

【学习重点】

- 2012 年美国总统大选中的数据科学。
- 基于 Python/R 的数据科学实践。
- 基于 Python/R 语言的 Spark 编程。

【学习难点】

- 基于 Python/R 语言的 Spark 编程。

【学习问答】

序号	我的提问	本章中的答案
1	数据科学中代表性实践有哪些？	2012年美国总统大选(6.5节)、Spark编程(6.4节)
2	如何快速入门数据科学的实践？	R语言与Python(6.2节～6.5节)
3	如何运用Python或R语言进行数据科学实战？	统计分析(6.1节)、机器学习(6.2节)、数据可视化(6.3节)、Spark编程(6.4节)
4	如何将大数据技术与Python/R语言相结合？	Spark编程(6.4节)

就目前而言,数据科学是一个典型的"实践倒逼理论创新"的领域,且相关实践分散在多个不同的学科领域,亟待从数据科学这一新学科视角进行系统梳理和深度挖掘。大数据和数据科学已经在政治、金融、商业、保险、教育、新闻、材料、环境、医疗、健康、气候、生物、化学工程、机器翻译、自动驾驶等专业领域有诸多成功实践,比较有代表性的实践有：2012年美国总统大选、Google禽流感趋势分析(Google Flu Trends)、Target怀孕预测、Metromile保险、IBM Workbench平台、Databircks产品、伦敦奥运会数据新闻以及Google翻译(Google Translate)等。但是,这些创新性实践背后蕴藏着哪些新的理念、理论、方法和技术是一个值得研究的重要课题。虽然上述实践都得到了一定的成功,但并非是在数据科学理论的直接指导下完成的工程类实践。

同时,人类已进入"大数据时代",大数据正在改变着我们的生活、工作和思维模式,比较有代表性的应用领域如下。

(1) 医学。医疗行业依靠专用设备来跟踪生命体征、协助医生诊断。医疗行业同样也使用大数据和分析工具以多种方式改善健康状况。可穿戴式追踪器向医生传递信息并告诉他们患者是否服用药物,或者他们是否遵循治疗或疾病管理计划。随着时间的推移,收集的汇编数据为医生提供了患者健康状况的全面视图,提供了比简短的面对面交流更深入的信息。另外,公共卫生部门会利用大数据分析来找出食品安全的高危区域,并优先进行食品安全检查。研究人员也深入研究数据,来揭示具有最显著的病理特征的地方。此外,大数据分析可帮助医院管理人员进行安排,以期减少患者的等待时间并改善护理条件。有些平台会批量查看数据,然后查找其中的模式并给出改善的建议。

(2) 零售。如果零售商没有正确预测客户的需求,然后提供这些东西,他们可能会很难盈利。大数据分析洞察了如何让人们满意并再次回到这家商店。IBM的一项研究发现,62%的零售商受访者表示信息和大数据分析为他们带来了竞争优势。最有用的策略包括确定业务需求和确定分析技术如何支持这些需求。例如,零售商可能希望购物者在店中停留更长的时间。然后,他们可以根据这一需求,使用大数据分析来创建个性化、高度相关的材料,吸引顾客在商店中停留。分析软件还可以跟踪客户的每一步。由此产生的结果可以告诉零售商如何吸引具有最高价值的购物者。检查天气数据可以预测对雪铲和沙滩椅等季节性物品的需求,让零售商在大多数顾客到达之前订购这些东西。

(3)建筑。建筑公司跟踪从材料的费用到完成任务所需的平均时间的所有内容。这并不奇怪,数据分析正在成为这个行业的重要内容。当建筑专业人员监控现场服务指标(如损耗、推荐率和收入)时,他们将能够更好地了解哪些方面进展顺利以及哪些业务部门需要改进。此外,他们利用大数据根据未来用途和预期趋势分析项目的最佳位置。有些项目甚至将传感器整合到建筑物和桥梁中,这些附件收集数据并将其发回给人们进行分析。Dayton Superior 是一家混凝土建筑公司,为世界各地的项目提供材料。它意识到当公司的代表不能立即知道某些城市的材料成本时,保证价格透明度非常困难。因此,这家公司开始使用地理数据分析,以此进行价格确定。一个月后,超过 98% 的销售代表使用了改进的方式,并且提供报价的用时急剧下降。从那时起,该公司大大减少了定价过程中的不一致性。分析工具提供的建议通常能使公司找到适合情况的价格并向客户提供更低的费率。

(4)银行。人们并不一定认为银行业是一个特别高科技的行业,但一些品牌正在通过数据分析来改变人们的这一观念。美国银行设计了一个名为 Erica 的虚拟助手,它使用预测分析和自然语言处理来帮助客户查看银行交易历史或即将到来的账单的信息。此外,Erica 在每笔交易中都变得更"聪明"。美国银行的代表说,助理最终将研究人们在银行的习惯,并提供相关的财务建议。大数据也有助于打击银行欺诈。由 QuantumBlack 构建的一种预测机器学习模型在使用的第一周内检测到相当于 100 000 美元的欺诈交易。

(5)交通。人们需要按时到达目的地,大数据分析帮助公共交通提供商提高客户的满意度。Transport for London 使用统计数据来映射客户旅程,为人们提供个性化详细信息并管理意外情况。它可以告诉我们有多少人在一辆公共汽车上或者最小化乘客步行到公交车站的距离。数据分析也为铁路行业的人们提供帮助。车载传感器提供有关列车制动机制、里程等详细信息。来自 100 列火车的数据集每年可产生高达 2000 亿个数据点。检查信息的人试图找到有意义的模式来指导他们改进操作。例如,他们可能会发现导致设备故障并使列车暂时停止服务的事件。交通运输部门也是数据科学家求职最好的行业之一①。

6.1 统计分析

【数据及分析对象】数据框——R 语言的基础安装中提供了一个名为 women 的数据集,该数据集源自 *The World Almanac and Book of Facts*,给出了年龄在 30~39 岁的 15 名女性的身高和体重信息,如表 6-1 所示。

① KaylaMatthews. 5 Industries Becoming Defined by Big Data and Analytics[OL]. https://towardsdatascience.com/5-industries-becoming-defined-by-big-data-and-analytics-e3e8cc0c0cf.

表 6-1　数据集 women

序号	身高 height/英寸	体重 weight/磅	序号	身高 height/英寸	体重 weight/磅
1	58	115	9	66	139
2	59	117	10	67	142
3	60	120	11	68	146
4	61	123	12	69	150
5	62	126	13	70	154
6	63	129	14	71	159
7	64	132	15	72	164
8	65	135			

【目的及分析任务】理解统计分析方法在数据科学中的应用——以身高和体重分别为自变量和因变量进行线性回归分析,并进行回归结果的可视化和报告的自动生成。

【方法及工具】Python 语言及 statsmodels 包(注:R 语言编写的代码参见附录 A)。

【主要步骤】

(1) 数据读入。

(2) 数据理解。

(3) 数据规整化处理。

(4) 模型的训练。

(5) 模型的解读与评价。

(6) 模型的优化与重新选择。

(7) 模型假定的分析与讨论。

```
In [1]:  #本章代码的开发环境
         #建议安装 Anaconda,并在 Jupyter Notebook 中编写和执行本章代码
         #本章代码均用 Python3 的语法编写

         #本例中的自变量和因变量如下
         #自变量(X):身高(height),单位:英寸
         #因变量(y):体重(weight),单位:磅
```

(1) 数据读入。

首先,从本书配套资源中,找到并下载数据文件 women.csv,并放在 Python 的"当前工作目录"中。查看和修改当前工作目录的方法如下。

```
In [2]:  #查看当前工作目录
         import os
         print(os.getcwd())
```

C:\Users\SoloMan\DataScienceTP

```
In [3]:  # 修改当前工作目录
         import os
         os.chdir(r'C:\Users\soloman\clm')
           # 注:本例中的路径"C:\Users\soloman\clm"为示例,读者可以自行设置/修改此路径
         print(os.getcwd())
```

C:\Users\soloman\clm

其次,采用 Python 第三方扩展包 Pandas 的函数 read_csv(),读取文件 women.csv,并将其自动转换为 Pandas 的数据框(Data Frame)。

```
In [4]:  # 读入文件"women.csv"至 Pandas 数据框 df_women

         import pandas as pd
         df_women = pd.read_csv('women.csv', index_col = 0)
           # 第 0 列为索引列/行名

         print(df_women.head())
           # 显示前 5 行数据
```

```
   height  weight
1    58     115
2    59     117
3    60     120
4    61     123
5    62     126
```

(2) 数据理解。

数据理解是数据科学项目的关键步骤之一。数据理解需要以业务理解为基础。通常采用查看数据的前几行、后几行、形状、列名、描述性统计信息或(和)可视化分析等方法达到数据理解的目的。

```
In [5]:  # 查看数据形状(行数和列数)
         df_women.shape
```

```
Out[5]:  (15, 2)
```

```
In [6]:  # 查看数据框的简要模式信息
         df_women.info()
```

```
< class 'pandas.core.frame.DataFrame'>
Int64Index: 15 entries, 1 to 15
Data columns (total 2 columns):
height   15 non - null int64
weight   15 non - null int64
dtypes: int64(2)
memory usage: 360.0 bytes
```

```
In [7]:  # 查看列名
         print(df_women.columns)
```

```
Index(['height', 'weight'], dtype = 'object')
```

In [8]:
```python
# 查看描述性统计信息
df_women.describe()
```

Out[8]:

	height	weight
count	15.000000	15.000000
mean	65.000000	136.733333
std	4.472136	15.498694
min	58.000000	115.000000
25 %	61.500000	124.500000
50 %	65.000000	135.000000
75 %	68.500000	148.000000
max	72.000000	164.000000

In [9]:
```python
# 数据可视化
import matplotlib.pyplot as plt
% matplotlib inline
plt.scatter(df_women["height"], df_women["weight"])
plt.show()
```

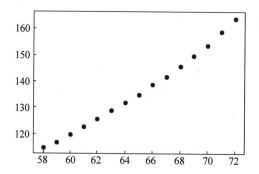

（3）数据规整化处理。

通过数据理解活动可看出，接下来可以进行线性回归分析。但是，回归分析的算法对数据的模态是有一定要求的。为此，需要进行数据的规整化处理，即准备特征矩阵(X)和目标向量(y)。注意：统计分析中的两个重要概念——特征矩阵与目标向量，以 $y = F(X)$ 为例。

```python
# X:自变量
  # 通常用特征矩阵(Feature_Matrix)表示
  # 特征矩阵的行和列分别称为 samples 和 features
  # 行数和列数分别为 n_samples 和 n_features
  # 在 Python 多数机器学习模块中,特征矩阵应为 NumPy 的 array 和 Pandas 的 DataFrame,个别模块
  # 支持 SciPy 的稀疏矩阵
  # 注意,特征矩阵中的每个 sample 必须为一行
  # 注意,特征矩阵中不能包含因变量——目标向量

# y:因变量
  # 又称为目标向量(Target Vector)
```

In [10]: ♯特征矩阵(X)的生成
         X = df_women["height"]
         X

Out[10]: 1   58
         2   59
         3   60
         4   61
         5   62
         6   63
         7   64
         8   65
         9   66
         10   67
         11   68
         12   69
         13   70
         14   71
         15   72
         Name：height，dtype：int64

In [11]: ♯目标向量(y)的生成
         y = df_women["weight"]
         y

Out[11]: 1   115
         2   117
         3   120
         4   123
         5   126
         6   129
         7   132
         8   135
         9   139
         10   142
         11   146
         12   150
         13   154
         14   159
         15   164
         Name：weight，dtype：int64

（4）模型训练。

Python 统计分析中常用包有很多，如 Statsmodels、statistics 和 SciKit-Learn 等，在此采用包 Statsmodels。在 Statsmodels 中，通常用函数 OLS()实现简单线性回归。需要注意的是，函数 OLS()在默认情况下并不包含截距项（Intercept），如果需要保留截距项，需要在自变量 X 中增加一个常数项列。

In [12]: ＃特征矩阵的规整化处理
```
import statsmodels.api as sm
X = sm.add_constant(X)
＃给 X 新增一列,列名为 const,每行的取值均为 1.0
X
```

C:\Anaconda3\lib\site－packages\statsmodels\compat\pandas.py:56: FutureWa rning: The pandas.core.datetools module is deprecated and will be remove d in a future version. Please use the pandas.tseries module instead. from pandas.core import datetools

Out[12]:

	const	height
1	1.0	58
2	1.0	59
3	1.0	60
4	1.0	61
5	1.0	62
6	1.0	63
7	1.0	64
8	1.0	65
9	1.0	66
10	1.0	67
11	1.0	68
12	1.0	69
13	1.0	70
14	1.0	71
15	1.0	72

In [13]: ＃构建模型
```
myModel = sm.OLS(y, X)
```

In [14]: ＃模型拟合
```
results = myModel.fit()
```

（5）模型解读与评价。

In [15]:
```
print(results.summary())
```

OLS Regression Results

===
=

Dep. Variable:	weight	R－squared:	0.991
Model:	OLS	Adj. R－squared:	0.990
Method:	Least Squares	F－statistic:	1433.

```
Date:              Mon, 04 Mar 2019  Prob (F − statistic):      1.09e − 14
Time:              11:46:35  Log − Likelihood:            − 26.541
No. Observations:        15  AIC:                    57.08
Df Residuals:          13  BIC:                    58.50
Df Model:             1
Covariance Type:        nonrobust
==============================================================
=
        coef    std err     t     P>|t|    [0.025   0.975]
--------------------------------------------------------------
const    − 87.5167  5.937   − 14.741  0.000   − 100.343  − 74.691
height    3.4500   0.091    37.855   0.000   3.253    3.647
==============================================================
=
Omnibus:           2.396  Durbin − Watson:        0.315
Prob(Omnibus):        0.302  Jarque − Bera (JB):      1.660
Skew:             0.789  Prob(JB):            0.436
Kurtosis:           2.596  Cond. No.            982.
==============================================================
=
Warnings:
[1] Standard Errors assume that the covariance matrix of the errors is correctly specified.
C:\Anaconda3\lib\site − packages\scipy\stats\stats.py:1334: UserWarning: k urtosistest
only valid for n > = 20 ... continuing anyway, n = 15
  "anyway, n = % i" % int(n))
```

In [16]: # [1]模型的参数
         # 回归系数
         results.params

Out[16]: const   − 87.516667
         height   3.450000
         dtype：float64

In [17]: # 残差 results.resid

Out[17]: 1   2.416667
         2   0.966667
         3   0.516667
         4   0.066667
         5   − 0.383333
         6   − 0.833333
         7   − 1.283333
         8   − 1.733333
         9   − 1.183333

```
        10   - 1.633333
        11   - 1.083333
        12   - 0.533333
        13   0.016667
        14   1.566667
        15   3.116667
        dtype：float64
```

In [18]: `results.resid.std()`

Out[18]：1.469531833450306

In [19]: `#信任区间(Confidence interval)`
`results.conf_int(alpha = 0.025)`

Out[19]：

	0	1
const	- 102.552796	- 72.480538
height	3.219184	3.680816

In [20]: `#[2]模型的解释能力(Goodness of Fit)`
　`#R²(R 方),取值范围为[0,1],值越大越好`
`print("rsquared = ",results.rsquared)`

rsquared = 0.991009832686

In [21]: `#[3]显著性检验——回归分析的假定是否成立`
`# 回归系数的检验:T 检验,T 大于 Ta/2 则相关,查 T 分布表`
`#解读方法: p 值小于 0.005 即可`
`results.tvalues`

Out[21]：const　- 14.741029
　　　　height　37.855307
　　　　dtype：float64

In [22]: `#回归方程的检验:F 检验,可以查看其 p 值`
`results.f_pvalue`

Out[22]：1.0909729585997859e - 14

In [23]: `#Durbin - Watson 检验:检验误差项之间存在自相关关系或序列相关关系`
`sm. stats. stattools. durbin_watson(results.resid)`

Out[23]：0.31538037486218062

In [24]: `#残差是否符合正态分布——JB 统计量`
　`#残差是否服从正态分布,可以用 JB 统计量或 QQ 图`
　`#判断方法:JB 对应的 p 值是否大于 0.05,如果是,则可以认为是正态分布`
`sm. stats. stattools. jarque_bera(results.resid)`
　`#返回值有四个,分别为 JB,JB 的 P 值,峰度和偏度`

Out[24]: (1.6595730644309838,
　　　　0.43614237873238493,
　　　　0.7893583826332282,
　　　　2.596304225738997)

In [25]: # 可视化预测结果
y_predict = results.predict()
y_predict

Out[25]: array([112.58333333, 116.03333333, 119.48333333, 122.93333333,
126.38333333, 129.83333333, 133.28333333, 136.73333333,
140.18333333, 143.63333333, 147.08333333, 150.53333333,
153.98333333, 157.43333333, 160.88333333])

In [26]: plt.rcParams['font.family'] = "simHei" # 汉字显示
plt.plot(df_women["height"], df_women["weight"],"o") plt.plot(df_women["height"], y_
predict)
plt.title('女性体重与身高的线性回归分析')
plt.xlabel('身高')
plt.ylabel('体重')

Out[26]: < matplotlib.text.Text at 0x17060ac1198 >

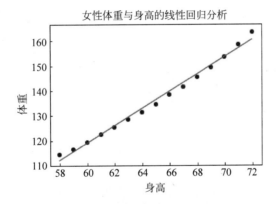

从上面的输出可以看出,简单线性回归的效果并不好,我们可以采取多项式回归方法。

(6) 模型优化与重新选择。

In [27]: # 多项式回归
import numpy as npmyModel_updated = sm.OLS(y, X + np.power(X,2) + np.power(X,3))
results_updated = myModel_updated.fit()
print(results_updated.summary())

```
                        OLS Regression Results
========================================================================
Dep. Variable:         weight  R - squared:              0.998
Model:                    OLS  Adj. R - squared:         0.998
Method:         Least Squares  F - statistic:            8021.
Date:         Mon, 04 Mar 2019  Prob (F - statistic):   1.57e - 19
```

```
Time:                    11:46:35  Log－Likelihood:              － 13.680
No. Observations:            15  AIC:                          31.36
Df Residuals:                13  BIC:                          32.78
Df Model:                     1
Covariance Type:        nonrobust
==============================================================================
              coef      std err       t        P>|t|     [0.025    0.975]
------------------------------------------------------------------------------
const       20.2178     0.289       70.056    0.000     19.594    20.841
height      0.0003      3.01e－06    89.557    0.000     0.000     0.000
==============================================================================
Omnibus:                  2.878  Durbin－Watson:                0.598
Prob(Omnibus):            0.237  Jarque－Bera (JB):             1.496
Skew:                     0.773  Prob(JB):                     0.473
Kurtosis:                 3.079  Cond. No.                     4.98e＋05
==============================================================================
```

Warnings:

[1] Standard Errors assume that the covariance matrix of the errors is correctly specified.

[2] The condition number is large, 4.98e＋05. This might indicate that there are strong multicollinearity or other numerical problems.

C:\Anaconda3\lib\site－packages\scipy\stats\stats.py:1334: UserWarning: k urtosistest only valid for n＞= 20 … continuing anyway, n = 15

"anyway, n = % i" % int(n))

In [28]: print('查看系数及截距项: ', results.params)

查看系数及截距项: const   － 87.516667

height   3.450000

dtype: float64

In [29]: #重新预测体重

y_predict_updated = results_updated.predict()

y_predict_updated

Out[29]: array([114.10651527, 116.90256998, 119.79447404, 122.78384288,

125.87229194, 129.06143667, 132.3528925 , 135.74827487,

139.24919922, 142.85728098, 146.5741356 , 150.40137852,

154.34062516, 158.39349098, 162.5615914])

In [30]: #新预测结果可视化

plt.rcParams['font.family'] = "simHei" #显示汉字

plt.scatter(df_women["height"], df_women["weight"]) plt.plot(df_women["height"], y_predict_updated)

plt.title('女性身高与体重数据的线性回归分析')

plt.xlabel('身高')

plt.ylabel('体重')

Out[30]: < matplotlib.text.Text at 0x17060b72208 >

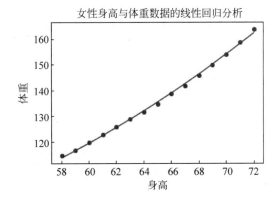

女性身高与体重数据的线性回归分析

（7）模型假定的分析与讨论。

在用统计学方法完成数据科学任务时，应注意每个统计方法都有其基本假定，如 OLS 回归的假定。

① 正态性。对于固定的自变量值，因变量成为正态分布。

② 独立性。误差项之间相互独立。

③ 线性。因变量和自变量之间为线性相关。

④ 同方差性。因变量的方差不会随着自变量的水平不同而变化，即因变量的方差是不变的——不变方差性。

In [31]：
```
#以正态性检验为例,可以采用 qqplot 图.qqplot 图可以用于验证一组数据是否来自某个分
#布,也可以用于验证某两组数据是否来自同一(族)分布
myQqplot = sm.qqplot(results_updated.resid,line = 'r')
    #正态分布:是否落在 45°线上
```

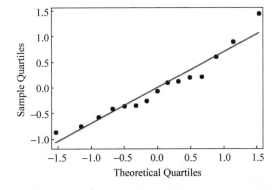

In [32]：
```
#查看 Durbin - Watson 值
    #用于检查误差项的独立性
sm.stats.stattools.durbin_watson(results.resid)
    #自相关性:如果随机误差项的各期值(如第 t 期的 yt 对应的 ut)之间存在相关关系,则称为
    #误差项之间存在自相关关系或序列相关关系(Autocorrelation or Serial coreelation)
#Durbin - Watson 检验,简称 D - W 检验,是检验自相关性,尤其是一阶自相关性的最常用方法
    #由于自相关系数 ρ 的值介于 -1 和 1 之间,所以 0≤DW≤4
    #并且 DW = 0 => ρ = 1,即存在正自相关性
    #DW = 4 => ρ = -1,即存在负自相关性
    #DW = 2 => ρ = 0,即不存在(一阶)自相关性
```

```
#因此,当 DW 值显著地接近于 0 或 4 时,则存在自相关性,而接近于 2 时,则不存在(一阶)自
#相关性
```

Out[32]: 0.31538037486218062

In [33]:
```
#离群点的分析
results_updated.outlier_test()
    #bonferroni : one-step correction
```

Out[33]:

	student_resid	unadj_p	bonf(p)
1	1.666109	0.121560	1.000000
2	0.160314	0.875301	1.000000
3	0.332974	0.744899	1.000000
4	0.344766	0.736237	1.000000
5	0.200433	0.844498	1.000000
6	-0.095368	0.925596	1.000000
7	-0.550927	0.591793	1.000000
8	-1.219534	0.246070	1.000000
9	-0.385795	0.706401	1.000000
10	-1.434884	0.176866	1.000000
11	-0.928062	0.371667	1.000000
12	-0.647212	0.529682	1.000000
13	-0.558686	0.586650	1.000000
14	1.057015	0.311320	1.000000
15	3.587726	0.003729	0.055935

In [34]:
```
#高杠杆值点
    #离群点的一种,但不是纯粹的离群点,而是"与其他解释变量相关的离群点"
    #高杠杆值点仅仅与异常的自变量有关,与因变量无关
    #帽子统计量(Hat Statistics)的值大于其均值的 2 或 3 倍,即可认定是高杠杆值点
sm.graphics.influence_plot(results_updated,size=3)
```

Out[34]:

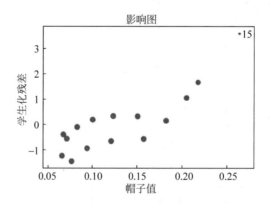

In [35]:
```
#强影响点的检测
    #方法:Cook 距离,又称 D 统计量
    #cook 距离大于 4/(n-k-1)则强影响点
```

In [36]: `sm.graphics.influence_plot(results_updated,critiren = "Cooks",size = 2)`

Out[36]:

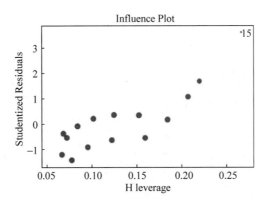

6.2 机器学习

【例 6-1】 KNN 算法

【数据及分析对象】CSV 文件——文件名为 bc_data.csv，数据内容来自威斯康星乳腺癌数据库（Wisconsin Breast Cancer Database），下载地址为 https://archive.ics.uci.edu/ml/machine-learning-databases/breast-cancer-wisconsin/。该数据集主要记录了 569 个病例的 32 个属性。主要属性如下。

- ID：病例的 ID。
- diagnosis（诊断结果）：M 为恶性，B 为良性。该数据集共包含 357 个良性病例和 212 个恶性病例。
- 细胞核的 10 个特征值：包括 radius（半径）、texture（文理）、perimeter（周长）、area（面积）、smoothness（平滑度）、compactness（紧凑度）、concavity（凹面）、concave points（凹点）、symmetry（对称性）和 fractal dimension（分形维数）等。同时，为上述 10 个特征值分别提供了三种统计量，分别为 Mean（均值）、Standard Error（标准差）和 Worst or Largest（最大值）。

【目的及分析任务】理解机器学习方法在数据科学中的应用——用 KNN 算法进行分类分析。

首先，以随机选择的部分记录为训练集进行学习概念"diagnosis（诊断结果）"。

其次，以剩余记录为测试集，进行 KNN 建模。

接着，按 KNN 模型预测测试集的 diagnosis 类型。

最后，将 KNN 模型给出的 diagnosis"预测类型"与数据集 bc_data.csv 自带的"实际类型"进行对比分析，验证 KNN 建模的有效性。

【方法及工具】Python 语言及 SciKit Learn 包。

【主要步骤】

(1) 数据读入。

(2) 数据理解。

(3) 数据规整化处理。

(4) 算法选择及其超级参数的设置。

(5) 具体模型的训练。

(6) 用模型进行预测。

(7) 模型的评价。

(8) 模型的应用与优化。

(1) 数据读入。

In [1]:
```
# 建议将准备读入的外部文件放在当前工作目录;或者在读入外部文件之前,设置当前工作目录

import pandas as pd
import numpy as np
import os
os.chdir(r'C:\Users\soloman\clm')
    # 此处,路径 C:\Users\soloman\clm 可以由用户自行设置

print(os.getcwd())
```
C:\Users\soloman\clm

In [2]:
```
# 读者可以从本书配套资源中找到数据文件'bc_data.csv'
bc_data = pd.read_csv('bc_data.csv', header = 0)
    # 由于目标数据'bc_data.csv'中没有列名信息,header 设置为 0

bc_data.head()
    # 显示数据框的前 5 行
```

Out[2]:

	id	diagnosis	radius_mean	texture_mean	perimeter_mean	area_mean	smooth
0	842302	M	17.99	10.38	122.80	1001.0	0.11840
1	842517	M	20.57	17.77	132.90	1326.0	0.08474
2	84300903	M	19.69	21.25	130.00	1203.0	0.10960
3	84348301	M	11.42	20.38	77.58	386.1	0.14250
4	84358402	M	20.29	14.34	135.10	1297.0	0.10030

5 rows × 32 columns

(2) 数据理解。

In [3]:
```
# 查看形状
print(bc_data.shape)
```
(569, 32)

In [4]:
```python
#查看列名
print(bc_data.columns)
```

```
Index(['id', 'diagnosis', 'radius_mean', 'texture_mean', 'perimeter_mean ',
       'area_mean', 'smoothness_mean', 'compactness_mean', 'concavity_mean',
       'concave points_mean', 'symmetry_mean', 'fractal_dimension_mean',
       'radius_se', 'texture_se', 'perimeter_se', 'area_se', 'smoothness_se',
       'compactness_se', 'concavity_se', 'concave points_se', 'symmetry_se',
       'fractal_dimension_se', 'radius_worst', 'texture_worst', 'perimeter_worst',
       'area_worst', 'smoothness_worst', 'compactness_worst', 'concavity_worst',
       'concave_points_worst', 'symmetry_worst', 'fractal_dimension_worst'],
      dtype = 'object')
```

In [5]:
```python
#查看描述性统计信息
print(bc_data.describe())
```

```
                 id      radius_mean    texture_mean   perimeter_mean   area_mean   \
count  5.690000e + 02    569.000000     569.000000     569.000000      569.000000
mean   3.037183e + 07     14.127292      19.289649      91.969033       654.889104
std    1.250206e + 08      3.524049       4.301036      24.298981       351.914129
min    8.670000e + 03      6.981000       9.710000      43.790000       143.500000
25 %   8.692180e + 05     11.700000      16.170000      75.170000       420.300000
50 %   9.060240e + 05     13.370000      18.840000      86.240000       551.100000
75 %   8.813129e + 06     15.780000      21.800000     104.100000       782.700000
max    9.113205e + 08     28.110000      39.280000     188.500000      2501.000000
```

```
       smoothness_mean  compactness_mean  concavity_mean  concave points_mean  \
count    569.000000       569.000000       569.000000       569.000000
mean       0.096360         0.104341         0.088799         0.048919
std        0.014064         0.052813         0.079720         0.038803
min        0.052630         0.019380         0.000000         0.000000
25 %       0.086370         0.064920         0.029560         0.020310
50 %       0.095870         0.092630         0.061540         0.033500
75 %       0.105300         0.130400         0.130700         0.074000
max        0.163400         0.345400         0.426800         0.201200
```

```
       symmetry_mean   ...   radius_worst   texture_worst  \
count    569.000000    ...    569.000000     569.000000
mean       0.181162    ...     16.269190      25.677223
std        0.027414    ...      4.833242       6.146258
min        0.106000    ...      7.930000      12.020000
25 %       0.161900    ...     13.010000      21.080000
50 %       0.179200    ...     14.970000      25.410000
75 %       0.195700    ...     18.790000      29.720000
max        0.304000    ...     36.040000      49.540000
```

```
       perimeter_worst   area_worst    smoothness_worst  compactness_worst  \
count    569.000000      569.000000      569.000000       569.000000
mean     107.261213      880.583128        0.132369         0.254265
std       33.602542      569.356993        0.022832         0.157336
min       50.410000      185.200000        0.071170         0.027290
25 %      84.110000      515.300000        0.116600         0.147200
50 %      97.660000      686.500000        0.131300         0.211900
75 %     125.400000     1084.000000        0.146000         0.339100
max      251.200000     4254.000000        0.222600         1.058000
```

```
        concavity_worst  concave_points_worst  symmetry_worst  \
count    569.000000           569.000000          569.000000
mean       0.272188             0.114606            0.290076
std        0.208624             0.065732            0.061867
min        0.000000             0.000000            0.156500
25 %       0.114500             0.064930            0.250400
50 %       0.226700             0.099930            0.282200
75 %       0.382900             0.161400            0.317900
max        1.252000             0.291000            0.663800

        fractal_dimension_worst
count            569.000000
mean               0.083946
std                0.018061
min                0.055040
25 %               0.071460
50 %               0.080040
75 %               0.092080
max                0.207500
[8 rows × 31 columns]
```

（3）数据规整化处理。

在数据科学中,数据准备的重点是数据的规整化处理,包括数据清洗以及冗余数据、错误数据与缺失数据的处理、特征矩阵与目标向量的定义、测试数据与训练数据的拆分。

In [6]:
```python
# [1]删除 ID 列
data = bc_data.drop(['id'], axis = 1)
print(data.head())
```

```
   diagnosis  radius_mean  texture_mean  perimeter_mean  area_mean  \
0      M         17.99        10.38         122.80         1001.0
1      M         20.57        17.77         132.90         1326.0
2      M         19.69        21.25         130.00         1203.0
3      M         11.42        20.38          77.58          386.1
4      M         20.29        14.34         135.10         1297.0

   smoothness_mean  compactness_mean  concavity_mean  concave points_mean  \
0      0.11840          0.27760          0.3001           0.14710
1      0.08474          0.07864          0.0869           0.07017
2      0.10960          0.15990          0.1974           0.12790
3      0.14250          0.28390          0.2414           0.10520
4      0.10030          0.13280          0.1980           0.10430

   symmetry_mean     ...      radius_worst  texture_worst  \
0      0.2419        ...         25.38          17.33
1      0.1812        ...         24.99          23.41
2      0.2069        ...         23.57          25.53
3      0.2597        ...         14.91          26.50
4      0.1809        ...         22.54          16.67

   perimeter_worst  area_worst  smoothness_worst  compactness_worst  \
0      184.60         2019.0        0.1622            0.6656
1      158.80         1956.0        0.1238            0.1866
2      152.50         1709.0        0.1444            0.4245
3       98.870         567.7        0.2098            0.8663
4      152.20         1575.0        0.1374            0.2050
```

```
     concavity_worst    concave_points_worst    symmetry_worst    \
0        0.7119              0.2654                 0.4601
1        0.2416              0.1860                 0.2750
2        0.4504              0.2430                 0.3613
3        0.6869              0.2575                 0.6638
4        0.4000              0.1625                 0.2364

     fractal_dimension_worst
0                    0.11890
1                    0.08902
2                    0.08758
3                    0.17300
4                    0.07678

[5 rows × 31 columns]
```

In [7]:
```python
#[2]定义特征矩阵
X_data = data.drop(['diagnosis'], axis = 1)
    #axis = 1 的含义为:1)行数不变;2)按行为单位计算;3)逐行计算

X_data.head()
```

Out[7]:

	radius_mean	texture_mean	perimeter_mean	area_mean	smoothness_mean	compact
0	17.99	10.38	122.80	1001.0	0.11840	0.27760
1	20.57	17.77	132.90	1326.0	0.08474	0.07864
2	19.69	21.25	130.00	1203.0	0.10960	0.15990
3	11.42	20.38	77.58	386.1	0.14250	0.28390
4	20.29	14.34	135.10	1297.0	0.10030	0.13280

5 rows × 30 columns

In [8]:
```python
#[3]定义目标向量
y_data = np.ravel(data[['diagnosis']])
    #在数据分析与数据科学项目中,可以用 np.ravel()进行降维处理

y_data[0:6]
```

Out[8]: array(['M', 'M', 'M', 'M', 'M', 'M'], dtype = object)

In [9]:
```python
# 测试数据与训练数据的拆分
from sklearn.model_selection import train_test_split

X_trainingSet, X_testSet, y_trainingSet, y_testSet = train_test_split(X_data, y_data,
random_state = 1)
    #X_trainingSet 和 y_trainingSet 分别为训练集的特征矩阵和目标向量
    #X_testSet 和 y_testSet 分别为测试集的特征矩阵和目标向量
```

In [10]: #查看训练集的形状
print(X_trainingSet.shape)

(426, 30)

In [11]: #查看测试集的形状
print(X_testSet.shape)

(143, 30)

（4）算法选择及其超级参数的设置。

In [12]: #[1]选择超级算法
from sklearn.neighbors import KNeighborsClassifier
        #本例题选用 KNN,因此,导入 KNeighborsClassifier 分类器

In [13]: #[2]实例化 KNN 模型,并设置超级参数 algorithm = 'kd_tree'
myModel = KNeighborsClassifier(algorithm = 'kd_tree')
        #algorithm 为计算最邻近的算法,如 ball_tree、kd_tree、brute 或自动选择 auto

（5）具体模型的训练。

In [14]: #基于训练集训练出新的具体模型
myModel.fit(X_trainingSet, y_trainingSet)
        #训练集的特征矩阵:X_trainingSet
        #训练集的目标向量:y_trainingSet

Out[14]: KNeighborsClassifier(algorithm = 'kd_tree', leaf_size = 30, metric = 'minkowsk i',

        metric_params = None, n_jobs = 1, n_neighbors = 5, p = 2,

        weights = 'uniform')

（6）用模型进行预测。

In [15]: #预测
y_predictSet = myModel.predict(X_testSet)
        #用上一步中已训练出的具体模型,并基于测试集中的特征矩阵,预测对应的目标向量
        #测试集的特征矩阵:X_testSet

In [16]: #查看预测结果
print(y_predictSet)

['M' 'M' 'B' 'M' 'M' 'M' 'M' 'M' 'B' 'B' 'B' 'M' 'M' 'B' 'B' 'B' 'B' 'B'
 'B' 'M' 'B' 'B' 'M' 'B' 'M' 'B' 'M' 'B' 'B' 'M' 'M' 'M' 'M' 'B' 'M' 'B' 'B' 'B'
 'M' 'B' 'B' 'B' 'B' 'B' 'M' 'B' 'M' 'B' 'M' 'M' 'M' 'B'
 'B' 'B' 'B' 'M' 'B' 'M' 'B' 'B' 'B' 'M' 'M' 'B' 'M' 'M'
 'M' 'M' 'B' 'M' 'M' 'B' 'M' 'M' 'B' 'M' 'B' 'M' 'B' 'B' 'M' 'M' 'B']

```
'B' 'M' 'B' 'B' 'M' 'M' 'B' 'B' 'B' 'B' 'B' 'B' 'B' 'B' 'B' 'B' 'B' 'B'
'M' 'M' 'B' 'B' 'B' 'M' 'M' 'M' 'B' 'B' 'B' 'B' 'M' 'M' 'B' 'B' 'M'
'M' 'M' 'M' 'M' 'B' 'B' 'B' 'M' 'B' 'M' 'M' 'M' 'B' 'B' 'M' 'M' 'B']
```

In [17]: # 查看真实值
print(y_testSet)

```
['B' 'M' 'B' 'M' 'M' 'M' 'M' 'M' 'B' 'B' 'B' 'B' 'M' 'B' 'B' 'B' 'B'
'B' 'M' 'B' 'B' 'M' 'B' 'M' 'B' 'B' 'M' 'M' 'M' 'M' 'B' 'B' 'M' 'B' 'B'
'M' 'B' 'M' 'B' 'B' 'B' 'B' 'B' 'B' 'B' 'B' 'M' 'M' 'M' 'B' 'B'
'B' 'M' 'B' 'B' 'B' 'B' 'B' 'B' 'B' 'B' 'B' 'M' 'B' 'B' 'B' 'B'
'M' 'M' 'B' 'B' 'B' 'B' 'B' 'B' 'M' 'M' 'M' 'B' 'B' 'M' 'M' 'B'
'B' 'M' 'B' 'B' 'B' 'B' 'B' 'B' 'B' 'B' 'B' 'B' 'M' 'B' 'B' 'M'
'M' 'M' 'M' 'B' 'M' 'B' 'B' 'B' 'B' 'B' 'M' 'B' 'M' 'M' 'M' 'B']
```

（7）模型的评价。

In [18]: # 计算预测准确率
from sklearn.metrics import accuracy_score
导入 accuracy_score()函数用于计算模型的准确率

# 查看模型的准确率
print(accuracy_score(y_testSet, y_predictSet))
# y_testSet 和 y_predictSet 分别为测试集和预测集

0.937062937063

（8）模型的应用与优化。

如果该模型的准确率可以满足业务需求，那么，接下来可以用这个模型进行预测新数据或更多数据。如果该模型的准确率可以满足业务需求，那么，进一步优化模型参数，甚至替换成其他算法/模型。

【例6-2】 **K-Means 算法**

【数据及分析对象】TXT 文件——用制表符作为分隔符的 TXT 文件，文件名为 protein. txt。数据内容主要描述的是欧洲蛋白质消费数据（Protein Consumption in Europe）[①]。Protein 数据集给出了欧洲 25 个国家对 9 类食物的消费数据，由 25 行 10 列构成——每一行记录代表的是一个国家的蛋白质消费数据；各列的含义依次为：国家名称（Country）、红肉（RedMeat）、白肉（WhiteMeat）、鸡蛋（Eggs）、牛奶（Milk）、鱼肉（Fish）、谷物（Cereals）、淀粉类食品（Starch）、豆类/坚果/油籽（Nuts）和水果/蔬菜（Fr&Veg），如表 6-2 所示。需要注意的是，原始数据是用制表符分隔的 TXT 文件，为了方便读者的阅读与查阅，在此以表格形式给出。

---

① http://lib. stat. cmu. edu/DASL/Datafiles/Protein. html。

表 6-2 Protein 数据集①

Country	RedMeat	WhiteMeat	Eggs	Milk	Fish	Cereals	Starch	Nuts	Fr&Veg
Albania	10.1	1.4	0.5	8.9	0.2	42.3	0.6	5.5	1.7
Austria	8.9	14.0	4.3	19.9	2.1	28.0	3.6	1.3	4.3
Belgium	13.5	9.3	4.1	17.5	4.5	26.6	5.7	2.1	4.0
Bulgaria	7.8	6.0	1.6	8.3	1.2	56.7	1.1	3.7	4.2
Czechoslovakia	9.7	11.4	2.8	12.5	2.0	34.3	5.0	1.1	4.0
Denmark	10.6	10.8	3.7	25.0	9.9	21.9	4.8	0.7	2.4
E Germany	8.4	11.6	3.7	11.1	5.4	24.6	6.5	0.8	3.6
Finland	9.5	4.9	2.7	33.7	5.8	26.3	5.1	1.0	1.4
France	18.0	9.9	3.3	19.5	5.7	28.1	4.8	2.4	6.5
Greece	10.2	3.0	2.8	17.6	5.9	41.7	2.2	7.8	6.5
Hungary	5.3	12.4	2.9	9.7	0.3	40.1	4.0	5.4	4.2
Ireland	13.9	10.0	4.7	25.8	2.2	24.0	6.2	1.6	2.9
Italy	9.0	5.1	2.9	13.7	3.4	36.8	2.1	4.3	6.7
Netherlands	9.5	13.6	3.6	23.4	2.5	22.4	4.2	1.8	3.7
Norway	9.4	4.7	2.7	23.3	9.7	23.0	4.6	1.6	2.7
Poland	6.9	10.2	2.7	19.3	3.0	36.1	5.9	2.0	6.6
Portugal	6.2	3.7	1.1	4.9	14.2	27.0	5.9	4.7	7.9
Romania	6.2	6.3	1.5	11.1	1.0	49.6	3.1	5.3	2.8
Spain	7.1	3.4	3.1	8.6	7.0	29.2	5.7	5.9	7.2
Sweden	9.9	7.8	3.5	24.7	7.5	19.5	3.7	1.4	2.0
Switzerland	13.1	10.1	3.1	23.8	2.3	25.6	2.8	2.4	4.9
UK	17.4	5.7	4.7	20.6	4.3	24.3	4.7	3.4	3.3
USSR	9.3	4.6	2.1	16.6	3.0	43.6	6.4	3.4	2.9
W Germany	11.4	12.5	4.1	18.8	3.4	18.6	5.2	1.5	3.8
Yugoslavia	4.4	5.0	1.2	9.5	0.6	55.9	3.0	5.7	3.2

【目的及分析任务】理解机器学习在数据科学中的应用——用 K-Mean 算法聚类分析此数据集②,按照各国对蛋白质的消费的相似性进行聚类分析。

【方法及工具】Python 语言(R 语言代码见本书附录 A)。

【主要步骤】

(1) 数据读入。

(2) 数据理解。

(3) 数据规整化处理。

(4) 数据建模。

(5) 查看模型。

(6) 模型预测。

(7) 结果显示。

---

① http://lib.stat.cmu.edu/DASL/Datafiles/Protein.html。

② 为了更好地模拟实际应用场景,我们可以把本数据集存放在 TXT 文件中,文件名为 protein.txt。

K-Means 算法是一个经典的聚类算法,它接受输入量 k,然后将 n 个数据对象划分为 k 个聚类,以便使得所获得的聚类满足如下两个条件。

- 同一聚类中的对象之间的相似度较高。
- 不同聚类中的对象之间的相似度较小。

其中,"聚类相似度"是利用各聚类中对象的均值所获得一个"中心对象"的方式计算。K-Means 算法的基本步骤如图 6-1 所示。

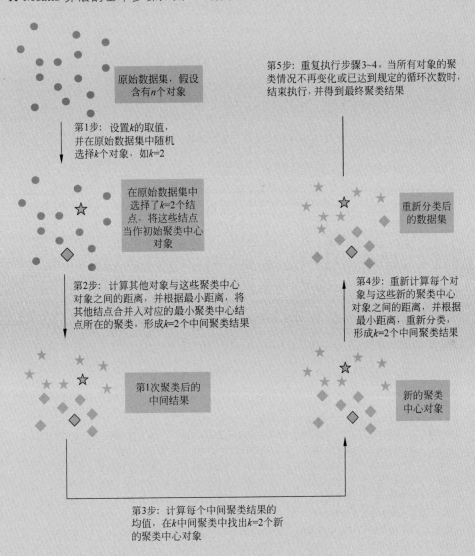

图 6-1 K-Means 算法的基本步骤

第 1 步:在原始数据集中任意选择 k 个对象作为"初始聚类中心对象"。

第 2 步:计算其他对象与这些初始聚类中心对象之间的距离,并根据最小距离,将其他结点合并入对应的最小聚类中心结点所在的聚类,形成 $k=2$ 个"中间聚类结果"。

> 第3步:计算每个"中间聚类结果"的均值,在 k 中间聚类中找出 $k=2$ 个"新的聚类中心对象"。
>
> 第4步:重新计算每个对象与这些新的聚类中心对象之间的距离,并根据最小距离,重新分类,形成 $k=2$ 个中间聚类结果。
>
> 第5步:重复执行步骤3~4。当所有对象的聚类情况不再变化或已达到规定的循环次数时,结束执行,并得到最终聚类结果。

(1) 数据读入。

In [1]:
```
# 读入数据
import pandas as pd
protein = pd.read_table('data\protein.txt', sep = '\t')
```

In [2]:
```
# 查看前5条数据
protein.head()
```

Out[2]:

	Country	RedMeat	WhiteMeat	Eggs	Milk	Fish	Cereals	Starch	Nuts	Fr&Veg
0	Albania	10.1	1.4	0.5	8.9	0.2	42.3	0.6	5.5	1.7
1	Austria	8.9	14.0	4.3	19.9	2.1	28.0	3.6	1.3	4.3
2	Belgium	13.5	9.3	4.1	17.5	4.5	26.6	5.7	2.1	4.0
3	Bulgaria	7.8	6.0	1.6	8.3	1.2	56.7	1.1	3.7	4.2
4	Czechoslovakia	9.7	11.4	2.8	12.5	2.0	34.3	5.0	1.1	4.0

(2) 数据理解。

In [3]:
```
# 查看描述性统计信息
print(protein.describe())
```

```
          RedMeat    WhiteMeat       Eggs        Milk        Fish     Cereals  \
count   25.000000    25.000000  25.000000   25.000000   25.000000   25.000000
mean     9.828000     7.896000   2.936000   17.112000    4.284000   32.248000
std      3.347078     3.694081   1.117617    7.105416    3.402533   10.974786
min      4.400000     1.400000   0.500000    4.900000    0.200000   18.600000
25 %     7.800000     4.900000   2.700000   11.100000    2.100000   24.300000
50 %     9.500000     7.800000   2.900000   17.600000    3.400000   28.000000
75 %    10.600000    10.800000   3.700000   23.300000    5.800000   40.100000
max     18.000000    14.000000   4.700000   33.700000   14.200000   56.700000

          Starch        Nuts      Fr&Veg
count   25.000000   25.000000   25.000000
mean     4.276000    3.072000    4.136000
std      1.634085    1.985682    1.803903
min      0.600000    0.700000    1.400000
25 %     3.100000    1.500000    2.900000
```

```
50%     4.700000    2.400000    3.800000
75%     5.700000    4.700000    4.900000
max     6.500000    7.800000    7.900000
```

In[4]:
```
# 查看列名
print(protein.columns)
```

```
Index(['Country', 'RedMeat', 'WhiteMeat', 'Eggs', 'Milk', 'Fish', 'Cereals',
    'Starch', 'Nuts', 'Fr&Veg'],
    dtype = 'object')
```

In[5]:
```
# 查看行数和列数
print(protein.shape)
```

```
(25, 10)
```

In[6]:
```
# 查看数据框的简要模式信息
protein.info()
```

```
<class 'pandas.core.frame.DataFrame'>
RangeIndex: 25 entries, 0 to 24
Data columns (total 10 columns):
Country     25 non-null object
RedMeat     25 non-null float64
WhiteMeat   25 non-null float64
Eggs        25 non-null float64
Milk        25 non-null float64
Fish        25 non-null float64
Cereals     25 non-null float64
Starch      25 non-null float64
Nuts        25 non-null float64
Fr&Veg      25 non-null float64
dtypes: float64(9), object(1)
memory usage: 2.0 + KB
```

（3）数据规整化处理。

In[7]:
```
# 由于Country不是一个特征值,应删掉
sprotein = protein.drop(['Country'], axis = 1)
sprotein.head()
```

Out[7]:

	RedMeat	WhiteMeat	Eggs	Milk	Fish	Cereals	Starch	Nuts	Fr&Veg
0	10.1	1.4	0.5	8.9	0.2	42.3	0.6	5.5	1.7
1	8.9	14.0	4.3	19.9	2.1	28.0	3.6	1.3	4.3
2	13.5	9.3	4.1	17.5	4.5	26.6	5.7	2.1	4.0
3	7.8	6.0	1.6	8.3	1.2	56.7	1.1	3.7	4.2
4	9.7	11.4	2.8	12.5	2.0	34.3	5.0	1.1	4.0

In [8]:
```python
# 对数据进行标准化处理
from sklearn import preprocessing
sprotein_scaled = preprocessing.scale(sprotein)

# 查看标准化处理结果
print(sprotein_scaled)
```

```
[[ 0.08294065  -1.79475017  -2.22458425  -1.1795703   -1.22503282   0.9348045
   -2.29596509   1.24796771  -1.37825141]
 [-0.28297397   1.68644628   1.24562107   0.40046785  -0.6551106   -0.39505069
   -0.42221774  -0.91079027   0.09278868]
 [ 1.11969872   0.38790475   1.06297868   0.05573225   0.06479116  -0.5252463
   0.88940541  -0.49959828  -0.07694671]
 [-0.6183957   -0.52383718  -1.22005113  -1.2657542   -0.92507375   2.27395937
   -1.98367386   0.32278572   0.03621022]
 [-0.03903089   0.96810416  -0.12419682  -0.6624669   -0.6851065    0.19082957
   0.45219769  -1.01358827  -0.07694671]
 [ 0.23540507   0.8023329    0.69769391   1.13303099   1.68457011  -0.96233157
   0.3272812   -1.21918427  -0.98220215]
 [-0.43543839   1.02336124   0.69769391  -0.86356267   0.33475432  -0.71124003
   1.38907137  -1.16778527  -0.30326057]
 [-0.10001666  -0.82775116  -0.21551801   2.38269753   0.45473794  -0.55314536
   0.51465594  -1.06498727  -1.5479868 ]
 [ 2.49187852   0.55367601   0.33240914   0.34301192   0.42474204  -0.385751
   0.3272812   -0.34540128   1.33751491]
 [ 0.11343353  -1.35269348  -0.12419682   0.07009624   0.48473385   0.87900638
   -1.29663317   2.4301447    1.33751491]
 [-1.38071781   1.24438959  -0.03287563  -1.06465843  -1.19503691   0.73021139
   -0.17238476   1.19656871   0.03621022]
 [ 1.24167025   0.58130455   1.61090584   1.24794286  -0.62511469  -0.76703815
   1.20169663  -0.75659327  -0.69930983]
 [-0.25248108  -0.77249407  -0.03287563  -0.49009911  -0.26516381   0.42332173
   -1.35909141   0.63117972   1.45067184]
 [-0.10001666   1.57593211   0.60637272   0.90320726  -0.53512697  -0.91583314
   -0.04746827  -0.65379528  -0.24668211]
 [-0.13050955  -0.88300824  -0.21551801   0.88884328   1.62457829  -0.86003502
   0.20236471  -0.75659327  -0.81246676]
 [-0.89283166   0.63656164  -0.21551801   0.31428395  -0.38514744   0.35822393
   1.0143219   -0.55099728   1.39409338]
 [-1.10628185  -1.15929368  -1.67665709  -1.75412962   2.97439408  -0.48804755
   1.0143219    0.83677571   2.12961342]
 [-1.10628185  -0.44095155  -1.31137232  -0.86356267  -0.98506557   1.61368162
   -0.73450896   1.14516971  -0.75588829]
 [-0.83184589  -1.24217931   0.14976676  -1.22266225   0.81468882  -0.28345445
   0.88940541   1.45356371   1.73356417]
 [ 0.02195488  -0.0265234    0.51505153   1.08993904   0.96466835  -1.18552405
   -0.35975949  -0.85939127  -1.20851601]
 [ 0.99772718   0.60893309   0.14976676   0.96066319  -0.59511878  -0.61824316
   -0.9218837   -0.34540128   0.43225947]
 [ 2.30892121  -0.60672281   1.61090584   0.50101573   0.00479935  -0.73913909
   0.26482296   0.16858872  -0.47299597]]
```

```
[ − 0.16100243  − 0.91063679  − 0.76344517  − 0.07354359  − 0.38514744  1.05570042
  1.32661312  0.16858872  − 0.69930983]
[0.47934814  1.27201813  1.06297868  0.24246404  − 0.26516381  − 1.26922123
  0.57711418  − 0.80799227  − 0.19010364]
[ − 1.65515377  − 0.80012261  − 1.5853359  − 1.0933864  − 1.10504919  2.19956187
  − 0.79696721  1.35076571  − 0.52957443]]
```

（4）数据建模。

In [9]:
```python
# 导入 K_Means 算法
from sklearn.cluster import KMeans
```

In [10]:
```python
#k值的选择方法
# 找到一个合适的类簇指标(如同一个类别之内的稠密程度、不同类别之间的离散程度),只
# 要我们假设的类簇的数目等于或者高于真实的类簇的数目时,该指标上升会很缓慢,而一
# 旦试图得到少于真实数目的类簇时,该指标会急剧上升
NumberOfClusters = range(1, 20)
kmeans = [KMeans(n_clusters = i) for i in NumberOfClusters]
score = [kmeans[i].fit(sprotein_scaled).score(sprotein_scaled) for i in range(len
(kmeans))]
# fit.score()的值:Calinski − Harabasz score——类内的稠密程度(协方差越小越好)和类之
# 间的离散程度(协方差越大越好)来评估聚类的效果
score
```

Out[10]:
```
[ − 225.00000000000003,
 − 139.50737044831811,
 − 110.40242709032154,
 − 92.131734478532408,
 − 74.94105991048842,
 − 62.114206840880307,
 − 56.02570301263502,
 − 47.931068607274199,
 − 40.298474693619653,
 − 35.828398711119959,
 − 30.429164116494331,
 − 25.857256121548076,
 − 22.402609200395791,
 − 19.084670737161982,
 − 16.579144339286895,
 − 14.074832504811083,
 − 11.624991389546743,
 − 9.3135157453767192,
 − 6.711506904938572]
```

In [11]:
```python
#可视化 Calinski − Harabasz score 值
import matplotlib.pyplot as plt
% matplotlib inline
plt.plot(NumberOfClusters, score)
plt.xlabel('Number of Clusters')
plt.ylabel('Score')
plt.title('Elbow Curve')
plt.show()
```

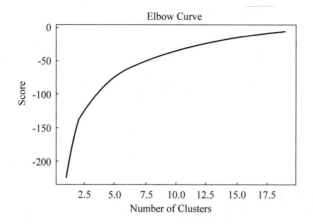

In [12]: # 设置 K_Means 聚类器的超级参数
```
myKmeans = KMeans(algorithm = "auto", n_clusters = 5, n_init = 10, max_iter = 200)
    # n_cluster 为聚类中心
    # n_init 和 max_iter:初始值的选择次数以及最大迭代次数
    # algorithem = "auto",对于稀疏数据用 full(EM 算法),非稀疏数据用 elkan 算法
    # 初始聚类中心的选择方法——init 参数,目前 init 参数的取值可以为
    #1)k - means++算法(默认):选择彼此距离尽可能远的 k 个点
    #2)随机:random
    #3)指定:ndarray
```

In [13]: # 模型训练
```
myKmeans.fit(sprotein_scaled)
```

Out[13]: KMeans(algorithm = 'auto', copy_x = True, init = 'k - means++', max_iter = 200,
n_clusters = 5, n_init = 10, n_jobs = 1, precompute_distances = 'auto',
random_state = None, tol = 0.0001, verbose = 0)

（5）查看模型。

In [14]: # 查看模型
```
print(myKmeans)
```

KMeans(algorithm = 'auto', copy_x = True, init = 'k - means++', max_iter = 200,

n_clusters = 5, n_init = 10, n_jobs = 1, precompute_distances = 'auto',

random_state = None, tol = 0.0001, verbose = 0)

（6）模型预测。

In [15]: # 预测聚类结果
```
y_kmeans = myKmeans.predict(sprotein)
print(y_kmeans)
```

[0 1 1 0 0 3 1 3 1 4 0 1 4 1 3 4 4 0 4 3 1 1 0 1 0]

（7）结果显示。

In [16]:
```
# 显示聚类结果
def print_kmcluster(k):
    '''用于聚类结果的输出
       k:为聚类中心个数
    '''
    for i in range(k): print('聚类', i)
        ls = []
        for index, value in enumerate(y_kmeans):
            if i == value: ls.append(index)
                print(protein.loc[ls, ['Country', 'RedMeat', 'Fish', 'Fr&Veg']])

print_kmcluster(5)
```

```
聚类 0
Country RedMeat Fish  Fr&Veg
0    Albania  10.1   0.2  1.7
3    Bulgaria  7.8   1.2  4.2
4    Czechoslovakia  9.7   2.0  4.0


10   Hungary  5.3   0.3  4.2
17   Romania  6.2   1.0  2.8
22   USSR  9.3   3.0  2.9
24   Yugoslavia  4.4   0.6  3.2
聚类 1
      Country  RedMeat  Fish  Fr&Veg
1    Austria  8.9   2.1  4.3
2    Belgium  13.5  4.5  4.0
6    E Germany  8.4   5.4  3.6
8    France  18.0  5.7  6.5
11   Ireland  13.9  2.2  2.9
13   Netherlands  9.5  2.5  3.7
20   Switzerland  13.1  2.3  4.9
21       UK  17.4  4.3  3.3
23   W Germany  11.4  3.4  3.8
聚类 2
Empty DataFrame
Columns: [Country, RedMeat, Fish, Fr&Veg] Index: []
聚类 3
      Country  RedMeat  Fish  Fr&Veg
5    Denmark  10.6  9.9  2.4
7    Finland  9.5   5.8  1.4
14   Norway  9.4   9.7  2.7
19   Sweden  9.9   7.5  2.0
聚类 4
      Country  RedMeat  Fish  Fr&Veg
9    Greece  10.2  5.9  6.5
12   Italy  9.0   3.4  6.7
15   Poland  6.9   3.0  6.6
16   Portugal  6.2  14.2  7.9
18   Spain  7.1   7.0  7.2
```

6.3 数据可视化

【数据及分析对象】R 包中的数据集 Salaries——记录了 2008 年度连续 9 个月 397 名美国高校老师(教授、副教授、助理教授)的工资信息,包含以下 6 个属性(见表 6-3)。

表 6-3 工资信息

序号	rank	discipline	yrs. since. phd	yrs. service	sex	salary
1	Prof	B	19	18	Male	139750
2	Prof	B	20	16	Male	173200
3	AsstProf	B	4	3	Male	79750
4	Prof	B	45	39	Male	115000
5	Prof	B	40	41	Male	141500
6	AssocProf	B	6	6	Male	97000
7	Prof	B	30	23	Male	175000
8	Prof	B	45	45	Male	147765
9	Prof	B	21	20	Male	119250
10	Prof	B	18	18	Female	129000
11	AssocProf	B	12	8	Male	119800
12	AsstProf	B	7	2	Male	79800
13	AsstProf	B	1	1	Male	77700
14	AsstProf	B	2	0	Male	78000
15	Prof	B	20	18	Male	104800
16	Prof	B	12	3	Male	117150
17	Prof	B	19	20	Male	101000
18	Prof	A	38	34	Male	103450
19	Prof	A	37	23	Male	124750
20	Prof	A	39	36	Female	137000

注:由于篇幅限制,本书只给出了前 20 行。

- rank(职称):AssocProf(副教授)、AsstProf(助理教授)、Prof(教授)。

- discipline(学科):A 为理论类;B 为应用类。

- yrs. since. phd:自获得博士学位之后的年数。

- yrs. service:工龄。

- sex:性别。

- salary:9 个月的平均工资,单位为美元。

【目的及分析任务】理解数据科学中的可视化——可视化美国高校教师职称与工资收入。

【方法及工具】Python 语言(注:R 语言见本书附录 A)。

【主要步骤】

（1）数据准备。

（2）导入 Python 包。

（3）可视化绘图。

（1）数据准备。

In [1]:
```python
# 查看当前工作目录
import os
os.getcwd()
```

Out[1]: 'C:\\Users\\SoloMan\\DataScienceTP'

In [2]:
```python
# 读取数据
import pandas as pd
salaries = pd.read_csv('salaries.csv', index_col = 0)
```

In [3]:
```python
# 查看数据
salaries.head()
```

Out[3]:

序号	rank	discipline	yrs.since.phd	yrs.service	sex	salary
1	Prof	B	19	18	Male	139750
2	Prof	B	20	16	Male	173200
3	AsstProf	B	4	3	Male	79750
4	Prof	B	45	39	Male	115000
5	Prof	B	40	41	Male	141500

（2）导入 Python 包。

In [4]:
```python
# 导入 matplotlib 和 seaborn
import matplotlib.pyplot as plt
import seaborn as sns

# 设置行内显示图片
% matplotlib inline
```

（3）可视化绘图。

In [5]:
```python
# 设置图片样式
sns.set_style('darkgrid')

# 绘制散点图
sns.stripplot(data = salaries, x = 'rank', y = 'salary', jitter = True, alpha = 0.5)

# 绘制箱线图
sns.boxplot(data = salaries, x = 'rank', y = 'salary')
```

Out[5]：　＜matplotlib.axes._subplots.AxesSubplot at 0x2353aa25e80＞

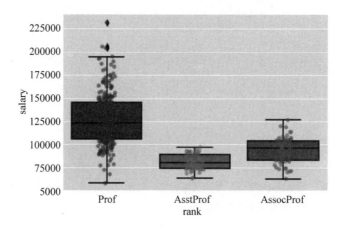

6.4　Spark 编程

【数据及分析对象】数据文件为一个 52 536 行×16 列的 CSV 文件,文件内容为 2014 年纽约城市机场发出的所有航班信息,包括航班起降时间、航行时间、延误时间、起降机场及飞行器信息。

- 文件名为 flights.csv,下载链接为 https://raw.githubusercontent.com/wiki/arunsrinivasan/flights/NYCflights14/flights14.csv,下载后建议放在 examples/src/main/resources 之中。
- 所包含的字段有 year(年)、month(月)、day(日)、dep_time(起飞时间)、dep_delay(起飞延误)、arr_time(到达时间)、arr_delay(到达延误)、carrier(飞行器)、tailnum(飞机编码)、flight origin(出发地)、dest(到达地)、air_time(飞行时间)、distance(飞行距离)、hour(小时)、minute(分钟)。

【目的及分析任务】Python 语言与 Spark 的综合应用以及帮助入门者掌握 Spark 编程知识。

【方法及工具】Python 语言(注:R 语言版本代码见本书附录 A)。

【主要步骤】

(1) 导入 pyspark 包。

(2) SparkSession 及其创建。

(3) Spark 数据抽象类型。

(4) Spark DataFrame 操作。

(5) SQL 编程。

(6) DataFrame 的可视化。

（1）导入 pyspark 包。

In [1]:
```
# 在导入 pysark 包之前,需要用 PIP 或 Conda 下载和安装它,方法为:在 cmd 中输入:pip install
# pyspark
# 或 conda install pyspark
```

（2）SparkSession 及其创建。

In [2]:
```
# [1]SparkSession 的重要地位——Python 代码与 Spark 集群的桥梁
# Spark2.0 之前的版本,用户是通过 SparkConf、Spark Context 和 SQLContext,连接到 Spark
# 集群
# 从 Spark2.0 开始,SparkConf、Spark Context 和 SQLContext 统一被封装成为 SparkSession

from pyspark.sql import SparkSession
```

In [3]:
```
# [2]查看 Spark Session 帮助信息
SparkSession.doc
```

Out[3]: ' The entry point to programming Spark with the Dataset and DataFrame API. \ n \ n   A SparkSession can be used create :class: 'DataFrame', register:class: 'DataFrame' as \ n tables, execute SQL over tables, cache tables, and read parquet files. \ n   To create a SparkSession, use the followi ng builder pattern: \n\n   >>> spark = SparkSession.builder \\\n .... master("local") \\\n ... . appName("Word Count") \\\n ...   .config(" spark. some. config. option", " some - value") \ \ \ n   ... . g etOrCreate() \ n \ n   .. autoattribute:: builder \n :annotation: \n'

In [4]:
```
dir(SparkSession)
# 查看 SparkSession 支持的属性和方法
```

Out[4]: ['Builder',
  '__class ',
  '__delattr ',
  ' dict ',
  ' dir ',
  ' doc ',
  '__enter ',
  ' eq ',
  '__exit ',
  '__format ',
  ' ge ',
  '__getattribute ',
  ' gt ',
  '__hash ',
  '__init ',
  '__init subclass ',
  ' le ',
  ' lt ',
  '__module ',
  ' ne ',

```
    'new',
    '__reduce ',
    '__reduce_ex ',
    ' repr ',
    '__setattr ',
    ' sizeof ',
    ' str ',
    '__subclasshook ',
    ' weakref ',
    '_convert_from_pandas',
    '_createFromLocal',
    '_createFromRDD',
    '_get_numpy_record_dtypes',
    '_inferSchema',
    '_inferSchemaFromList',
    '_instantiatedSession',
    '_repr_html_',
    'builder',
    'catalog',
    'conf',
    'createDataFrame',
    'newSession',
    'range',
    'read',
    'readStream',
    'sparkContext',
    'sql',
    'stop',
    'streams',
    'table',
    'udf',
    'version']
```

In [5]:
```
# 可以用 help(SparkSession)的方式查看帮助信息
```

In [6]:
```
# [3]创建 parkSession 对象的方法 -- SparkSession.builder()
    # 本书中的 SparkSession 实例名称为 mySpark,用于连接本地 Spark 集群
mySpark = SparkSession.builder\
    .appName('My_App')\
    .master('local')\
    .getOrCreate()

    # 注意,app 名中不要带空格,否则会出错.另,别忘记续行符"\",如果没有,则提示
    # Indentation Error: unexpected indent
    # 此处以本地模式加载集群
    # Spark UI 为 http://localhost:4040/jobs/
```

In [7]:
```
# [4]查看 SparkSession 的实例 mySpark
mySpark
```

Out[7]: **SparkSession - in - memory**

SparkContext

Spark UI

Version

v2.2.1

Master

local

AppName

My App

（3）Spark 数据抽象类型。

In [8]:
```
#[1]Spark 中的数据抽象类型有多种
  # 数据框(DataFrame)
  # Dataset
  # SQL 关系表
  # RDDs(弹性分布式数据集,Resilient Distributed Dataset)
```

In [9]:
```
#[2]以 DataFrame 为例,可以用.toDF()方法创建一个数据框
myDF = mySpark.range(1,100).toDF("number")
  # range 和 toDF 均为 SparkSession 的函数,而不是 Pandas 或 Python 基础语法中的函数
  # toDF():用于转换为数据框
```

In [10]:
```
#[3]Spark 特点之一、Lazy evaluation 的思想:Transformation 是一种计划(Plan)
print(myDF)
  # Spark 中 print()函数并没有输出结果,只有输出了模式,如 DataFrame[number: bigint]
    # 原因分析:Spark 的惰性计算(Lazy Evaluation)技术
```

DataFrame[number: bigint]

In [11]:
```
#[4]显示模式的方法
myDF.printSchema()
```

root
 | -- number: long (nullable = false)

In [12]:
```
#[5]Spark 特点之二、Transformation 的主要特征
  # Spark 的基本数据结构都是不可更改的(immutable),即产生后不得修改它
    # 而其修改操作是通过 Transformation 来实现
  #那么,如何记录基础数据结构之间的继承关系呢?答案是 RDD
```

In [13]:
```
# 在 Spark 中,Transformation 只做了两件事情
  #1)制定的了个操作规划——Plan,先不执行它,直到运行一个 Action 时才执行
  #2)定义了模式

  # 因此,以下代码没有输出最终结果,而输出了一个模式信息
divisBy2 = myDF.where("number % 2 = 0")
divisBy2
```

Out[13]：DataFrame[number：bigint]

In [14]：
```
#[6]SPark 特点之三、Action 的主要特征
    # 与 Transformation 不同的是,Action 是立即计算的
divisBy2.count()
    # Action 可以直接输出计算结果
```

Out[14]：49

In [15]：
```
#读取前 5 行数据
myDF.take(5)
```

Out[15]：[Row(number = 1)，Row(number = 2)，Row(number = 3)，Row(number = 4)，Row(number = 5)]

In [16]：
```
#查看 Spark UI 的方法
    # 在浏览器中输入 http://localhost:4040
```

In [17]：
```
#[7]如何记录基于 Transformation 计算结果之间的继承关系呢?——RDD
    # RDD 就是一个 Physical Plan
myDF = mySpark.range(1,100).toDF("number").where("number % 2 = 0").sort("number")
myDF
```

Out[17]：DataFrame[number：bigint]

In [18]：
```
#[8]查看 RDD 之间的继承关系——可以用.explain()函数查看继承关系
myDF = mySpark.range(100,1).toDF("number").where("number % 2 = 0").filter("number % 5
= 0").sort("number").explain()
    #number 为列名
```

```
== Physical Plan ==
* Sort [number#27L ASC NULLS FIRST], true, 0
+- Exchange rangepartitioning(number#27L ASC NULLS FIRST, 200)
    +- *Project [id#24L AS number#27L]
        +- *Filter (((id#24L % 2) = 0) && ((id#24L % 5) = 0))
            +- *Range (100, 1, step = 1, splits = 1)
```

（4）Spark DataFrame 操作。

In [19]：
```
#[1]读入数据,创建 Spark 数据框(DataFrame)
df = mySpark.read.csv('data/flights.csv', header = True)
    #读者可以从本书配套资源中下载文件 flights.csv
```

In [20]：
```
#[2]显示 DataFrame 的模式信息
df.printSchema()
```

```
root
 |-- year: string (nullable = true)
 |-- month: string (nullable = true)
 |-- day: string (nullable = true)
 |-- dep_time: string (nullable = true)
```

```
|-- dep_delay: string (nullable = true)
|-- arr_time: string (nullable = true)
|-- arr_delay: string (nullable = true)
|-- carrier: string (nullable = true)
|-- tailnum: string (nullable = true)
|-- flight: string (nullable = true)
|-- origin: string (nullable = true)
|-- dest: string (nullable = true)
|-- air_time: string (nullable = true)
|-- distance: string (nullable = true)
|-- hour: string (nullable = true)
|-- minute: string (nullable = true)
```

In [21]: #[3]DataFrame 对象的缓存
df.cache()
    # 用 cache() 方法
    # 对应的存储级别默认为 MEMORY_AND_DISK
    # DataFrame 的缓存仅有默认级别

Out[21]: DataFrame[year: string, month: string, day: string, dep_time: string, de p_delay: string, arr_time: string, arr_delay: string, carrier: string, tailnum: string, flight: string, origin: string, dest: string, air_time: string, distance: string, hour: string, minute: string]

In [22]: #[4]显示 DataFrame 的内容
df.show(5)
    # DataFrame 对象的 show() 方法用于查看数据框的内容
    # 查看前 5 条记录

```
+----+-----+---+--------+---------+--------+---------+-------+-------+
|year|month|day|dep_time|dep_delay|arr_time|arr_delay|carrier|tailnum|flight|
origin|dest|air_time|distance|hour|minute|
+----+-----+---+--------+---------+--------+---------+-------+-------+
|2014|    1|  1|       1|      96 |    235 |     70  |   AS  | N508AS|
  145|  PDX| ANC|    194 |   1542 |      0 |      1  |
|2014|    1|  1|       4|     -6  |    738 |    -23  |   US  | N195UW|
 1830|  SEA| CLT|    252 |   2279 |      0 |      4  |
|2014|    1|  1|       8|     13  |    548 |     -4  |   UA  | N37422|
 1609|  PDX| IAH|    201 |   1825 |      0 |      8  |
|2014|    1|  1|      28|     -2  |    800 |    -23  |   US  | N547UW|
  466|  PDX| CLT|    251 |   2282 |      0 |     28  |
|2014|    1|  1|      34|     44  |325 |  43  |    AS  | N762AS|   121 |
      SEA| ANC|    201 |   1448 |      0 |     34  |
+----+-----+---+--------+---------+--------+---------+-------+-------+
only showing top 5 rows
```

In [23]: #[5]显示 DataFrame 的列名
df.columns
    # DataFrame 对象的 columns 属性可查看数据框的列名

```
Out[23]: ['year',
         'month',
         'day',
         'dep_time',
         'dep_delay',
         'arr_time',
         'arr_delay',
         'carrier',
         'tailnum',
         'flight',
         'origin',
         'dest',
         'air_time',
         'distance',
         'hour',
         'minute']
```

In [24]:
```
# [6]统计 DataFrame 的行数
df.count()
    # DataFrame 对象的 count()方法用于统计数据框的行数
```

Out[24]: 52535

In [25]:
```
#[7]选择数据框的特定列
    # DataFrame 对象的 select 方法用于选择数据框特定的列
spark_df_flights_selected = df.select(df['tailnum'], df['flight'],
                    df['dest'], df['arr_delay'],
                    df['dep_delay'])
```

In [26]:
```
#[8]查看选择数据的前 3 条记录
spark_df_flights_selected.show(3)

+-------+------+----+---------+---------+
|tailnum|flight|dest|arr_delay|dep_delay|
+-------+------+----+---------+---------+
| N508AS|   145| ANC|       70|       96|
| N195UW|  1830| CLT|      -23|       -6|
| N37422|  1609| IAH|       -4|       13|
+-------+------+----+---------+---------+
only showing top 3 rows
```

In [27]:
```
#[9]将 DataFrame 转换为临时视图
    # .createGlobalTempView()
    # 该方法的参数即为临时视图的名称
df.createTempView('flights_view')
```

（5）SQL 编程。

In [28]: # [1]可使用 SparkSession 对象(如 spark)的 SQL 方法做 SQL 查询

```
  # 首先,构造一个 SQL 语句
sql_str = 'select dest, arr_delay from flights_view'
```

In [29]: # 其次,执行 SQL 语句
```
spark_destDF = mySpark.sql(sql_str)
```

In [30]: # 最后,查看查询结果的内容
```
spark_destDF.show(3)
```

```
+----+---------+
| dest | arr_delay |
+----+---------+
|  ANC|       70|
|  CLT|     - 23|
|  IAH|      - 4|
+----+---------+
only showing top 3 rows
```

In [31]: #[2]将 Spark SQl 结果写入硬盘

```
import tempfile
  # 导入模块 tempfile,用于建立临时文件

tempfile.mkdtemp()
spark_destDF.write.csv("SparkOutput_destDF",mode = 'overwrite')
  # DataFrame 对象的 write.csv()方法将数据框保存为 CSV 文件
  # 此处会自动创建一个 SparkOutput_destDF 目录,并在其下存储 CSV 文件,类似 HDFS 的存储
```

In [32]: #[3]读取已保存的 Spark SQl 语句结果
```
dfnew = mySpark.read.csv('SparkOutput_destDF')
  # SparkSession 对象的 read.csv()方法将 CSV 文件读取为弹性式分布的 DataFrame
```

In [33]: # 查看 DataFrame 对象的内容
```
dfnew.show(3)
```

```
+---+---+
| _c0 | _c1 |
+---+---+
| ANC |  70|
| CLT | - 23|
| IAH | - 4|
+---+---+
only showing top 3 rows
```

In [34]: # [4]过滤 DataFrame 的行
```
jfkDF = df.filter(df['dest'] == 'JFK')
  # 过滤方法:调用.filter()
jfkDF.show(3)
```

```
+----+-----+---+--------+---------+--------+---------+-------+------+
--+------+------+----+--------+--------+----+------+
|year|month|day|dep_time|dep_delay|arr_time|arr_delay|carrier|tailnum|flight|origin|
dest|air_time|distance|hour|minute|
+----+-----+---+--------+---------+--------+---------+-------+------+
--+------+------+----+--------+--------+----+------+
|2014|    1|  1|     654|       -6|    1455|      -10|     DL| N686DA|
 418|   SEA|   JFK|  273|    2422|       6|    54|
|2014|    1|  1|     708|       -7|    1510|      -19|     AA| N3DNAA|
 236|   SEA|   JFK|  281|    2422|       7|     8|
|2014|    1|  1|     708|       -2|    1453|      -20|     DL| N3772H|
2258|   PDX|   JFK|  267|    2454|       7|     8|
+----+-----+---+--------+---------+--------+---------+-------+------+
--+------+------+----+--------+--------+----+------+
only showing top 3 rows
```

In [35]:
```
# [5]分组统计 Spark 数据框
 # 方法:.groupBy().另,用 agg()方法来实现聚合
dailyDelayDF = df.groupBy(df.day)\
        .agg({'dep_delay': 'mean', 'arr_delay':'mean'})
 # groupBy()方法接收一个列为实参,作为分组依据
 # agg()方法的参数为字典类(键-值类,Key-Value类)数据结构,其中:
  # 键(Key)表示待聚合的列的类名
  # 值(Value)表示聚合使用的方法
```

In [36]:
```
# 显示数据框
dailyDelayDF.show()
 # 使用 DataFrame 对象的 show()方法显示数据框的内容
 # 从显示结果可以看出,计算结果为"所有航班的每日平均延误起飞时间和每日平均延误降
 # 落时间
```

day	avg(arr_delay)	avg(dep_delay)
7	0.025215252152521524	5.243243243243243
15	1.0819155639571518	4.818353236957888
11	5.749170537491706	7.250661375661376
29	6.407451923076923	11.32174955062912
3	5.629350893697084	11.526241799437676
30	9.433526011560694	12.31663788140472
8	0.52455919395466	4.555904522613066
22	-1.0817571690054912	6.10231425091352
28	-3.4050632911392404	4.110270951480781
16	0.31582125603864736	4.2917420132610005
5	4.42015503875969	8.219989696032973
31	5.796638655462185	6.382229673093042
18	-0.235370611183355	3.0194931773879143
27	-4.354777070063694	4.864126984126984
17	1.8664688427299703	5.873815165876778
26	-1.5248683440608544	4.833430742255991
6	3.1785932721712538	7.075045759609518

```
|  19|     2.8462462462462463|      7.208383233532934|
|  23|      2.352836879432624|      6.307105108631826|
|  25|    - 2.3858004018754184|     3.4145527369826434|
+---+--------------------+-------------------+
only showing top 20 rows
```

In [37]：　#[6]查看数据框模式信息
dailyDelayDF.printSchema()

```
root
 |-- day: string (nullable = true)
 |-- avg(arr_delay): double (nullable = true)
 |-- avg(dep_delay): double (nullable = true)
```

（6）DataFrame 的可视化。

In [38]：　#[1]重命名 DataFrame 数据框
dailyDelayDF = dailyDelayDF.withColumnRenamed('avg(arr_delay)', 'avg_arr_delay')
dailyDelayDF = dailyDelayDF.withColumnRenamed('avg(dep_delay)', 'avg_dep_delay')
　# DataFrame 对象的 withColumnRenamed()方法可实现更名
　# withColumnRenamed()方法接收两个实参,分别为旧列名和新列名
　# 需要注意的是,该方法并不会直接在原数据框上进行操作,而是返回一个更名后新的数据框
　# dailyDelayDF.printSchema()

```
root
 |-- day: string (nullable = true)
 |-- avg_arr_delay: double (nullable = true)
 |-- avg_dep_delay: double (nullable = true)
```

In [39]：　#[2]将数据转换为本地数据框
local_dailyDelay = dailyDelayDF.toPandas()
　# DataFrame 对象的 toPandas()方法可将弹性式分布数据框转换为本地的 Pandas 数据框

In [40]：　local_dailyDelay.head(10)
　# 查看 Pandas 数据框前 10 行内容

Out[40]：

	day	avg_arr_delay	avg_dep_delay
0	7	0.025215	5.243243
1	15	1.081916	4.818353
2	11	5.749171	7.250661
3	29	6.407452	11.321750
4	3	5.629351	11.526242
5	30	9.433526	12.316638
6	8	0.524559	4.555905
7	22	- 1.081757	6.102314
8	28	- 3.405063	4.110271
9	16	0.315821	4.291742

In [44]:
```
# [3]结果可视化
 # 绘制"日期－起飞"散点图
import matplotlib.pyplot as plt
% matplotlib inline
 #设置 matplotlib 绘图为行内显示,可在 jupyter notebook 中直接绘出图像,否则需调用
 # show()方法显示 绘制的图像

plt.scatter(local_dailyDelay.day.values.astype('i8'),
     local_dailyDelay.avg_dep_delay.astype('f8'))
 # .astype('i8')的含义为强制类型转换成 int64

plt.rcParams['font.family'] = "simHei" # 汉字显示
plt.xlabel('日期')
plt.ylabel('起飞延误时间')
 # 命名 x 轴和 y 轴
```

Out[44]: < matplotlib.text.Text at 0x288d5d22908 >

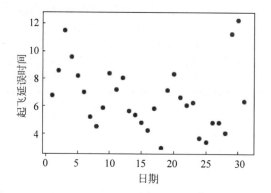

In [45]:
```
 # 绘制"日期－到达"散点图
plt.scatter(local_dailyDelay.day.values.astype('i8'),
     local_dailyDelay.avg_arr_delay.values.astype('f8'))

 # 设置轴标签
plt.xlabel('日期')
plt.ylabel('到达延误时间')

 # 绘制 x = 0 水平线
plt.axhline(0, color = 'black', linestyle = '--', alpha = 0.5)
```

Out[45]: < matplotlib.lines.Line2D at 0x288d5d4e5f8 >

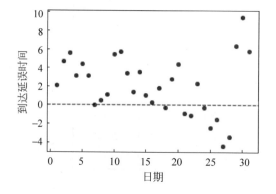

```
In [43]:  #关闭会话 SparkSession
          mySpark.stop()
```

6.5　2012 年美国总统大选[①]

在竞选活动的初期,奥巴马(Barack Hussein Obama)竞选团队(见图 6-2)的主管吉姆·梅斯纳(Jim Messina)曾宣布,即将打造一个以数据为驱动力的竞选活动——"政治是最终目标,但政治嗅觉已不再是总统候选人取胜的唯一方法。我们会在此次竞选活动中对每个事件进行数据分析"。数据科学的理念在 2012 年奥巴马成功竞选中直接应用并发挥了重要作用。

图 6-2　奥巴马 2012 年总统竞选芝加哥总部[②]

6.5.1　2012 年美国总统大选成功原因分析

接下来,我们从团队构建、数据洞见、数据加工、数据的资产化管理、数据业务化、基于数据的决策、DIKUW 模型的应用七个方面进行分析。

1. 团队构建——竞选团队

虽然奥巴马的竞选团队并没有自称是"数据科学项目团队",但其实际组成和运作方式与本章介绍的"数据科学项目团队"有很多相似之处。除了奥巴马本人,竞选团队主要由以下四类人员组成。

- **团队主管**。聘请著名政治顾问吉姆·梅斯纳为竞选团队主管。
- **数据科学家**。在竞选团队中设置了类似于数据科学家的岗位——首席科学家

---

① 本案例的原始素材来自美国时代杂志特约撰稿人 Michael Scherer 对奥巴马竞选团队在 2012 年总统大选中所使用的全新数据分析战略做出的解释。Michael Scherer 认为,竞选团队幕后的数据分析团队在此次奥巴马连任的过程中发挥了至关重要的作用,其重要性甚至远远超出了人们的想象。

② http://www.huffingtonpost.com/2011/05/12/obama-2012-chicago-headqu_n_861404.html。

(Chief Scientist)。吉姆·梅斯纳邀请在数据挖掘领域拥有丰富经验的雷伊德·加尼(Rayid Ghani)出任芝加哥竞选团队总部的首席科学家一职。Rayid Ghani 具有丰富的大数据处理经验,曾经基于数据分析成功地提出过超市销售效率达到最大化的方法。

- **数据分析团队**(**数据工程师**)。聘请了一大批数据分析员,人数规模甚至达到了 2008 年竞选时数据分析部门的 5 倍。
- **团队发言人**。聘请本·拉-波尔特(Ben LaBolt)等作为团队发言人,负责与对外数据发布与交流。

2. 数据洞见——乔治·克鲁尼效应①

2012 年年初,奥巴马竞选团队幕后的数据分析团队注意到了著名演员兼导演乔治·克鲁尼(George Clooney)(见图 6-3)对美国西海岸 40～49 岁女性具有非常大的吸引力——她们还愿意不远万里为与乔治·克鲁尼和奥巴马共进晚餐而慷慨解囊。

因此,竞选团队创造性地提出了一个新的想法——在美国东海岸找到一位具备相同号召力的名人,从而复制"乔治·克鲁尼效应",为奥巴马筹集竞选资金。他们最终选择了主演热门电视剧《欲望都市》的著名演员莎拉·杰西卡·帕克(Sarah Jessica Parker)(见图 6-4),并准备组织一场与奥巴马在帕克位于纽约的 West Village 豪宅共进晚餐的"竞争"。为了提升此次活动的效果,数据分析团队还深入研究了帕克粉丝群体,并洞见了他们的主要特征——喜欢竞赛、小型聚会和名人。

图 6-3　George Clooney

图 6-4　Sarah Jessica Parker

3. 数据加工——数据集成

竞选团队还吸取了 2008 年竞选的经验与教训。在 2008 年竞选中,奥巴马团队对高科技的利用赢得了不少赞扬,但其成功的背后还存在一个严重的问题——缺乏数据连续性。当时,通过奥巴马网站打电话拉票的志愿者和奥巴马竞选办公室所用的名单不同,而拉票名单与筹资名单也不一样。

---

① 乔治·克鲁尼效应(George Clooney Effect)的基本内容是女性经济地位越独立,就越想寻觅较年长、更有魅力的男性为伴。

因此,在 2012 年总统竞选开始之前的 18 个月,竞选团队就创建了一个庞大系统,此系统可以将民调者、注资者、工作人员、消费者、社交媒体以及摇摆州主要的民主党投票人的信息进行整合。

整合后的数据库不仅能告诉竞选团队如何发现选民并获得他们的注意,还允许数据分析团队进行一些测试,以预测哪些类型的人有可能被某种特定的事情所说服。例如,竞选办公室的拉票电话名单不仅仅列出了姓名和电话号码,还按照他们被说服的可能性和重要性进行了分门别类的排序。在排序的决定性因素中,大约有 75% 都是包括年龄、性别、种族、邻居和投票记录在内的基本信息。

4. 数据的资产化管理——保密工作

竞选团队给各个数据分析项目以代码命名,如 Narwhal、Dreamcatcher 等。他们通常在远离竞选团队人员的地方办公,并在竞选总部的最北部设立了一个无窗的工作室。

据悉,2012 年 11 月 4 日,奥巴马竞选团队的多位高级顾问同意向《时代》杂志介绍他们的工作,但提出了两个前提条件:一是自己的名字不对外公开;二是谈话内容在下任总统确定前不得公开。在谈话中,他们披露了一些鲜为人知的内幕。如,如何通过分析大量数据帮助奥巴马筹集到 10 亿美元资金;如何改变电视广告投放策略;如何制作出拉拢摇摆州选民的具体数据分析模型和最有效拉票方法的推荐,其中包括了邮寄信件、电话或者利用社交媒体等方法。

5. 数据业务化——筹集资金

竞选团队发现,"2008 年大选中曾退订竞选电子邮件的那部分人群是他们的首要游说目标,竞选团队甚至为特定人群制定了相应测试"。如,本地志愿者打电话的效果到底比一个从非摇摆州(如加利福尼亚州)志愿者打电话的效果好多少。

整合后的数据库帮助竞选团队筹集到超过预期的资金。据报道,截至 2012 年 8 月,奥巴马团队中的每个人都认为他们无法达到 10 亿美元的筹资目标。一位竞选团队的高级官员透露:"我们曾经就这一数字争论不休,因为我认为我们连 9 亿美元的目标都无法达到。但在夏天过后,互联网驱动力开始逐渐显现。"

网络筹集的资金中有很大一部分是通过以数据为导向的电子邮件营销方式获得的。可见,数据收集、整理与分析对奥巴马竞选团队来说至关重要。竞选团队芝加哥总部还发现,参加了"快速捐赠计划(Quick Donate Program)"[①](见图 6-5)的人所捐献的资金是其他捐献者的 4 倍,所以这一计划在后期被大力推广。10 月底,"快速捐赠计划"已经成为竞选团队向支持者传递信息的重要组成部分,首次参与"快速捐赠计划"的捐献者还可以得到一个免费的车尾贴。

---

① 即可以通过在线或者短信的方式进行捐赠,而无须重复输入信用卡信息。

图 6-5　奥巴马及"快速捐赠计划"

6. 基于数据的决策——建模与仿真

竞选团队中的一位高级顾问透露:"我们可以预测哪些人会在线捐款,哪些人会通过电邮汇款,我们甚至可以对志愿者进行建模分析。后来发现,数据建模在竞选过程中的重要性越来越高,远远高于 2008 年的时候,因为我们发现了通过此方法可以更有效地利用时间。"

奥巴马的数据分析团队非常重视数据的快速分析问题,及时分析选民的投票倾向。一名高级官员曾表示:"我们差不多每天晚上都会试运行一次大约 66 000 人次的大选,并在第二天上午模拟出结果,以帮助我们了解奥巴马在部分地区获胜的可能,从而可以有针对性地分配资源。"

奥巴马的数据分析团队曾在关键州收集数据,并建立了 4 条投票数据流,用于拼凑出当地选民的详细数据模型。一名官员表示,"在过去 1 个月,数据分析团队在俄亥俄州就获得了约 2.9 万人的投票数据,接近 1%的总体选民数"。因此,数据分析团队可以更清楚地了解每类人群和地区选民投票倾向的动态信息。例如,第一次电视辩论结束时,数据分析团队立即知道哪些选民改变了自己的态度,哪些选民仍坚持自己的选择。

正是通过所收集到的这些数据,奥巴马竞选团队分析出,大部分俄亥俄州的摇摆选民原本并非奥巴马的支持者,只是在 2012 年 9 月罗姆尼竞选出现失误[①]后才开始支持奥巴马。

7. DIKUW 模型的应用——从数据到智慧

在此次竞选中,奥巴马竞选团队首次利用 Facebook 等社交网络进行大规模的游说,

---

① 例如,根据 9 月 17 日从 Mother Jones 传出的一段视频,罗姆尼在一场筹款集会上声称,"47%的美国人不缴纳个人所得税⋯⋯我不会在乎这部分人,也绝不说服他们对自己负责或照顾自己的生活"。

就像此前挨家挨户敲门拉票的方式一样。在竞选的最后几周,下载特定应用软件的用户收到了包括他们在摇摆州好友照片在内的多条消息,应用软件鼓励用户通过单击按钮来呼吁这些选民采取行动:鼓励选民投票注册、更早地进行投票并积极参与到民意调查工作。

奥巴马竞选团队还发现,大约有五分之一收到此信息的选民做出了回应,主要原因在于请求来自自己熟悉的朋友。除此之外,数据还帮助奥巴马竞选团队更好地做出了广告购买的决策。在选择广告投放渠道时,他们没有依靠外部顾问,而是基于内部数据得出结论。一名内部官员表示:"我们通过复杂的数据模型找到目标选民。如,如果迈阿密 35 岁以下女性是我们的目标群体,那么我们会制定出针对她们的广告方式。"

奥巴马竞选团队在一些非传统节目中购买了广告。如,在 4 月 23 日的电视剧《混乱之子》(Sons of Anarchy)、《行尸走肉》(The Walking Dead)和《23 号公寓的坏女孩》(Don't Trust the B—in Apartment 23)中就出现了奥巴马的竞选广告。然而,此前的竞选广告通常只会出现在本地新闻节目中。奥巴马的芝加哥竞选总部曾表示:"(相对于 2008 年的竞选)我们在电视上的广告购买效率提升了 14%,因此,我们能够确保与摇摆选民产生交流。"

此外,奥巴马竞选团队在大选最后阶段还采取了不同于以往的战略。2012 年 8 月,奥巴马决定在知名社交新闻网站 Reddit 上回答问题(见图 6-6),当时大部分的总统高级助理并不知道这件事。一名官员表示,"为什么我们要把奥巴马放在 Reddit 上?因为根据数据显示,我们的很大一部分目标选民就在使用 Reddit"。同时,奥巴马竞选团队还有一些有意思的发现,例如人们原以为摇摆选民对选举结果最为关键,但事实是在某些党派忠诚选民中引起共鸣的议题会转变摇摆选民。因此,竞选团队根据大规模实验的结果设计出了用来仿真选民态度的预测模型。

图 6-6　奥巴马通过 Reddit 与选民互动

总之,以数据为中心的决策方式成就了奥巴马第二任期连任美国总统,也成为外界研究 2012 年美国大选的一个重要课题。有报道宣称,数据科学的应用为美国总统大选带来了革命性变化——"以往依赖于预感和经验的华盛顿特区竞选专家们的受欢迎程度正在迅速下降,而他们的地位则将由善于收集收据并加以分析的程序员所取代"。就像奥巴马竞选团队中一名官员所说的那样,"那个一帮人坐在房间里抽着雪茄并嘟囔着'我们一直都会购买《60 分钟》广告'的日子已经一去不复返了。政界的大数据时代已经到来。"

6.5.2　编程分析——2012 年美国总统竞选财务数据分析

【数据及分析对象】本例题主要分析 2012 年美国总统竞选财务数据（2012 USA Presidential Campaign Finance Data），该数据集的下载 URL 为 https://classic.fec.gov/disclosurep/PDownload.do（见图 6-7），文件名为 P00000001－ALL.zip，解压后的文件大小为 1.05GB (1 129 655 949 字节)，各字段的名称与含义如表 6-4 所示。为了方便编程，本例题首先对该数据集进行了数据消减操作，得到了另一个较小的数据集——PCF.csv，其大小为 757MB (794 073 155 字节)。注：如果在配置较低的个人计算机上运行以下代码可能报内存溢出的错误。

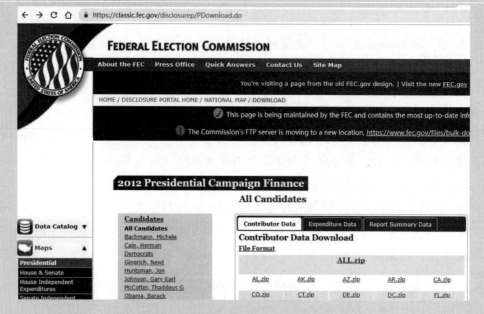

图 6-7　2012 年美国总统竞选财务数据官方网站

表 6-4　各字段的名称及含义

字 段 名 称	含义（英文）	含义（中文）
CMTE_ID	COMMITTEE ID	委员会 ID（9 个字符）
CAND_ID	CANDIDATE ID	候选人 ID（9 个字符）
CAND_NM	CANDIDATE NAME	候选人姓名
CONTBR_NM	CONTRIBUTOR NAME	捐助人姓名
CONTBR_CITY	CONTRIBUTOR CITY	捐助人所在城市
CONTBR_ST	CONTRIBUTOR STATE	捐助人所在省份
CONTBR_ZIP	CONTRIBUTOR ZIP CODE	捐助人邮政编码

续表

字 段 名 称	含义(英文)	含义(中文)
CONTBR_EMPLOYER	CONTRIBUTOR EMPLOYER	捐助人的雇主
CONTBR_OCCUPATION	CONTRIBUTOR OCCUPATION	捐助人的职业
CONTB_RECEIPT_AMT	CONTRIBUTION RECEIPT AMOUNT	捐助金额
CONTB_RECEIPT_DT	CONTRIBUTION RECEIPT DATE	捐助日期
RECEIPT_DESC	RECEIPT DESCRIPTION	捐助补充信息
MEMO_CD	MEMO CODE	备注代码
MEMO_TEXT	MEMO TEXT	备注文字
FORM_TP	FORM TYPE	表单类型
FILE_NUM	FILE NUMBER	文档编号
TRAN_ID	TRANSACTION ID	交易 ID
ELECTION_TP	ELECTION TYPE/	选举类型

【目的及分析任务】结合本书 6.5.1 节的案例描述,分析具体财务数据,洞察新的发现。

【方法及工具】Python 语言。

【主要步骤】

(1) 数据读入。

(2) 数据消减。

(3) 数据理解。

(4) 数据加工。

(5) 候选人 Obama 和 Romney 的竞选财务数据分析。

(6) 结果可视化。

(1) 数据读入。

In [1]:
```
import pandas as pd
```

In [2]:
```
# 将 FEC - PCF - ALL. csv 读入 Pandas 数据框 PCF
PCF = pd. read_csv('data/FEC - PCF - ALL. csv', index_col = False, infer_datetime_format =
True, parse_dates = ["contb_receipt_dt"])
    # 此处,PCF 为 Presidential Campaign Finance 的缩写
    # index_col = 0 的含义为第 0 列为索引列
    # 用 pd. read_csv()读入日期型列,默认情况下读入为 object 类型. 如果需要以日期格式读
    # 入,需要同时设置以下两个参数
    # 第一,是否要解析,infer_datetime_format = True
    # 第二,日期类列的位置或名称,parse_dates = ["contb_receipt_dt"]
```

```
C:\Anaconda3\lib\site - packages\IPython\core\interactiveshell. py:2698: Dt ypeWarning:
Columns (6,11,12,13) have mixed types. Specify dtype option on import or set low_memory = False.
interactivity = interactivity, compiler = compiler, result = result)
```

In [3]: ＃查看数据框的模式信息
PCF. info( )

```
< class 'pandas. core. frame. DataFrame'>
RangeIndex: 6036458 entries, 0 to 6036457
Data columns (total 18 columns):
cmte_id                object
cand_id                object
cand_nm                object
contbr_nm              object
contbr_city            object
contbr_st              object
contbr_zip             object
contbr_employer        object
contbr_occupation      object
contb_receipt_amt      float64
contb_receipt_dt       datetime64[ns]
receipt_desc           object
memo_cd                object
memo_text              object
form_tp                object
file_num               int64
tran_id                object
election_tp            object
dtypes: datetime64[ns](1), float64(1), int64(1), object(15)
memory usage: 829.0 +  MB
```

In [4]: ＃查看数据框的列名
PCF. columns

Out[4]: Index(['cmte_id', 'cand_id', 'cand_nm', 'contbr_nm', 'contbr_city', 'contbr_st', 'contbr_
zip', 'contbr_employer', 'contbr_occupation','contb_receipt_amt', 'contb_receipt_dt',
'receipt_desc', 'memo_cd', 'memo_text', 'form_tp', 'file_num', 'tran_id', 'election_tp'],
dtype = 'object')

（2）数据消减。

In [5]: ＃由于数据框 PCF 太大,删除一些与本次数据分析无关的列
PCF = PCF.drop(["form_tp","memo_cd","memo_text","receipt_desc","election_tp","contbr_
nm"],axis = 1)
  ＃drop()可以修改数据本身,但需要注意设置 axis 属性.

In [6]: ＃再次查看数据框的模式信息
PCF. info( )

```
<class 'pandas.core.frame.DataFrame'>
RangeIndex: 6036458 entries, 0 to 6036457
Data columns (total 12 columns):
cmte_id                object
cand_id                object
cand_nm                object
contbr_city            object
contbr_st              object
contbr_zip             object
contbr_employer        object
contbr_occupation      object
contb_receipt_amt      float64
contb_receipt_dt       datetime64[ns]
file_num               int64
tran_id                object
dtypes: datetime64[ns](1), float64(1), int64(1), object(9)
memory usage: 552.7 + MB
```

In [7]: # 数据框的前 5 行
PCF.head()

Out[7]:

	cmte_id	cand_id	cand_nm	contbr_city	contbr_st	contbr_zip	contbr_employ
0	C00410118	P20002978	Bachmann, Michele	MOBILE	AL	3.6601e + 08	RETIRED
1	C00410118	P20002978	Bachmann, Michele	MOBILE	AL	3.6601e + 08	RETIRED
2	C00410118	P20002978	Bachmann, Michele	LANETT	AL	3.68633e + 08	INFORMATION REQUESTED
3	C00410118	P20002978	Bachmann, Michele	PIGGOTT	AR	7.24548e + 08	NONE
4	C00410118	P20002978	Bachmann, Michele	HOT SPRINGS NATION	AR	7.19016e + 08	NONE

In [8]: # 将数据框写入硬盘
PCF.to_csv("data/PCF.csv")

In [9]: # 查看当前工作目录
import os
os.getcwd()

Out[9]: 'C:\\Users\\SoloMan\\DataScienceTP'

In [10]: # 读入数据
import pandas as pd

```
In [11]: PCF = pd.read_csv('data/PCF.csv', header = 0, infer_datetime_format = True, parse_dates =
         ["contb_receipt_dt"])
            # Presidential Campaign Finance
            # 用 pd.read_csv()读入日期型列,默认情况下读入为 object 类型. 如果需要以日期格式读
            # 入,需要同时设置以下两个参数
               # 第一,是否要解析, infer_datetime_format = True
               # 第二,日期类列的位置或名称, parse_dates = ["contb_receipt_dt"]
               # 另外,设置数据类型可以用参数 dtype
               # 当然,增加了参数之后,此行代码的运行速度会变慢
         PCF.info()
```

```
C:\Anaconda3\lib\site - packages\IPython\core\interactiveshell.py:2698: DtypeWarning:
Columns (6) have mixed types. Specify dtype option on import or set low_memory = False.
   interactivity = interactivity, compiler = compiler, result = result)
```

```
< class 'pandas.core.frame.DataFrame'>
RangeIndex: 6036458 entries, 0 to 6036457
Data columns (total 13 columns):
Unnamed: 0             int64
cmte_id               object
cand_id               object
cand_nm               object
contbr_city           object
contbr_st             object
contbr_zip            object
contbr_employer       object
contbr_occupation     object
contb_receipt_amt     float64
contb_receipt_dt      datetime64[ns]
file_num              int64
tran_id               object
dtypes: datetime64[ns](1), float64(1), int64(2), object(9) memory usage: 598.7 + MB
```

（3）数据理解。

```
In [12]: PCF.shape
```

```
Out[12]: (6036458, 13)
```

```
In [13]: PCF.head(2)
```

Out[13]:

	Unnamed:0	cmte_id	cand_id	cand_nm	contbr_city	contbr_st	contbr_zip	cont
0	0	C00410118	P20002978	Bachmann, Michele	MOBILE	AL	3.6601e + 08	RETI
1	1	C00410118	P20002978	Bachmann, Michele	MOBILE	AL	3.6601e + 08	RETI

```
In [14]: PCF.describe()
         # describe 只是做数值型列的计算
```

Out[14]:

	Unnamed: 0	contb_receipt_amt	file_num
count	6.036458e+06	6.036458e+06	6.036458e+06
mean	3.018228e+06	2.129971e+02	8.314570e+05
std	1.742575e+06	8.957272e+03	4.466420e+04
min	0.000000e+00	-6.080000e+04	7.235110e+05
25%	1.509114e+06	2.500000e+01	8.106840e+05
50%	3.018228e+06	5.000000e+01	8.213250e+05
75%	4.527343e+06	1.500000e+02	8.429430e+05
max	6.036457e+06	1.638718e+07	9.927300e+05

In [15]:
```
#查看候选人名单
PCF.cand_nm.unique()
  #cand_nm:CANDIDATE NAME
  #unique():读一列,并进行重复过滤
```

Out[15]: array(['Bachmann, Michele', 'Romney, Mitt', 'Obama, Barack', "Roemer, Charles E. 'Buddy' III", 'Pawlenty, Timothy', 'Johnson, Gary Earl', 'Paul, Ron', 'Santorum, Rick', 'Cain, Herman','Gingrich, Newt', 'McCotter, Thaddeus G', 'Huntsman, Jon', 'Perry, Rick', 'Stein, Jill'], dtype=object)

In [16]:
```
#计算候选人个数
PCF.cand_nm.unique().shape
```

Out[16]: (14,)

In [17]:
```
len(PCF.cand_nm.unique())
```

Out[17]: 14

In [18]:
```
PCF.iloc[100000]
```

Out[18]:
```
Unnamed: 0                       100000
cmte_id                       C00431171
cand_id                       P80003353
cand_nm                    Romney, Mitt
contbr_city                   CUPERTINO
contbr_st                            CA
contbr_zip                  9.50145e+08
contbr_employer                 RETIRED
contbr_occupation               RETIRED
contb_receipt_amt                  1000
contb_receipt_dt    2012-07-31 00:00:00
file_num                         821472
tran_id                   SA17.1773888
Name: 100000, dtype: object
```

（4）数据加工。

首先，显示候选人名单。

```
In [19]:  #对候选人名单进行重复过滤
          unique_cands = PCF.cand_nm.unique()
          #.unique():重复过滤

          unique_cands
          #显示候选人名单
```

```
Out[19]:  array(['Bachmann, Michele', 'Romney, Mitt', 'Obama, Barack', "Roemer, Charles E. 'Buddy'
              III", 'Pawlenty, Timothy','Johnson, Gary Earl', 'Paul, Ron', 'Santorum, Rick','Cain,
              Herman','Gingrich, Newt', 'McCotter, Thaddeus G', 'Huntsman, Jon', 'Perry, Rick',
              'Stein, Jill'], dtype = object)
```

```
In [20]:  unique_cands.shape
            #查看候选人名单的形状
```

```
Out[20]:  (14,)
```

其次，抽取 Obama 和 Romney 的数据。

```
In [21]:  #抽取 Obama 和 Romney 的数据
          PCF_ObamaAndRomney = PCF[PCF.cand_nm.isin(['Obama, Barack', 'Romney, Mitt'])]
            #注意此处 isin 的用法

          PCF_ObamaAndRomney.head(2)
```

Out[21]:

	cmte_id	cand_id	cand_nm	contbr_city	contbr_st	contbr_zip	cont
411	C00431171	P80003353	Romney, Mitt	FORT MEYERS	33	33908	RET
412	C00431171	P80003353	Romney, Mitt	GABLES	33	33146	INF RE PE EFF

```
In [22]:  PCF_ObamaAndRomney.info()
```

```
<class 'pandas.core.frame.DataFrame'>
Int64Index: 5711090 entries, 411 to 5711500
Data columns (total 13 columns):
Unnamed: 0              int64
cmte_id                 object
cand_id                 object
cand_nm                 object
contbr_city             object
contbr_st               object
contbr_zip              object
contbr_employer         object
contbr_occupation       object
contb_receipt_amt       float64
contb_receipt_dt        datetime64[ns]
```

```
file_num                  int64
tran_id                   object
dtypes: datetime64[ns](1), float64(1), int64(2), object(9)
memory usage: 610.0 + MB
```

In [23]:
```
#统计 Obama 和 Romney 的捐款次数
PCF_ObamaAndRomney.cand_nm.value_counts()
```

Out[23]:
```
Obama, Barack   4117404
Romney, Mitt    1593686
Name: cand_nm, dtype: int64
```

最后，补充党派信息。

In [24]:
```
parties = { 'Obama, Barack': '民主党(Democrat)',
        'Romney, Mitt': '共和党(Republican)'
        }
```

In [25]:
```
# 新增名为 party 的一列,将用 map()函数将"姓名"映射(替换)为"党派信息"写入此列中
PCF_ObamaAndRomney['party'] = PCF_ObamaAndRomney.cand_nm.map(parties)
    #map()参数为一个 key - value 结构,其中
    #key 为已有内容
    # value 为新增内容
PCF_ObamaAndRomney['party'].value_counts() #个数统计
    #输出结果与 PCF_ObamaAndRomney.cand_nm.value_counts()一致
```

```
C:\Anaconda3\lib\site - packages\ipykernel_launcher.py:2: SettingWithCopyW arning:
A value is trying to be set on a copy of a slice from a DataFrame.
Try using .loc[row_indexer,col_indexer] = value instead

See the caveats in the documentation: http://pandas. pydata. org/pandas - do cs/stable/
indexing. html # indexing - view - versus - copy
```

Out[25]:
```
民主党(Democrat)    4117404
共和党(Republican)  1593686
Name: party, dtype: int64
```

In [26]:
```
PCF_ObamaAndRomney.info()
    #查看是否已将新增 party 列写入数据框中
```

```
< class 'pandas.core.frame.DataFrame'>
Int64Index: 5711090 entries, 411 to 5711500
Data columns (total 14 columns):
Unnamed: 0                int64
cmte_id                   object
cand_id                   object
cand_nm                   object
contbr_city               object
contbr_st                 object
contbr_zip                object
```

```
contbr_employer          object
contbr_occupation        object
contb_receipt_amt        float64
contb_receipt_dt         datetime64[ns]
file_num                 int64
tran_id                  object
party                    object
dtypes: datetime64[ns](1), float64(1), int64(2), object(10)
memory usage: 653.6 + MB
```

In [27]:
```
# 查看捐助金额/contb_receipt_amt,从以下结果可以看出,数值有负有正
# 负数表示的是"退款"
PCF_ObamaAndRomney[PCF_ObamaAndRomney.contb_receipt_amt < 0][:2]
```

Out[27]:

	Unnamed:0	cmte_id	cand_id	cand_nm	contbr_city	contbr_st	contbr_zip
1792	1792	C00431171	P80003353	Romney, Mitt	EABLE RNEE	AK	9.95779e + 08
2027	2027	C00431171	P80003353	Romney, Mitt	ANCHORAGE	AK	9.95163e + 08

In [28]:
```
# 看看有多少个正数,多少个负数,负数表示的是"退款"
(PCF_ObamaAndRomney.contb_receipt_amt > 0).value_counts()
    # 注意此处.value_counts()之前的括弧
```

Out[28]:
```
True     5655423
False      55667
Name: contb_receipt_amt, dtype: int64
```

In [29]:
```
type(PCF_ObamaAndRomney.contb_receipt_amt)
    # 从数据框中切出一个列,则其类型为 Series
```

Out[29]: pandas.core.series.Series

（5）候选人 Obama 和 Romney 的竞选财务数据分析。

首先是捐助人的职业分析。

In [30]:
```
# 捐助人职业数量
PCF_ObamaAndRomney.contbr_occupation.unique().shape
```

Out[30]: (134098,)

In [31]:
```
# 捐助人职业分布
PCF_ObamaAndRomney.contbr_occupation.value_counts()
```

Out[31]:
```
RETIRED                                   1325543
ATTORNEY                                   191344
INFORMATION REQUESTED PER BEST EFFORTS     163762
HOMEMAKER                                  143440
PHYSICIAN                                  134701
INFORMATION REQUESTED                      114942
TEACHER                                    102886
```

```
PROFESSOR                               95542
CONSULTANT                              76967
ENGINEER                                66894
NOT EMPLOYED                            57331
NONE                                    48862
MANAGER                                 47420
LAWYER                                  46928
SALES                                   46392
SELF - EMPLOYED                         44296
PRESIDENT                               33237
WRITER                                  31656
OWNER                                   27163
STUDENT                                 25804
EXECUTIVE                               25792
ACCOUNTANT                              24264
RN                                      23387
BUSINESS OWNER                          23382
EDUCATOR                                23245
ARTIST                                  22566
SOFTWARE ENGINEER                       22464
REGISTERED NURSE                        22389
PSYCHOLOGIST                            19750
CEO                                     19460
                                          ...
PROPERTY RES POLICY SUPERVISOR              1
SR. PRICING MANAGER                        1
GENERAL MANAGER OWNER                       1
IDEAS TO LIFE GURU                          1
SR. SALES SUPPORT MGR                       1
EQUIP. FINANCE CONTRACT ADM.                1
COMMUNITY EVANGELIST                        1
MANAGEMENT ANALYST                          1
MARITAL & FAMILY THERAPIST                  1
PRODUCT MARKETING AND MANAGEMENT            1
DEPUTY DIVISION DIRECTOR                    1
EDUCATION AND LEGAL                         1
DIRECTOR OF YOUTH AND CHILDRENS MINIS       1
HUMAN RESOURCES - BENEFITS                  1
SAFETY AND INDUSTRIAL HYGIENE               1
FLIGHT TEST DIRECTOR                        1
ANALYST - NATURAL RESOURCES                 1
VP., GOVT. AND REGULATORY RELATIONS         1
DIRECTOR, DEMAND AND SUPPLY CHAIN PLAN      1
ACCOUNT EXECUTIVE (AD SALES)                1
OWNERSHIP REPRESENTATIVE                    1
CONTRACT ENGINEERING                        1
CLINICAL SOCIAL WORKER/CASE MANAGER         1
PROFESSOR OF AF AM STUDIES                  1
UNIV. OF COLLEGE MEDICINE                   1
NEUOPHYSIOLOGICAL TECHNOLOGIST              1
MANAGER, MARKETING COMMUNICATIONS           1
COMERCIAL BANKER                            1
DENTISTY                                    1
GENERAL TECHNICAN                           1
Name: contbr_occupation, Length: 134097, dtype: int64
```

```
In [32]: occ_mapping = {
             'INFORMATION REQUESTED PER BEST EFFORTS' : 'NOT PROVIDED',
             'INFORMATION REQUESTED' : 'NOT PROVIDED',
             'INFORMATION REQUESTED (BEST EFFORTS)' : 'NOT PROVIDED',
             'C.E.O.': 'CEO'
         }


         f = lambda x: occ_mapping.get(x, x)
         PCF_ObamaAndRomney.contbr_occupation = PCF_ObamaAndRomney.contbr_occupation.map(f)
```

C:\Anaconda3\lib\site-packages\pandas\core\generic.py:3110: SettingWithC opyWarning:
A value is trying to be set on a copy of a slice from a DataFrame.
Try using .loc[row_indexer,col_indexer] = value instead

See the caveats in the documentation: http://pandas.pydata.org/pandas-do cs/stable/
indexing.html#indexing-view-versus-copy
  self[name] = value

```
In [33]: emp_mapping = {
             'INFORMATION REQUESTED PER BEST EFFORTS' : 'NOT PROVIDED',
             'INFORMATION REQUESTED' : 'NOT PROVIDED',
             'SELF' : 'SELF-EMPLOYED',
             'SELF EMPLOYED' : 'SELF-EMPLOYED',
         }


         f = lambda x: emp_mapping.get(x, x)
         PCF_ObamaAndRomney.contbr_employer = PCF_ObamaAndRomney.contbr_employer.map(f)
```

C:\Anaconda3\lib\site-packages\pandas\core\generic.py:3110: SettingWithC opyWarning:
A value is trying to be set on a copy of a slice from a DataFrame.
Try using .loc[row_indexer,col_indexer] = value instead

See the caveats in the documentation: http://pandas.pydata.org/pandas-do cs/stable/
indexing.html#indexing-view-versus-copy
  self[name] = value

```
In [34]: #用 pivot_table(),基于母表定义出一个新表(行名,列名)
         by_occupation = PCF_ObamaAndRomney.pivot_table('contb_receipt_amt',
                         index = 'contbr_occupation',
                         columns = 'party',
                         aggfunc = 'sum')
         over_2mm = by_occupation[by_occupation.sum(1) > 10000000] over_2mm
             #pivot_table()为 pandas DataFrame 的重要方法,在数据科学中常用于数据规整化处理
```

Out[34]:

party	共和党(Republican)	民主党(Democrat)
contbr_occupation		
ATTORNEY	2.662006e+07	34152434.63
CEO	1.373254e+07	4047006.86
CONSULTANT	8.880296e+06	8996120.22
ENGINEER	6.187283e+06	4978404.36
EXECUTIVE	1.412981e+07	3541459.12
HOMEMAKER	4.317627e+07	12223045.34
LAWYER	2.915531e+06	10511478.08
NONE	1.199093e+07	58493.92
NOT PROVIDED	7.902636e+07	20828202.50
PHYSICIAN	1.938542e+07	15797840.12
PRESIDENT	1.489282e+07	4216339.26
PROFESSOR	1.241684e+06	11746164.25
RETIRED	1.172347e+08	98118671.10
SELF-EMPLOYED	1.101001e+07	2393698.26

In [35]:
```
#可视化
import matplotlib.pyplot as plt
% matplotlib inline
plt.figure() #创建一个图片对象
```

Out[35]: < matplotlib.figure.Figure at 0x2b7f3987160 >

In [36]:
```
plt.rcParams['font.family'] = "SimHei"
over_2mm.plot(kind = 'barh')
```

Out[36]: < matplotlib.axes._subplots.AxesSubplot at 0x2b791a25b00 >

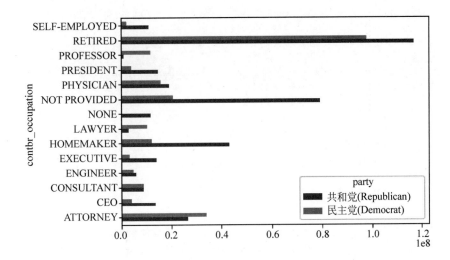

```
In [37]: def get_top_amounts(group, key, n = 3):
             totals = group.groupby(key)['contb_receipt_amt'].sum()
             return totals.nlargest(n)
         #注意此处的 groupby()和 nlargest()函数
```

```
In [38]: grouped = PCF_ObamaAndRomney.groupby('cand_nm')
         grouped.apply(get_top_amounts, 'contbr_occupation', n = 10)
         grouped.apply(get_top_amounts, 'contbr_employer', n = 10)
```

```
Out[38]: cand_nm          contbr_employer
         Obama, Barack    RETIRED            7.952238e + 07
                          SELF - EMPLOYED    7.084357e + 07
                          NOT EMPLOYED       4.216194e + 07
                          NOT PROVIDED       2.234798e + 07
                          HOMEMAKER          5.380229e + 06
                          STUDENT            7.757287e + 05
                          REFUSED            7.598655e + 05
                          MICROSOFT          6.677732e + 05
                          IBM                6.293782e + 05
                          GOOGLE             6.256259e + 05
         Romney, Mitt     RETIRED            1.149723e + 08
                          NOT PROVIDED       8.394155e + 07
                          SELF - EMPLOYED    6.502492e + 07
                          HOMEMAKER          4.259132e + 07
                          NONE               1.521782e + 07
                          ENTREPRENEUR       1.791544e + 06
                          STUDENT            1.530936e + 06
                          MORGAN STANLEY     9.773291e + 05
                          CREDIT SUISSE      8.491280e + 05
                          MERRILL LYNCH      6.016347e + 05
         Name: contb_receipt_amt, dtype: float64
```

其次是捐助金额分析 Bucketing Donation Amounts。

```
In [39]: import numpy as np
         bins = np.array([0, 1, 10, 100, 1000, 10000,
                 100000, 1000000, 10000000])
         labels = pd.cut(PCF_ObamaAndRomney.contb_receipt_amt, bins)
         labels[:10]
         #pd.cut()为分箱处理/离散化处理函数,第二个参数 bins 为边界
```

```
Out[39]: 411    (100, 1000]
         412     (10, 100]
         413    (100, 1000]
         414    (100, 1000]
         415    (100, 1000]
         416    (100, 1000]
         417     (10, 100]
         418    (100, 1000]
         419    (100, 1000]
         420     (10, 100]
```

```
Name: contb_receipt_amt, dtype: category
Categories (8, interval[int64]): [(0, 1] < (1, 10] < (10, 100] < (100, 1000] < (1000, 10000] < (10000, 100000] < (100000, 1000000] < (1000000, 10000000]]
```

In [40]:
```
grouped = PCF_ObamaAndRomney.groupby(['cand_nm', labels])
grouped.size().unstack(0)
#可见,Obama 得到了更小额度的支持
```

Out [40]:

cand_nm	Obama, Barack	Romney, Mitt
contb_receipt_amt		
(0, 1]	1199.0	582.0
(1, 10]	402595.0	38335.0
(10, 100]	2970577.0	749228.0
(100, 1000]	651166.0	633364.0
(1000, 10000]	53379.0	154963.0
(10000, 100000]	7.0	6.0
(100000, 1000000]	4.0	NaN
(1000000, 10000000]	17.0	NaN

In [42]:
```
plt.figure()
```

Out [42]: < matplotlib.figure.Figure at 0x2b7923c0ef0 >

In [46]:
```
bucket_sums = grouped.contb_receipt_amt.sum().unstack(0)
normed_sums = bucket_sums.div(bucket_sums.sum(axis = 1), axis = 0)
normed_sums
normed_sums[: -2].plot(kind = 'barh')
```

Out [46]: < matplotlib.axes._subplots.AxesSubplot at 0x2b792ae3160 >

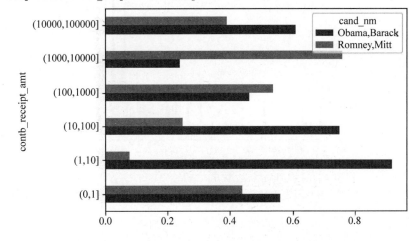

接着是捐助时间分析。

In [47]:
```
#合并同日的捐款数据
Romney = PCF_ObamaAndRomney[PCF_ObamaAndRomney.cand_nm == 'Romney, Mitt'].groupby("
contb_receipt_dt")["contb_receipt_amt"].sum()
Obama = PCF_ObamaAndRomney[PCF_ObamaAndRomney.cand_nm == 'Obama, Barack'].groupby("
contb_receipt_dt")["contb_receipt_amt"].sum()
    #分组统计的另一个方法, Obama = PCF_ObamaAndRomney[PCF_ObamaAndRomney.cand_nm == 'O
    #bama, Barack'].groupby("contb_receipt_dt").contb_receipt_amt.sum() BothofThem =
    #PCF_ObamaAndRomney.groupby("contb_receipt_dt")["contb_receipt_amt"].sum()
```

In [48]:
```
#试验
BothofThem.shape, Obama.shape, Romney.shape
BothofThem.index
PCF_ObamaAndRomney["contb_receipt_dt"].values
type(PCF_ObamaAndRomney["contb_receipt_dt"].values)
    #不能直接加, 同一个日期可能出现多次, 非同构
    #Series 的两个属性: index 和 values
```

Out[48]: numpy.ndarray

In [49]:
```
import matplotlib.pyplot as plt
%matplotlib inline
plt.plot(BothofThem.index, BothofThem.values, c = "blue", label = "Both")
plt.plot(Obama.index, Obama.values, c = "red", label = "Obama")
plt.plot(Romney.index, Romney.values, c = "green", label = "Romney")
```

Out[49]: [< matplotlib.lines.Line2D at 0x2b792c1dac8 >]

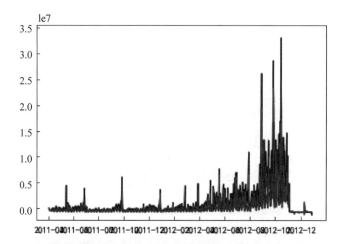

In [50]:
```
#上图是以"日"为单位计算的, 显示效果并不清楚
    #接下来, 以"月"为单位进行计算, 为此, 需要将日期转换为 Year - Month
    #pd.to_datetime(PCF_ObamaAndRomney.contb_receipt_dt).dt.strftime('%m/%Y')
import datetime as dt
```

```
PCF_ObamaAndRomney.contb_receipt_dt = PCF_ObamaAndRomney.contb_receipt_dt.dt.to_period('m')
    #数据框的调用不要用下标,而用属性方式
    #此行代码运行两次,则报错,为什么?如何改进?请读者思考.提示,注意自我赋值类代码

PCF_ObamaAndRomney.head(2)
```

```
C:\Anaconda3\lib\site-packages\pandas\core\generic.py:3110: SettingWithC opyWarning:
A value is trying to be set on a copy of a slice from a DataFrame.
Try using .loc[row_indexer,col_indexer] = value instead

See the caveats in the documentation: http://pandas.pydata.org/pandas-do cs/stable/
indexing.html#indexing-view-versus-copy
    self[name] = value
```

Out[50]:

	Unnamed:0	cmte_id	cand_id	cand_nm	contbr_city	contbr_st	contbr_zip	cont
411	411	C00431171	P80003353	Romney, Mitt	FORT MEYERS	33	33908	RET
412	412	C00431171	P80003353	Romney, Mitt	GABLES	33	33146	NOT

In [51]:
```python
#合并"同月"的捐款数据
Romney = PCF_ObamaAndRomney[PCF_ObamaAndRomney.cand_nm == 'Romney, Mitt'].groupby("
contb_receipt_dt")["contb_receipt_amt"].sum()
Obama = PCF_ObamaAndRomney[PCF_ObamaAndRomney.cand_nm == 'Obama, Barack'].groupby("
contb_receipt_dt")["contb_receipt_amt"].sum()
    #分组统计方法可以有很多种,如 Obama = PCF_ObamaAndRomney[PCF_ObamaAndRomney.cand_
    #nm == 'Obama, Barack'].groupby("contb_receipt_dt").contb_receipt_amt.sum()

BothofThem = PCF_ObamaAndRomney.groupby("contb_receipt_dt")["contb_receipt_amt"].sum()
```

In [52]:
```python
BothofThem.plot(color = 'green', label = "Both")
Obama.plot(color = 'red', label = "Obama")
Romney.plot(color = 'blue', label = "Romney")
    #Series 的可视化与 DataFrame 一样
    #同一个坐标上显示多个图的方法
```

Out[52]: < matplotlib.axes._subplots.AxesSubplot at 0x2b792a5d0f0 >

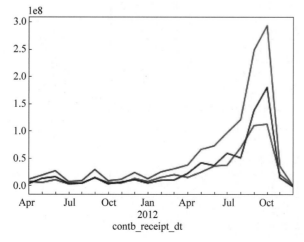

最后是捐助人所在省份分析 Donation Statistics by State。

In [53]:
```
# 新增在地图上显示
grouped = PCF_ObamaAndRomney.groupby(['cand_nm', 'contbr_st'])
totals = grouped.contb_receipt_amt.sum().unstack(0).fillna(0)
totals = totals[totals.sum(1) > 100000]
totals[:10]
```

Out[53]:

cand_nm	Obama, Barack	Romney, Mitt
contbr_st		
AA	186369.00	5076.00
AE	224172.52	59438.90
AK	1361557.02	1413212.99
AL	2263580.07	7407600.48
AP	128649.55	32068.00
AR	1274816.73	3440714.03
AZ	6504954.41	13812313.41
CA	91715283.62	75999972.75
CO	11087619.81	16288069.53
CT	8302040.42	16332773.75

In [54]:
```
percent = totals.div(totals.sum(1), axis = 0)
percent[:10]
```

Out[54]:

cand_nm	Obama, Barack	Romney, Mitt
contbr_st		
AA	0.973486	0.026514
AE	0.790421	0.209579
AK	0.490692	0.509308
AL	0.234054	0.765946
AP	0.800470	0.199530
AR	0.270344	0.729656
AZ	0.320169	0.679831
CA	0.546851	0.453149
CO	0.405017	0.594983
CT	0.337004	0.662996

In [56]:
```
percent.to_csv("data/percent.csv")
```

（6）结果可视化。

In [54]:
```python
from mpl_toolkits.basemap import Basemap
import numpy as np import pandas as pd import matplotlib as mpl
import matplotlib.pyplot as plt
from matplotlib.patches import Polygon


fig = plt.figure()
ax1 = fig.add_axes([0.1,0.1,0.8,0.8])

# 绘制基础地图,选择绘制的区域——美国本土,选取如下经纬度
map = Basemap(projection = 'stere', lat_0 = 90, lon_0 = -105,
        llcrnrlat = 23.41 , urcrnrlat = 45.44,
        llcrnrlon = -118.67, urcrnrlon = -64.52,
        rsphere = 6371200., resolution = 'l', area_thresh = 10000, ax = ax1)
# 读取美国地图文件,并显示州
shp_info = map.readshapefile('data/gadm36_USA_shp/gadm36_USA_1', 'states', drawbounds = True)


# 大选投票结果
elecResults = pd.read_csv('data/percent.csv')

# 根据各州选举结果,按照候选人分类
Oba = []
Rom = []
for i in range(len(elecResults)):
    if elecResults['Obama, Barack'][i] > 0.5:
        Oba.append(elecResults['contbr_st'][i])
    else:
        Rom.append(elecResults['contbr_st'][i])

# 绘图
for info, shp in zip(map.states_info, map.states):
    proid = info['HASC_1'][3:]

    # 奥巴马是民主党候选人,蓝色表示支持民主党
    if proid in Oba:
        poly = Polygon(shp, facecolor = 'b', lw = 3)
        ax1.add_patch(poly)

# 罗姆尼是共和党候选人,红色表示支持共和党
if proid in Rom:
    poly = Polygon(shp, facecolor = 'r', lw = 3)
    ax1.add_patch(poly)

plt.title('USA Presidential Election Results')
plt.show()

# 提示,若报 PROJ_LIB Error 类错误,请设置环境变量 PROJ_LIB
```

USA Presidential Election Results

如何继续学习

【学好本章的重要意义】

数据科学是一门实践性很强的学科(详见"第1章基础理论"中的数据科学的三要素原则),它从实践中来,并有实践驱动其持续发展。因此,加强对数据科学实践的学习有助于我们全面理解数据科学的特殊属性和核心理念。

【继续学习方法】

数据科学有三个基本要素,即理论、实战和精神。如何真正做到这三种不同要素的融会贯通是学习数据科学的高级目标。在后续学习中也应重视这三个要素的有效融合。

【提醒及注意事项】

R或Python语言编程并不是数据科学实践的目标,更不能代表数据科学实践的全部,而只是一种快速入门的技术手段——通过R或Python语言编程可以更好地理解数据科学的理论与精神。

【与其他章节的关系】

本章为其他章节中提出的数据科学理论、方法和技术的综合应用。

习题

1. 结合自己的专业领域和研究兴趣,调查分析数据科学的典型和最佳实践。
2. 调查分析数据科学领域典型案例中常用的方法、技术和工具。

3. 提出一个有意思的研究假设或洞见,并用数据分析方法证明是否成立,再用可视化方法进行成果展示。

- 数据集：美国交通部提供的大数据(https://www.mot.gov.sg/)的航班信息。
- 分析工具：Python/R 语言。
- 分析算法：不限。

4. 提出另一个有意思的研究假设或洞见,并用数据分析方法证明是否成立,再用 Markdown 的形式给出分析过程和结果。

- 数据集：美国交通部提供的大数据(https://www.mot.gov.sg/)的航班信息。
- 分析工具：Spark＋Python/R。
- 分析算法：不限。
- 成果形式：Markdown。

5. 阅读本章所列出的参考文献,并采用数据产品开发或故事化描述方式展示该领域的代表性文献数据。

参考文献

[1]　朝乐门. 数据科学[M]. 北京：清华大学出版社,2016.

[2]　Abedin J. Data manipulation with R[M]. Birmingham：Packt Publishing Ltd,2014.

[3]　Apache. R Frontend for Apache Spark [OL]. [2019-4-3]. http://spark.apache.org/docs/latest/api/R/index.html.

[4]　Daróczi G. Mastering data analysis with R[M]. Birmingham：Packt Publishing Ltd.,2015.

[5]　Hadley W, Garrett G. R for data science：import, tidy, transform, visualize, and model data[M]. Sebastopol：O'Reilly Media,2016.

[6]　Kabacoff R. R in action：data analysis and graphics with R[M]. New York：Manning Publications Co.,2015.

[7]　Lantz B. Machine learning with R[M]. Birmingham：Packt Publishing Ltd.,2013.

[8]　Matloff N. The art of R programming[J]. No Starch Press,2011(3).

[9]　Ojeda T, Murphy S P, Bengfort B, et al. Practical data science cookbook[M]. Birmingham：Packt Publishing Ltd.,2014.

[10]　Peng R. Exploratory data analysis with R[M]. Victoria：Lean Publishing,2015.

[11]　RStudio, Inc. sparklyr：R interface for Apache Spark[OL]. [2017-5-1]. http://spark.rstudio.com/.

[12]　Zumel N, Mount J, Porzak J. Practical data science with R[M]. New York：Manning Publications Co.,2014.

[13]　Wes M. Python for Data Analysis：Data Wrangling with Pandas, NumPy, and IPytho[M]. Sebastopol：O'Reilly Media,2018.

[14]　Hadley W. R for Data Science：Import, Tidy, Transform, Visualize, and Model Data[M]. Sebastopol：O'Reilly Media,2017.

[15]　Jake V. Python Data Science Handbook：Essential Tools for Working with Data[M]. Sebastopol：O'Reilly Media,2017.

[16]　朝乐门. Python 编程：从数据分析到数据科学[M]. 北京：电子工业出版社,2019.

附录 A

本书例题的R语言版代码

R 语言的名片

【姓氏】S 语言——1976 年,由 Rick Becker、John Chambers 和 Allan Wilks(贝尔实验室)设计的统计编程语言。

【姓名】R 语言(原因是其两位设计者的姓名均以 R 开头,当然也可以认为与 S 语言有关)。

【性别】解释型语言(而不是编译型语言)。

【出生日期】1992 年,完成主要设计;1995 年,发布初始版本;2000 年,发布正式版本。

【设计与开发者】

♯ 1)最早,设计者为 Ross Ihaka and Robert Gentleman(新西兰 Auckland 大学);

♯ 2)目前,主要维护者为 R Development Core Team 及 The R Foundation。

【开发语言】C,Fortran,S,R 等

【官网】https://www.r-project.org/

【特长】统计分析;数据可视化;机器学习

【GUI】RStudio、Rattle、Red-R、Deducer、RKWard、JGR,R Commander

【开源许可证】GNU,General Public License

A.1 统计分析

以下代码为本书"6.1 统计分析"部分的 R 语言版代码。

(1)数据理解。

```
＃查看准备分析的数据集
women
##    height weight
## 1     58    115
## 2     59    117
## 3     60    120
## 4     61    123
## 5     62    126
## 6     63    129
## 7     64    132
## 8     65    135
## 9     66    139
## 10    67    142
## 11    68    146
## 12    69    150
## 13    70    154
## 14    71    159
## 15    72    164
```

（2）数据建模。

```
＃用函数 lm( )进行线性回归
myLR <- lm(weight～height, data = women)

myLR
##
## Call:
## lm(formula = weight ~ height, data = women)
##
## Coefficients:
## (Intercept)        height
##      -87.52          3.45
＃【注】
      ＃(1)显示结果中的 Coefficients 为系数, Intercept 为截距
      ＃(2)符号"～"代表的是因变量和自变量的关系, 符号"～"左侧为因变量, 右侧为自变量, 即
      ＃y～x 相当于 y = f(x)
```

（3）查看模型。

```
＃查看线性回归模型
summary(myLR)
##
## Call:
## lm(formula = weight ~ height, data = women)
##
## Residuals:
##      Min      1Q  Median      3Q     Max
## -1.7333 -1.1333 -0.3833  0.7417  3.1167
```

```
##
## Coefficients:
##               Estimate Std. Error t value Pr(>|t|)
## (Intercept) - 87.51667    5.93694   - 14.74 1.71e - 09 ***
## height        3.45000     0.09114     37.85 1.09e - 14 ***
## ---
## Signif. codes:  0 '***' 0.001 '**' 0.01 '*' 0.05 '.' 0.1 ' ' 1
##
## Residual standard error: 1.525 on 13 degrees of freedom
## Multiple R - squared:  0.991,  Adjusted R - squared:  0.9903
## F - statistic:  1433 on 1 and 13 DF,  p - value: 1.091e - 14
```

（4）模型预测。

```
# 查看拟合结果
fitted(myLR)
##       1        2        3        4        5        6        7        8
## 112.5833 116.0333 119.4833 122.9333 126.3833 129.8333 133.2833 136.7333
##       9       10       11       12       13       14       15
## 140.1833 143.6333 147.0833 150.5333 153.9833 157.4333 160.8833
# 查看残差
residuals(myLR)
##           1            2            3            4            5            6
##   2.41666667   0.96666667   0.51666667   0.06666667 - 0.38333333 - 0.83333333
##           7            8            9           10           11           12
## - 1.28333333 - 1.73333333 - 1.18333333 - 1.63333333 - 1.08333333 - 0.53333333
##          13           14           15
##   0.01666667   1.56666667   3.11666667
```

（5）分析结果的可视化。

```
plot(women $ height,women $ weight,xlab = "身高",ylab = "体重",col = "red",main = "女性体重与
身高的线性回归分析")
abline(myLR)
```

女性体重与身高的线性回归分析如图 A-1 所示。

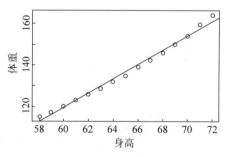

图 A-1 女性体重与身高的线性回归分析

（6）生成报告。

```
pdf("线性回归结果.pdf", family = "GB1")
# 注意参数: family = "GB1"

plot(women $ height, women $ weight, xlab = "身高", ylab = "体重", col = "red", main = "女性体重
与身高的线性回归分析")

abline(myLR)

dev.off()
## png
##   2
```

A.2 机器学习

【例 A-1】 KNN 算法

本节代码为"6.2节 机器学习"的 R 语言版本代码。

（1）数据读入——read.csv()。

```
# 前提: 数据已存放在 R 当前工作目录下。查看当前工作目录的函数为 getwd(), 详见
# 第 6 章的知识点"当前工作目录"
bcd <- read.csv("bc_data.csv", stringsAsFactors = FALSE)
head(bcd, 3)
##          id diagnosis radius_mean texture_mean perimeter_mean area_mean
## 1    842302         M       17.99        10.38          122.8      1001
## 2    842517         M       20.57        17.77          132.9      1326
## 3  84300903         M       19.69        21.25          130.0      1203
##   smoothness_mean compactness_mean concavity_mean concave.points_mean
## 1         0.11840          0.27760         0.3001             0.14710
## 2         0.08474          0.07864         0.0869             0.07017
## 3         0.10960          0.15990         0.1974             0.12790
##   symmetry_mean fractal_dimension_mean radius_se texture_se perimeter_se
## 1        0.2419                0.07871    1.0950     0.9053        8.589
## 2        0.1812                0.05667    0.5435     0.7339        3.398
## 3        0.2069                0.05999    0.7456     0.7869        4.585
##   area_se smoothness_se compactness_se concavity_se concave.points_se
## 1  153.40      0.006399        0.04904      0.05373           0.01587
## 2   74.08      0.005225        0.01308      0.01860           0.01340
## 3   94.03      0.006150        0.04006      0.03832           0.02058
##   symmetry_se fractal_dimension_se radius_worst texture_worst
## 1     0.03003             0.006193        25.38         17.33
## 2     0.01389             0.003532        24.99         23.41
## 3     0.02250             0.004571        23.57         25.53
##   perimeter_worst area_worst smoothness_worst compactness_worst
## 1           184.6       2019           0.1622            0.6656
```

```
## 2              158.8           1956              0.1238                   0.1866
## 3              152.5           1709              0.1444                   0.4245
##      concavity_worst concave_points_worst symmetry_worst
## 1             0.7119                 0.2654         0.4601
## 2             0.2416                 0.1860         0.2750
## 3             0.4504                 0.2430         0.3613
##      fractal_dimension_worst
## 1                    0.11890
## 2                    0.08902
## 3                    0.08758
```

（2）数据理解——str()/summary()。

```
str(bcd)
## 'data.frame':      569 obs. of   32 variables:
##  $ id                     : int  842302 842517 84300903 84348301 84358402
843786 844359 84458202 844981 84501001 ...
##  $ diagnosis              : chr  "M" "M" "M" "M" ...
##  $ radius_mean            : num  18 20.6 19.7 11.4 20.3 ...
##  $ texture_mean           : num  10.4 17.8 21.2 20.4 14.3 ...
##  $ perimeter_mean         : num  122.8 132.9 130 77.6 135.1 ...
##  $ area_mean              : num  1001 1326 1203 386 1297 ...
##  $ smoothness_mean        : num  0.1184 0.0847 0.1096 0.1425 0.1003 ...
##  $ compactness_mean       : num  0.2776 0.0786 0.1599 0.2839 0.1328 ...
##  $ concavity_mean         : num  0.3001 0.0869 0.1974 0.2414 0.198 ...
##  $ concave.points_mean    : num  0.1471 0.0702 0.1279 0.1052 0.1043 ...
##  $ symmetry_mean          : num  0.242 0.181 0.207 0.26 0.181 ...
##  $ fractal_dimension_mean : num  0.0787 0.0567 0.06 0.0974 0.0588 ...
##  $ radius_se              : num  1.095 0.543 0.746 0.496 0.757 ...
##  $ texture_se             : num  0.905 0.734 0.787 1.156 0.781 ...
##  $ perimeter_se           : num  8.59 3.4 4.58 3.44 5.44 ...
##  $ area_se                : num  153.4 74.1 94 27.2 94.4 ...
##  $ smoothness_se          : num  0.0064 0.00522 0.00615 0.00911 0.01149 ...
##  $ compactness_se         : num  0.049 0.0131 0.0401 0.0746 0.0246 ...
##  $ concavity_se           : num  0.0537 0.0186 0.0383 0.0566 0.0569 ...
##  $ concave.points_se      : num  0.0159 0.0134 0.0206 0.0187 0.0188 ...
##  $ symmetry_se            : num  0.03 0.0139 0.0225 0.0596 0.0176 ...
##  $ fractal_dimension_se   : num  0.00619 0.00353 0.00457 0.00921 0.00511 ...
##  $ radius_worst           : num  25.4 25 23.6 14.9 22.5 ...
##  $ texture_worst          : num  17.3 23.4 25.5 26.5 16.7 ...
##  $ perimeter_worst        : num  184.6 158.8 152.5 98.9 152.2 ...
##  $ area_worst             : num  2019 1956 1709 568 1575 ...
##  $ smoothness_worst       : num  0.162 0.124 0.144 0.21 0.137 ...
##  $ compactness_worst      : num  0.666 0.187 0.424 0.866 0.205 ...
##  $ concavity_worst        : num  0.712 0.242 0.45 0.687 0.4 ...
##  $ concave_points_worst   : num  0.265 0.186 0.243 0.258 0.163 ...
##  $ symmetry_worst         : num  0.46 0.275 0.361 0.664 0.236 ...
##  $ fractal_dimension_worst: num  0.1189 0.089 0.0876 0.173 0.0768 ...
summary(bcd)
##        id             diagnosis          radius_mean      texture_mean
##  Min.   : 8670     Length : 569       Min.   : 6.981    Min.   : 9.71
##  1st Qu. : 869218  Class  : character 1st Qu. : 11.700   1st Qu. : 16.17
```

```
##   Median   : 906024   Mode  : character   Median   : 13.370  Median  : 18.84
##   Mean     : 30371831  Mean  : 14.127      Mean     : 19.29
##   3rd Qu.  : 8813129                       3rd Qu.  : 15.780  3rd Qu. : 21.80
##   Max.     : 911320502                     Max.     : 28.110  Max.    : 39.28
##   perimeter_mean    area_mean    smoothness_mean  compactness_mean
##   Min.    : 43.79    Min.   : 143.5    Min.   : 0.05263  Min.   : 0.01938
##   1st Qu. : 75.17    1st Qu.: 420.3    1st Qu.: 0.08637  1st Qu.: 0.06492
##   Median  : 86.24    Median : 551.     Median : 0.09587  Median : 0.09263
##   Mean    : 91.97    Mean   : 654.9    Mean   : 0.09636  Mean   : 0.10434
##   3rd Qu. : 104.10   3rd Qu.: 782.7    3rd Qu.: 0.10530  3rd Qu.: 0.13040
##   Max.    : 188.50   Max.   : 2501.0   Max.   : 0.16340  Max.   : 0.34540
##   concavity_mean    concave.points_mean symmetry_mean
##   Min.    : 0.00000   Min.   : 0.00000   Min.   : 0.1060
##   1st Qu. : 0.02956   1st Qu.: 0.02031   1st Qu.: 0.1619
##   Median  : 0.06154   Median : 0.03350   Median : 0.1792
##   Mean    : 0.08880   Mean   : 0.04892   Mean   : 0.1812
##   3rd Qu. : 0.13070   3rd Qu.: 0.07400   3rd Qu.: 0.1957
##   Max.    : 0.42680   Max.   : 0.20120   Max.   : 0.3040
##   fractal_dimension_mean   radius_se   texture_se     perimeter_se
##   Min.    : 0.04996   Min.   : 0.1115   Min.   : 0.3602   Min.    : 0.757
##   1st Qu. : 0.05770   1st Qu.: 0.2324   1st Qu.: 0.8339   1st Qu. : 1.606
##   Median  : 0.06154   Median : 0.3242   Median : 1.1080   Median  : 2.287
##   Mean    : 0.06280   Mean   : 0.4052   Mean   : 1.2169   Mean    : 2.866
##   3rd Qu. : 0.06612   3rd Qu.: 0.4789   3rd Qu.: 1.4740   3rd Qu. : 3.357
##   Max.    : 0.09744   Max.   : 2.8730   Max.   : 4.8850   Max.    : 21.980
##     area_se    smoothness_se   compactness_se    concavity_se
##   Min.    : 6.802    Min.   : 0.001713   Min.   : 0.002252  Min.   : 0.00000
##   1st Qu. : 17.850   1st Qu.: 0.005169   1st Qu.: 0.013080  1st Qu.: 0.01509
##   Median  : 24.530   Median : 0.006380   Median : 0.020450  Median : 0.02589
##   Mean    : 40.337   Mean   : 0.007041   Mean   : 0.025478  Mean   : 0.03189
##   3rd Qu. : 45.190   3rd Qu.: 0.008146   3rd Qu.: 0.032450  3rd Qu.: 0.04205
##   Max.    : 542.200  Max.   : 0.031130   Max.   : 0.135400  Max.   : 0.39600
##   concave.points_se   symmetry_se   fractal_dimension_se
##   Min.    : 0.000000  Min.   : 0.007882   Min.   : 0.0008948
##   1st Qu. : 0.007638  1st Qu.: 0.015160   1st Qu.: 0.0022480
##   Median  : 0.010930  Median : 0.018730   Median : 0.0031870
##   Mean    : 0.011796  Mean   : 0.020542   Mean   : 0.0037949
##   3rd Qu. : 0.014710  3rd Qu.: 0.023480   3rd Qu.: 0.0045580
##   Max.    : 0.052790  Max.   : 0.078950   Max.   : 0.0298400
##   radius_worst   texture_worst   perimeter_worst    area_worst
##   Min.    : 7.93    Min.   : 12.02    Min.   : 50.41    Min.    : 185.2
##   1st Qu. : 13.01   1st Qu.: 21.08    1st Qu.: 84.11    1st Qu. : 515.3
##   Median  : 14.97   Median : 25.41    Median : 97.66    Median  : 686.5
##   Mean    : 16.27   Mean   : 25.68    Mean   : 107.26   Mean    : 880.6
##   3rd Qu. : 18.79   3rd Qu.: 29.72    3rd Qu.: 125.40   3rd Qu. : 1084.0
##   Max.    : 36.04   Max.   : 49.54    Max.   : 251.20   Max.    : 4254.0
##   smoothness_worst   compactness_worst concavity_worst  concave_points_worst
##   Min.    : 0.07117   Min.   : 0.02729   Min.   : 0.0000   Min.   : 0.00000
##   1st Qu. : 0.11660   1st Qu.: 0.14720   1st Qu.: 0.1145   1st Qu.: 0.06493
##   Median  : 0.13130   Median : 0.21190   Median : 0.2267   Median : 0.09993
##   Mean    : 0.13237   Mean   : 0.25427   Mean   : 0.2722   Mean   : 0.11461
##   3rd Qu. : 0.14600   3rd Qu.: 0.33910   3rd Qu.: 0.3829   3rd Qu.: 0.16140
##   Max.    : 0.22260   Max.   : 1.05800   Max.   : 1.2520   Max.   : 0.29100
##   symmetry_worst   fractal_dimension_worst
##   Min.    : 0.1565   Min.   : 0.05504
##   1st Qu. : 0.2504   1st Qu.: 0.07146
##   Median  : 0.2822   Median : 0.08004
##   Mean    : 0.2901   Mean   : 0.08395
```

```
##    3rd Qu.    : 0.3179    3rd Qu.    : 0.09208
##    Max.       : 0.6638    Max.       : 0.20750
```

在列 diagnosis 上进行频数统计
```
table(bcd $ diagnosis)
    ##
    ##    B    M
    ##  357  212
```

（3）数据准备。

(1) 将列 diagnosis 转换为因子型, 并将其取值"B"和""M" 分别改为"Benign"和
"Malignant"
```
bcd $ diagnosis < - factor (bcd $ diagnosis, levels = c ( " B","M"), labels = c ( " Benign",
"Malignant"))
```

(2) 查看 bcd 数据框, 列 diagnosis 的值是否有改动
```
head(bcd, 3)
    ##                id diagnosis radius_mean texture_mean perimeter_mean area_mean
    ## 1    842302 Malignant      17.99        10.38          122.8        1001
    ## 2    842517 Malignant      20.57        17.77          132.9        1326
    ## 3  84300903 Malignant      19.69        21.25          130.0        1203
    ##    smoothness_mean compactness_mean concavity_mean concave.points_mean
    ## 1         0.11840          0.27760         0.3001             0.14710
    ## 2         0.08474          0.07864         0.0869             0.07017
    ## 3         0.10960          0.15990         0.1974             0.12790
    ##    symmetry_mean fractal_dimension_mean radius_se texture_se perimeter_se
    ## 1         0.2419             0.07871       1.0950     0.9053       8.589
    ## 2         0.1812             0.05667       0.5435     0.7339       3.398
    ## 3         0.2069             0.05999       0.7456     0.7869       4.585
    ##    area_se smoothness_se compactness_se concavity_se concave.points_se
    ## 1   153.40      0.006399        0.04904      0.05373           0.01587
    ## 2    74.08      0.005225        0.01308      0.01860           0.01340
    ## 3    94.03      0.006150        0.04006      0.03832           0.02058
    ##    symmetry_se fractal_dimension_se radius_worst texture_worst
    ## 1      0.03003             0.006193        25.38         17.33
    ## 2      0.01389             0.003532        24.99         23.41
    ## 3      0.02250             0.004571        23.57         25.53
    ##    perimeter_worst area_worst smoothness_worst compactness_worst
    ## 1            184.6       2019           0.1622            0.6656
    ## 2            158.8       1956           0.1238            0.1866
    ## 3            152.5       1709           0.1444            0.4245
    ##    concavity_worst concave_points_worst symmetry_worst
    ## 1           0.7119               0.2654         0.4601
    ## 2           0.2416               0.1860         0.2750
    ## 3           0.4504               0.2430         0.3613
    ##    fractal_dimension_worst
    ## 1                  0.11890
    ## 2                  0.08902
    ## 3                  0.08758
```

(3) 自定义一个标准化函数
```
normalize < - function(x){
  return((x - min(x))/(max(x) - min(x)))
```

```
}

#(4)为了进行数据内容的标准化,删除第一列
bcd <- bcd[-1]

#(5)对数据内容"以列为单位"分别进行标准化处理
normalized.bcd <- as.data.frame(lapply(bcd[2:31],normalize))

#注意此处,bcd[2:31]的原因是 bcd 的前 1 列不在标准化处理的范围之内。为此,
#可以用 str()函数查看结构信息
str(bcd)
    ##  'data.frame':     569 obs. of   31 variables:
    ##  $ diagnosis                : Factor w/2 levels "Benign","Malignant": 2 2 2 2 2 2 2
2 2 2 ...
    ##  $ radius_mean              : num   18 20.6 19.7 11.4 20.3 ...
    ##  $ texture_mean             : num   10.4 17.8 21.2 20.4 14.3 ...
    ##  $ perimeter_mean           : num   122.8 132.9 130 77.6 135.1 ...
    ##  $ area_mean                : num   1001 1326 1203 386 1297 ...
    ##  $ smoothness_mean          : num   0.1184 0.0847 0.1096 0.1425 0.1003 ...
    ##  $ compactness_mean         : num   0.2776 0.0786 0.1599 0.2839 0.1328 ...
    ##  $ concavity_mean           : num   0.3001 0.0869 0.1974 0.2414 0.198 ...
    ##  $ concave.points_mean      : num   0.1471 0.0702 0.1279 0.1052 0.1043 ...
    ##  $ symmetry_mean            : num   0.242 0.181 0.207 0.26 0.181 ...
    ##  $ fractal_dimension_mean   : num   0.0787 0.0567 0.06 0.0974 0.0588 ...
    ##  $ radius_se                : num   1.095 0.543 0.746 0.496 0.757 ...
    ##  $ texture_se               : num   0.905 0.734 0.787 1.156 0.781 ...
    ##  $ perimeter_se             : num   8.59 3.4 4.58 3.44 5.44 ...
    ##  $ area_se                  : num   153.4 74.1 94 27.2 94.4 ...
    ##  $ smoothness_se            : num   0.0064 0.00522 0.00615 0.00911 0.01149 ...
    ##  $ compactness_se           : num   0.049 0.0131 0.0401 0.0746 0.0246 ...
    ##  $ concavity_se             : num   0.0537 0.0186 0.0383 0.0566 0.0569 ...
    ##  $ concave.points_se        : num   0.0159 0.0134 0.0206 0.0187 0.0188 ...
    ##  $ symmetry_se              : num   0.03 0.0139 0.0225 0.0596 0.0176 ...
    ##  $ fractal_dimension_se     : num   0.00619 0.00353 0.00457 0.00921 0.00511 ...
    ##  $ radius_worst             : num   25.4 25 23.6 14.9 22.5 ...
    ##  $ texture_worst            : num   17.3 23.4 25.5 26.5 16.7 ...
    ##  $ perimeter_worst          : num   184.6 158.8 152.5 98.9 152.2 ...
    ##  $ area_worst               : num   2019 1956 1709 568 1575 ...
    ##  $ smoothness_worst         : num   0.162 0.124 0.144 0.21 0.137 ...
    ##  $ compactness_worst        : num   0.666 0.187 0.424 0.866 0.205 ...
    ##  $ concavity_worst          : num   0.712 0.242 0.45 0.687 0.4 ...
    ##  $ concave_points_worst     : num   0.265 0.186 0.243 0.258 0.163 ...
    ##  $ symmetry_worst           : num   0.46 0.275 0.361 0.664 0.236 ...
    ##  $ fractal_dimension_worst  : num   0.1189 0.089 0.0876 0.173 0.0768 ...

head(normalized.bcd,3)
    ##      radius_mean texture_mean perimeter_mean area_mean smoothness_mean
    ##  1   0.5210374    0.0226581     0.5459885    0.3637328     0.5937528
    ##  2   0.6431445    0.2725736     0.6157833    0.5015907     0.2898799
    ##  3   0.6014956    0.3902604     0.5957432    0.4494168     0.5143089
    ##      compactness_mean concavity_mean concave.points_mean symmetry_mean
    ##  1      0.7920373       0.7031396        0.7311133         0.6863636
    ##  2      0.1817680       0.2036082        0.3487575         0.3797980
    ##  3      0.4310165       0.4625117        0.6356859         0.5095960
```

```
##       fractal_dimension_mean radius_se texture_se perimeter_se    area_se
## 1                 0.6055181 0.3561470 0.12046941    0.3690336 0.2738113
## 2                 0.1413227 0.1564367 0.08258929    0.1244405 0.1256598
## 3                 0.2112468 0.2296216 0.09430251    0.1803704 0.1629218
##       smoothness_se compactness_se concavity_se concave.points_se symmetry_se
## 1        0.1592956     0.35139844   0.13568182         0.3006251  0.31164518
## 2        0.1193867     0.08132304   0.04696970         0.2538360  0.08453875
## 3        0.1508312     0.28395470   0.09676768         0.3898466  0.20569032
##       fractal_dimension_se radius_worst texture_worst perimeter_worst
## 1            0.1830424    0.6207755     0.1415245       0.6683102
## 2            0.0911101    0.6069015     0.3035714       0.5398177
## 3            0.1270055    0.5563856     0.3600746       0.5084417
##       area_worst smoothness_worst compactness_worst concavity_worst
## 1     0.4506980      0.6011358         0.6192916       0.5686102
## 2     0.4352143      0.3475533         0.1545634       0.1929712
## 3     0.3745085      0.4835898         0.3853751       0.3597444
##       concave_points_worst symmetry_worst fractal_dimension_worst
## 1            0.9120275      0.5984624           0.4188640
## 2            0.6391753      0.2335896           0.2228781
## 3            0.8350515      0.4037059           0.2134330
```

```
#(6)将数据集划分为训练集和测试集
training.bcd <- normalized.bcd[1: 469, ]
testing.bcd <- normalized.bcd[470: 569, ]
```

```
#(7)定义训练集和测试集的标签向量
training.bcd.labels <- bcd[1: 469,1]
testing.bcd.labels <- bcd[470: 569,1]
```

(4) 数据建模。

```
#(1)安装第三方包 class
install.packages("class")
    ## Installing package into 'C: /Users/soloman/Documents/R/win-library/3.3'

    ##    package 'class' successfully unpacked and MD5 sums checked
    ##
    ##    The downloaded binary packages are in
    ##    C: \Users\ **** \AppData\Local\Temp\Rtmpq87u7J\downloaded_packages
library(class)
```

```
#(2)调用第三方包 class 中的方法 knn()
testing.bcd.pred <- knn(train = training.bcd, test = testing.bcd, cl = training.bcd.labels, k = 21)
#(3)查看 knn()分类结果的前 3 行
head(testing.bcd.pred, 3)
    ## [1] Benign Benign Benign
    ## Levels: Benign Malignant
```

（5）讨论模型的可靠性。

```
#(1)下载并安装第三方包 gmodels
install.packages("gmodels")
    ##   Installing package into 'C: /Users/soloman/Documents/R/win-library/3.3'

    ##   package 'gmodels' successfully unpacked and MD5 sums checked
    ##
    ##   The downloaded binary packages are in
    ##     C: \Users\ **** \AppData\Local\Temp\Rtmpq87u7J\downloaded_packages


library("gmodels")

#(2)调用第三方包 gmodels 中的方法 CrossTable,对 KNN 模型"预测类型"和数据集自
#带的"实际类型"进行对比分析
CrossTable(x = testing.bcd.labels, y = testing.bcd.pred, prop.chisq = FALSE)
    ##
    ##
    ##     Cell Contents
    ##   |-------------------------|
    ##   |                       N |
    ##   |             N / Row Total |
    ##   |             N / Col Total |
    ##   |           N / Table Total |
    ##   |-------------------------|
    ##
    ##
    ##   Total Observations in Table:    100
    ##
    ##
    ##                      | testing.bcd.pred
    ##   testing.bcd.labels |    Benign |  Malignant |  Row Total |
    ##   ------------------ |-----------|------------|------------|
    ##             Benign   |       77  |        0   |       77   |
    ##                      |    1.000  |    0.000   |    0.770   |
    ##                      |    0.975  |    0.000   |            |
    ##                      |    0.770  |    0.000   |            |
    ##   ------------------ |-----------|------------|------------|
    ##          Malignant   |        2  |       21   |       23   |
    ##                      |    0.087  |    0.913   |    0.230   |
    ##                      |    0.025  |    1.000   |            |
    ##                      |    0.020  |    0.210   |            |
    ##   ------------------ |-----------|------------|------------|
    ##       Column Total   |       79  |       21   |      100   |
    ##                      |    0.790  |    0.210   |            |
    ##   ------------------ |-----------|------------|------------|
```

【例 A-2】　K-Means 算法

（1）数据导入——read.table()。

```
#前提: 将数据文件 protein.txt 事先放在当前工作路径下。查看当前工作目录的函
#数为 getwd(),详见第 6 章的知识点"当前工作目录"
```

```
protein <- read.table("protein.txt", sep = "\t", header = TRUE)
head(protein)
##          Country RedMeat WhiteMeat Eggs Milk Fish Cereals Starch Nuts
## 1        Albania    10.1       1.4  0.5  8.9  0.2    42.3    0.6  5.5
## 2        Austria     8.9      14.0  4.3 19.9  2.1    28.0    3.6  1.3
## 3        Belgium    13.5       9.3  4.1 17.5  4.5    26.6    5.7  2.1
## 4       Bulgaria     7.8       6.0  1.6  8.3  1.2    56.7    1.1  3.7
## 5 Czechoslovakia     9.7      11.4  2.8 12.5  2.0    34.3    5.0  1.1
## 6        Denmark    10.6      10.8  3.7 25.0  9.9    21.9    4.8  0.7
##   Fr.Veg
## 1    1.7
## 2    4.3
## 3    4.0
## 4    4.2
## 5    4.0
## 6    2.4
```

（2）数据理解。

```
# 查看结构信息——str()
str(protein)
## 'data.frame':    25 obs. of 10 variables:
##  $ Country  : Factor w/ 25 levels "Albania","Austria",..: 1 2 3 4 5 6 7 8 9 10 ...
##  $ RedMeat  : num  10.1 8.9 13.5 7.8 9.7 10.6 8.4 9.5 18 10.2 ...
##  $ WhiteMeat: num  1.4 14 9.3 6 11.4 10.8 11.6 4.9 9.9 3 ...
##  $ Eggs     : num  0.5 4.3 4.1 1.6 2.8 3.7 3.7 2.7 3.3 2.8 ...
##  $ Milk     : num  8.9 19.9 17.5 8.3 12.5 25 11.1 33.7 19.5 17.6 ...
##  $ Fish     : num  0.2 2.1 4.5 1.2 2 9.9 5.4 5.8 5.7 5.9 ...
##  $ Cereals  : num  42.3 28 26.6 56.7 34.3 21.9 24.6 26.3 28.1 41.7 ...
##  $ Starch   : num  0.6 3.6 5.7 1.1 5 4.8 6.5 5.1 4.8 2.2 ...
##  $ Nuts     : num  5.5 1.3 2.1 3.7 1.1 0.7 0.8 1 2.4 7.8 ...
##  $ Fr.Veg   : num  1.7 4.3 4 4.2 4 2.4 3.6 1.4 6.5 6.5 ...
# 查看描述性统计信息——summary()
summary(protein)
##          Country       RedMeat         WhiteMeat          Eggs
##  Albania       : 1   Min.   : 4.400   Min.   : 1.400   Min.   : 0.500
##  Austria       : 1   1st Qu.: 7.800   1st Qu.: 4.900   1st Qu.: 2.700
##  Belgium       : 1   Median : 9.500   Median : 7.800   Median : 2.900
##  Bulgaria      : 1   Mean   : 9.828   Mean   : 7.896   Mean   : 2.936
##  Czechoslovakia: 1   3rd Qu.:10.600   3rd Qu.:10.800   3rd Qu.: 3.700
##  Denmark       : 1   Max.   :18.000   Max.   :14.000   Max.   : 4.700
##  (Other)       :19
##       Milk            Fish           Cereals          Starch
##  Min.   : 4.90   Min.   : 0.200   Min.   :18.60   Min.   : 0.600
##  1st Qu.:11.10   1st Qu.: 2.100   1st Qu.:24.30   1st Qu.: 3.100
##  Median :17.60   Median : 3.400   Median :28.00   Median : 4.700
##  Mean   :17.11   Mean   : 4.284   Mean   :32.25   Mean   : 4.276
##  3rd Qu.:23.30   3rd Qu.: 5.800   3rd Qu.:40.10   3rd Qu.: 5.700
##  Max.   :33.70   Max.   :14.200   Max.   :56.70   Max.   : 6.500
```

```
##
##         Nuts              Fr.Veg
##   Min.    : 0.700    Min.    : 1.400
##   1st Qu. : 1.500    1st Qu. : 2.900
##   Median  : 2.400    Median  : 3.800
##   Mean    : 3.072    Mean    : 4.136
##   3rd Qu. : 4.700    3rd Qu. : 4.900
##   Max.    : 7.800    Max.    : 7.900
##
# 查看列名——colnames()
colnames(protein)
##  [1] "Country"    "RedMeat"    "WhiteMeat"  "Eggs"     "Milk"
##  [6] "Fish"       "Cereals"    "Starch"     "Nuts"     "Fr.Veg"
# 查看行数和列数——ncol()和nrow()
ncol(protein)
## [1] 10
nrow(protein)
## [1] 25
```

（3）数据转换。

```
# 对数据部分进行标准化处理——scale()
sprotein <- scale(protein[, -1])
head(sprotein)
##          RedMeat    WhiteMeat      Eggs        Milk         Fish       Cereals
## [1,]  0.08126490  -1.7584889  -2.1796385  -1.15573814  -1.20028213   0.9159176
## [2,] -0.27725673   1.6523731   1.2204544   0.39237676  -0.64187467  -0.3870690
## [3,]  1.09707621   0.3800675   1.0415022   0.05460623   0.06348211  -0.5146342
## [4,] -0.60590157  -0.5132535  -1.1954011  -1.24018077  -0.90638347   2.2280161
## [5,] -0.03824231   0.9485445  -0.1216875  -0.64908235  -0.67126454   0.1869740
## [6,]  0.23064892   0.7861225   0.6835976   1.11013912   1.65053488  -0.9428885
##          Starch        Nuts        Fr.Veg
## [1,] -2.2495772   1.2227536  -1.35040507
## [2,] -0.4136872  -0.8923886   0.09091397
## [3,]  0.8714358  -0.4895043  -0.07539207
## [4,] -1.9435955   0.3162641   0.03547862
## [5,]  0.4430614  -0.9931096  -0.07539207
## [6,]  0.3206688  -1.1945517  -0.96235764
```

（4）数据建模。

```
# 以 kmeans 聚类为例——kmean()
k <- 5
KMmodel <- kmeans(sprotein, k, nstart = 10, iter.max = 10)
# K-Means 算法对"k 个初始观测"的选择较为敏感.因此,在调用 K-Means 算法时,通
# 常采取试探多种初始观测值并选择其中最优方案的策略.此处,形参 nstart 代表的
# 是初始观测的试探次数
```

（5）查看模型——summary()。

```
KMmodel
## K - means clustering with 5 clusters of sizes 4,4,8,4,5
##
## Cluster means:
##         RedMeat    WhiteMeat      Eggs        Milk       Fish     Cereals
## 1    0.006572897 - 0.2290150   0.19147892   1.3458748   1.1582546 - 0.8722721
## 2  - 0.807569986 - 0.8719354 - 1.55330561 - 1.0783324 - 1.0386379   1.7200335
## 3    1.011180399   0.7421332   0.94084150   0.5700581 - 0.2671539 - 0.6877583
## 4  - 0.508801956 - 1.1088009 - 0.41248496 - 0.8320414   0.9819154   0.1300253
## 5  - 0.570049402   0.5803879 - 0.08589708 - 0.4604938 - 0.4537795   0.3181839
##        Starch        Nuts      Fr.Veg
## 1   0.1676780 - 0.9553392 - 1.11480485
## 2 - 1.4234267   0.9961313 - 0.64360439
## 3   0.2288743 - 0.5083895   0.02161979
## 4 - 0.1842010   1.3108846   1.62924487
## 5   0.7857609 - 0.2679180   0.06873983
##
## Clustering vector:
##   [1] 2 3 3 2 5 1 5 1 3 4 5 3 4 3 1 5 4 2 4 1 3 3 5 3 2
##
## Within cluster sum of squares by cluster:
## [1]   5.900318   8.012133 22.110431 18.925874 16.994661
##    (between_SS / total_SS =   66.7 % )
##
## Available components:
##
## [1] "cluster"       "centers"       "totss"         "withinss"
## [5] "tot.withinss"  "betweenss"     "size"          "iter"
## [9] "ifault"
summary(KMmodel)
##               Length Class    Mode
## cluster       25      - none - numeric
## centers       45      - none - numeric
## totss          1      - none - numeric
## withinss       5      - none - numeric
## tot.withinss   1      - none - numeric
## betweenss      1      - none - numeric
## size           5      - none - numeric
## iter           1      - none - numeric
## ifault         1      - none - numeric
```

（6）模型预测。

```
prepfrotein < - fitted(KMmodel)

head(prepfrotein)
##         RedMeat    WhiteMeat      Eggs        Milk       Fish     Cereals
## 2  - 0.807569986 - 0.8719354 - 1.55330561 - 1.0783324 - 1.0386379   1.7200335
## 3    1.011180399   0.7421332   0.94084150   0.5700581 - 0.2671539 - 0.6877583
```

```
## 3   1.011180399   0.7421332   0.94084150   0.5700581 - 0.2671539 - 0.6877583
## 2 - 0.807569986 - 0.8719354 - 1.55330561 - 1.0783324 - 1.0386379   1.7200335
## 5 - 0.570049402   0.5803879 - 0.08589708 - 0.4604938 - 0.4537795   0.3181839
## 1   0.006572897 - 0.2290150   0.19147892   1.3458748   1.1582546 - 0.8722721
##       Starch        Nuts      Fr.Veg
## 2 - 1.4234267   0.9961313 - 0.64360439
## 3   0.2288743 - 0.5083895   0.02161979
## 3   0.2288743 - 0.5083895   0.02161979
## 2 - 1.4234267   0.9961313 - 0.64360439
## 5   0.7857609 - 0.2679180   0.06873983
## 1   0.1676780 - 0.9553392 - 1.11480485
# 查看聚类结果. 注: k = 5, 共 25 个国家
KMClusters <- KMmodel $ cluster
KMClusters
##  [1] 2 3 3 2 5 1 5 1 3 4 5 3 4 3 1 5 4 2 4 1 3 3 5 3 2
```

（7）输出结果——自定义函数。

```
print_KMClusters <- function(labels,k)
{
  for(i in 1 : k){
    print(paste("聚类",i))
    print(protein[labels == i,c("Country","RedMeat","Fish","Fr.Veg")])
  }
}


k = 5
print_KMClusters(KMClusters,k)
## [1] "聚类 1"
##       Country RedMeat Fish Fr.Veg
## 6     Denmark    10.6  9.9    2.4
## 8     Finland     9.5  5.8    1.4
## 15     Norway     9.4  9.7    2.7
## 20     Sweden     9.9  7.5    2.0
## [1] "聚类 2"
##       Country RedMeat Fish Fr.Veg
## 1     Albania    10.1  0.2    1.7
## 4    Bulgaria     7.8  1.2    4.2
## 18    Romania     6.2  1.0    2.8
## 25 Yugoslavia     4.4  0.6    3.2
## [1] "聚类 3"
##       Country RedMeat Fish Fr.Veg
## 2     Austria     8.9  2.1    4.3
## 3     Belgium    13.5  4.5    4.0
## 9      France    18.0  5.7    6.5
## 12    Ireland    13.9  2.2    2.9
## 14 Netherlands    9.5  2.5    3.7
## 21 Switzerland   13.1  2.3    4.9
## 22         UK    17.4  4.3    3.3
## 24  W Germany    11.4  3.4    3.8
```

```
## [1] "聚类 4"
##      Country RedMeat Fish Fr.Veg
## 10    Greece    10.2  5.9  6.5
## 13     Italy     9.0  3.4  6.7
## 17  Portugal     6.2 14.2  7.9
## 19     Spain     7.1  7.0  7.2
## [1] "聚类 5"
##      Country RedMeat Fish Fr.Veg
## 5  Czechoslovakia  9.7  2.0  4.0
## 7      E Germany   8.4  5.4  3.6
## 11       Hungary   5.3  0.3  4.2
## 16        Poland   6.9  3.0  6.6
## 23          USSR   9.3  3.0  2.9
```

A.3　数据可视化

以下代码为本书" 6.3　数据可视化"的 R 语言版本代码。

(1)数据准备。

```
# 本例准备用 car 包下的 Salaries 数据集
install.packages("car")
## Installing package into '…/R/win-library/3.3'
## (as 'lib' is unspecified)
## package 'car' successfully unpacked and MD5 sums checked
##
## The downloaded binary packages are in
##    C:\Users\****\AppData\Local\Temp\Rtmpq87u7J\downloaded_packages
data(Salaries, package = "car")
# 以上代码可以改写成如下代码
if("car" %in% rownames(installed.packages()) == FALSE) {
# 设置 CRAN 镜像站点
  local({r <- getOption("repos")
          r["CRAN"] <- "https://mirrors.tuna.tsinghua.edu.cn/CRAN/"
          options(repos = r)})
install.packages("car")
data(Salaries, package = "car")
  }
```

(2)加载 ggplot2 包。

```
# if("ggplot2" %in% rownames(installed.packages()) = FALSE) {
# # 设置 CRAN 镜像站点
#    local({r <- getOption("repos")
#           r["CRAN"] <- "https://mirrors.tuna.tsinghua.edu.cn/CRAN/"
#           options(repos = r)})
  install.packages("ggplot2")
```

```
## Installing package into 'C: /Users/soloman/Documents/R/win-library/3.3'
## (as 'lib' is unspecified)
## Warning: package 'ggplot2' is in use and will not be installed
  library("ggplot2")
# }
```

（3）可视化建模。

```
myggplot <- ggplot(data = Salaries, aes(x = rank, y = salary)) +
  geom_boxplot(fill = "cornflowerblue", color = "red", notch = TRUE) +
  geom_point(position = "jitter", color = "blue", alpha = 0.5) +
  geom_rug(sides = "1", color = "black")
```

（4）进行可视化。

```
myggplot
```

结果如图 A-2 所示。

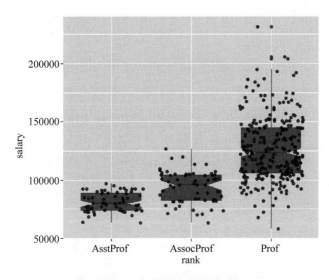

图 A-2　工资数据的可视化

A.4　SparkR 编程

【SparkR 编程基础知识】

（1）加载 SparkR 包——SparkR 编程的第一步。

【语法】

```
library(SparkR)
```

【解读】

- 在执行命令 library(SparkR)时,系统会显示如下命名冲突的信息。

```
The following objects are masked from 'package: stats':
    cov,filter,lag,na.omit,predict,sd,var,window

The following objects are masked from 'package: base':
    as.data.frame,colnames,colnames < - ,drop,endsWith,intersect,rank,rbind,sample,
    startsWith,subset,summary,transform,union
```

- SparkR 的安装环境及 SparkR 包的下载方法已经在"SparkR 开发环境的搭建方法"中详细介绍过,因此,在此不需要另进行 install.packages("SparkR")操作。
- 通过命令 install.packages("SparkR")下载 R 包时,可能显示版本不一致的警告信息,如 package 'SparkR' is not available (for R version 3.3.3)。

(2) SparkSession——建立 R 与 Spark 集群之间的连接。

【语法】

sparkR.session(参数列表)

【解读】

- SparkSession 是 SparkR 编程的入口点,标志着 SparkR 编程的正式开始。
- 需要注意的是,SparkSession 是 Spark2.0 之后引入的新概念,在 Spark2.0 版本之前用的是另一个套概念,如 SparkContext、SQLContext、Hive Context 等。
- 函数 sparkR.session()的参数有 master、appName、sparkHome、sparkConfig、sparkJars、sparkPackages、enableHiveSupport,各参数的具体含义参见 SparkR 的帮助文档。
- 关闭 SparkSession 的方法为调用函数 sparkR.session.stop()。

(3) 路径计算——SparkR 编程中的常用知识点。

【语法】

- Sys.getenv()——环境变量的读取方法。例如,Sys.getenv("SPARK_HOME")
- Sys.setenv(SPARK_HOME ="")——环境变量的写入方法。例如,SPARK_HOME ="/home/spark"
- file.path()——基于环境变量计算路径方法。例如,file.path(Sys.getenv("SPARK_HOME"),"R","lib")

【解读】

上述 3 个知识点,可以综合成如下代码:

```
library(SparkR)
if (nchar(Sys.getenv("SPARK_HOME")) < 1) {
```

```
    Sys.setenv(SPARK_HOME = "/home/spark")
}
library(SparkR,lib.loc = c(file.path(Sys.getenv("SPARK_HOME"),"R","lib")))
sparkR.session(master = "local[ * ]",sparkConfig = list(spark.driver.memory = "2g"))
```

- 函数 nchar()为 R 函数,用于统计字符串长度。
- "SPARK_HOME"为"SparkR 开发环境的搭建方法"中定义的 Spark 环境变量。
- 在 R 中,可以通过命令"? sparkR.session"查阅 sparkR.session()函数的形参信息。在此,master 和 sparkConfig 分别代表的是 Spark Master 的 URL 信息和 Spark Workers 节点的配置信息。

(4) Spark 数据框——将 R 的数据框转变为 Spark 数据框。

【语法】

```
Spark 数据框 <- as.DataFrame(R 数据框)
Spark 数据框 <- createDataFrame(R 数据框)
```

【解读】

- 在 SparkR 中创建 SparkDataFrame 的方法有两类:一是基于本地 R 数据框间接创建 SparkDataFrame,如本知识点所示;二是基于外部文件(如 JSON/CSV/Parquet/Hive)直接创建 SparkDataFrame。

(5) SparkSQL——SparkR 中的 SQL 语句。

【语法】

```
createOrReplaceTempView(x,viewName)
```

其中,x 和 viewName 分别为 SparkR 数据框和视图名称。

【解读】

- Spark 中 SQL 语句并不是直接在 Spark 数据框上进行的,而是先将 Spark 数据框转换成临时视图之后,在这个临时视图上进行 SQL 查询,所以函数 createOrReplaceTempView(x,viewName)将非常有用。
- 在 createOrReplaceTempView()之后,可以用另一个函数 sql()编写你的 SQL 代码,如:

```
createOrReplaceTempView(people,"people")
teenagers <- sql("SELECT name FROM people WHERE age >= 13 AND age <= 19")
```

- createOrReplaceTempView 中的 Replace 的意思是如果同名 View 已经存在,系统将替代原有视图。
- 注意,在 Spark1.6 版本中,函数名并不是 createOrReplaceTempView(),而是 registerTempTable()。

(6) Spark MLib——SparkR 中的机器学习。

【语法】

- spark. glm()——广义线性模型。
- spark. survreg()——AFT 生存回归模型。
- spark. naiveBayes()——朴素贝叶斯模型。
- spark. kmeans()——K-Means 模型。
- spark. logit()——Logistic 回归模型。
- spark. isoreg()——Isotonic 回归模型。
- spark. gaussianMixture()——高斯混合模型。
- spark. lda()——LDA 模型Ⅰ。
- spark. mlp()——多层感知器分类模型。
- spark. gbt()——梯度增强树模型。
- spark. randomForest()——随机森林模型的回归和分类模型。
- spark. als()——ALS 矩阵分解模型。
- spark. kstest()——Kolmogorov-Smirnov 测试。

【解读】

- SparkR 目前只支持部分机器学习算法,具体用法为直接调用以上函数。
- 调用上述函数后,通常用函数 predict() 和 summary() 进一步处理上述函数的返回值。
- 也可以用 write. ml() 和 read. ml() 读写机器学习到的模型,详细内容请参见 SparkR 的相关文档。

(7) 分布式计算——将本地 R 函数在 Spark 上按分布式执行。

【语法】

```
spark. lapply(x,R 函数)
```

【解读】

- 通过调用函数 spark. lapply() 可以实现本地 R 函数在 Spark 上的分布式执行。
- 参数 x 往往为 R 列表或向量。
- 如果计算结果超出了一台计算机的存储范围,应将 R 数据框改为 SparkR 数据框。
- 除了 spark. lapply() 外,SparkR 中还提供了几个类似的函数,如 dapply()、gdaplly() 等,同时还提供了 dapplyCollect()、gdapllyCollect() 等函数将分布式计算结果进行合并。

```
x < - as. data. frame(mtcars)
y < - spark. lapply(x,mean)
y
```

（8）命名冲突——SparkR 与 R 之间的函数命名冲突。

【语法】

stats∷****()

或

运算符∷

【解读】

- 在执行命令 library(SparkR)时，系统会显示如下命名冲突的信息：

```
The following objects are masked from 'package: stats':
    cov, filter, lag, na. omit, predict, sd, var, window
The following objects are masked from 'package: base':
    as. data. frame, colnames, colnames < - , drop, endsWith, intersect, rank, rbind, sample,
    startsWith, subset, summary, transform, union
```

- 解决方法就是在接下来的函数调用中，以运算符"∷"方式明确给出所在包名，如用 stats∷cov()或 stats∷cov()来区分到底是哪一个包中的 cov()函数。

（9）Spark 版本——版本差异性对编程的影响（见表 A-1）。

表 A-1　Spark 版本差异性

序号	Spark1. 6	Spark2. 0	备　注
1	SQLContext、HiveContext	SparkSession	建立 R 与 Spark 集群之间连接的方法发生改变
2	registerTempTable()	RegisterOrReplace TempTable()	方法名更新
3	dropTable	dropTempView()	方法名更新
4	table()	tableToDF()	方法名更新
5	DataFrame	SparkDataFrame	类名替换
6	sc	～	SetJobGroup()等很多函数中不再支持参数 sc
7	sqlContext	～	CreateDataFrame()等很多函数中不再支持参数 sqlContext

【解读】

- 目前，Spark 的主要版本有 1. 6 和 2. 0，在阅读他人编写的 SparkR 代码或自己编写的代码时，一定要注意 Spark 版本的差异性。

（10）数据类型——Spark 与 R 的数据类型对照表（见表 A-2）。

表 A-2　Spark 与 R 的数据类型对比

序号	Spark 数据类型	R 数据类型	序号	Spark 数据类型	R 数据类型
1	byte	byte	9	binary	raw
2	integer	integer	10	boolean	logical
3	float	float	11	timestamp	POSIXct
4	double	double	12	timestamp	POSIXlt
5	double	numeric	13	date	date
6	string	character	14	array	array
7	string	string	15	array	list
8	binary	binary	16	map	env

【解读】

在 R 语言中,数据类型的判断和强制类型转换的函数分别为 is. ***()和 as. ***(),
例如:

```
x < - 1
is. array(x)
as. array(x)
```

以下代码为本书"6.4　Spark 编程"的 R 语言版本代码。

(1) 加载 SparkR 包。

```
#【知识点 1】调用 R 函数 library(),加载 SparkR 包
library(SparkR)
##
## Attaching package: 'SparkR'
## The following objects are masked from 'package: stats':
##
##       cov, filter, lag, na. omit, predict, sd, var, window
## The following objects are masked from 'package: base':
##
##       as. data. frame, colnames, colnames < - , drop, endsWith,
##       intersect, rank, rbind, sample, startsWith, subset, summary,
##       transform, union
```

(2) 创建 SparkR 会话。

```
#【知识点 2】用 sparkR 函数 sparkR. session(),创建 sparkR session
sparkR. session(appName = "SparkR Capstone 项目")
## Spark package found in SPARK_HOME: C: \SparkR\spark
## Launching java with spark - submit command C: \SparkR\spark/bin/spark - submit2. cmd
sparkr - shellC: \Users\ **** \AppData\Local\Temp\RtmpIjV7tj\backend_port18c44aa3f18
## Java ref type org. apache. spark. sql. SparkSession id 1
```

（3）计算文件路径。

```
#【知识点3】用R函数file.path()，基于环境变量计算出文件flights.csv文件的路
#径.其中,R函数Sys.getenv()的功能为读取环境变量
path <- file.path(Sys.getenv("SPARK_HOME"),"examples/src/main/resources/flights.csv")

#【知识点4】输出R变量path的值
path
## [1] "C:\\SparkR\\spark/examples/src/main/resources/flights.csv"
```

（4）读入文件flights.csv至本地数据框。

```
#【知识点5】用R函数read.csv()，将目标文件以CSV格式读入到R数据框r_df_flights
#R的函数read.csv()，在硬盘CSV文件的基础上,创建R本地数据框.注意函数
#read.csv()与函数read.df()不同,前者在R自带的utilis包中,后者在sparkR包中
r_df_flights <- read.csv(path)

#【知识点6】用R函数head()，显示R数据框r_df_flights的前3行
head(r_df_flights,3)
##    year month day dep_time dep_delay arr_time arr_delay carrier tailnum
## 1 2014     1   1        1        96      235        70      AS  N508AS
## 2 2014     1   1        4        -6      738       -23      US  N195UW
## 3 2014     1   1        8        13      548        -4      UA  N37422
##    flight origin dest air_time distance hour minute
## 1    145    PDX  ANC      194     1542    0      1
## 2   1830    SEA  CLT      252     2279    0      4
## 3   1609    PDX  IAH      201     1825    0      8
```

（5）将本地数据框存入Spark数据框。

```
#【知识点7】用sparkR函数printSchema()，显示数据框spark_df_flights的模式信息
spark_df_flights <- createDataFrame(r_df_flights)
```

（6）显示Spark数据框的模式信息。

```
#【知识点8】用sparkR函数printSchema()，显示数据框spark_df_flights的模式信息
printSchema(spark_df_flights)
## root
##  |-- year: integer (nullable = true)
##  |-- month: integer (nullable = true)
##  |-- day: integer (nullable = true)
##  |-- dep_time: integer (nullable = true)
##  |-- dep_delay: integer (nullable = true)
##  |-- arr_time: integer (nullable = true)
##  |-- arr_delay: integer (nullable = true)
##  |-- carrier: string (nullable = true)
##  |-- tailnum: string (nullable = true)
```

```
##   |-- flight: integer (nullable = true)
##   |-- origin: string (nullable = true)
##   |-- dest: string (nullable = true)
##   |-- air_time: integer (nullable = true)
##   |-- distance: integer (nullable = true)
##   |-- hour: integer (nullable = true)
##   |-- minute: integer (nullable = true)
```

(7) 缓存 Spark 数据框。

```
#【知识点 9】用 sparkR 函数 cache(),缓存 sparkR 数据框,spark 对应的存储级别为
# MEMORY_ONLY
# cache(spark_df_flights)
```

(8) 显示 Spark 数据框的内容。

```
#【知识点 10】用 sparkR 函数 showDF(),显示 sparkR 数据框的(部分)内容。sparkR 中
# 的 showDF()的功能类似于 R 的 head(),但也有细节上的不同
showDF(spark_df_flights,numRows = 3)
## +----+-----+---+--------+---------+--------+---------+-------+------
--+------+------+----+--------+--------+----+------+
## |year|month|day|dep_time|dep_delay|arr_time|arr_delay|carrier|tailnum|flight|origin|
dest|air_time|distance|hour|minute|
## +----+-----+---+--------+---------+--------+---------+-------+------
--+------+------+----+--------+--------+----+------+
## |2014|    1|  1|       1|      96|     235|      70|     AS| N508AS|   145|   PDX|
ANC|     194|    1542|   0|     1|
## |2014|    1|  1|       4|      -6|     738|     -23|     US| N195UW|  1830|
SEA| CLT|     252|    2279|   0|     4|
## |2014|    1|  1|       8|      13|     548|      -4|     UA| N37422|  1609|   PDX
| IAH|     201|    1825|   0|     8|
## +----+-----+---+--------+---------+--------+---------+-------+------
--+------+------+----+--------+--------+----+------+
## only showing top 3 rows
```

(9) 显示 Spark 数据框的列名。

```
#【知识点 11】用 sparkR 函数 columns(),显示 sparkR 数据框的列名
columns(spark_df_flights)
##  [1] "year"      "month"    "day"      "dep_time"  "dep_delay"
##  [6] "arr_time"  "arr_delay" "carrier"  "tailnum"   "flight"
## [11] "origin"    "dest"     "air_time"  "distance"  "hour"
## [16] "minute"
```

（10）统计 Spark 数据框的行数。

```
#【知识点 12】用 sparkR 函数 count(),统计 sparkR 数据框的行数
cc <- count(spark_df_flights)

cc
## [1] 52535
```

（11）选择 Spark 数据框的特定列。

```
#【知识点 13】用 sparkR 函数 select(),选取 sparkR 数据框的特定列
spark_df_flights_selected <- select(spark_df_flights,"tailnum","flight","dest","arr_
delay","dep_delay")

#用 sparkR 函数 showDF(),显示 sparkR 数据框的(部分)内容
showDF(spark_df_flights_selected,3)
## +-------+------+----+---------+---------+
## |tailnum|flight|dest|arr_delay|dep_delay|
## +-------+------+----+---------+---------+
## | N508AS|   145| ANC|       70|       96|
## | N195UW|  1830| CLT|     - 23|      - 6|
## | N37422|  1609| IAH|      - 4|       13|
## +-------+------+----+---------+---------+
## only showing top 3 rows
```

（12）注册 Spark 数据框为临时视图。

```
#【知识点 14】用 sparkR 函数 createOrReplaceTempView(),将 SparkR 的数据框(spark_df_
#flights_selected)注册成 Spark 临时视图(fligths_view),以便执行 Spark SQL 语句
createOrReplaceTempView(spark_df_flights_selected,"flights_view")
```

（13）编写并执行 SQL 语句。

```
#【知识点 15】用 sparkR 函数 sql(),编写并执行特定的 SQL 语句。注意,SparkR 中的
#SQL 是在临时视图上执行的
spark_destDF <- sql("SELECT dest,arr_delay FROM flights_view")

#用 sparkR 函数 showDF(),显示 sparkR 数据框的内容
showDF(spark_destDF,3)
## +----+---------+
## |dest|arr_delay|
## +----+---------+
## | ANC|       70|
## | CLT|     - 23|
## | IAH|      - 4|
## +----+---------+
## only showing top 3 rows
```

（14）将 Spark SQL 语句的结果写入硬盘。

```
#【知识点 16】用 sparkR 函数 write.df(),将 sparkR 数据框存储到硬盘上
write.df(spark_destDF,"Output_spark_destDF","csv","overwrite")
```

（15）读取已保存的 Spark SQL 语句结果。

```
#【知识点 17】用 sparkR 函数 read.df(),将硬盘中已保存的 sparkR 数据框读入内存之中
dfnew <- read.df("Output_spark_destDF", source = "csv")

# 用 sparkR 函数 showDF(),显示 sparkR 数据框的内容
showDF(dfnew,3)
##  +---+---+
##  |_c0|_c1|
##  +---+---+
##  |ANC| 70|
##  |CLT|-23|
##  |IAH| -4|
##  +---+---+
## only showing top 3 rows
```

（16）过滤 SparkR 数据框的行。

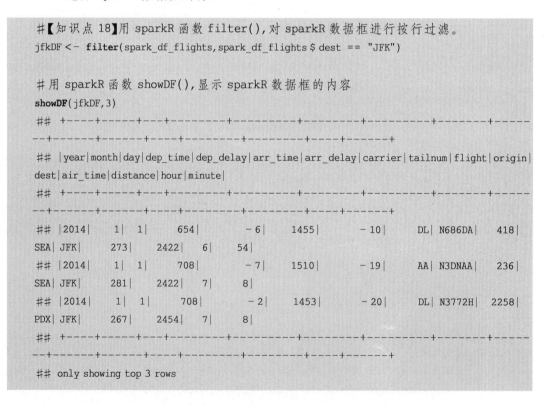
```
#【知识点 18】用 sparkR 函数 filter(),对 sparkR 数据框进行按行过滤。
jfkDF <- filter(spark_df_flights,spark_df_flights$dest == "JFK")

# 用 sparkR 函数 showDF(),显示 sparkR 数据框的内容
showDF(jfkDF,3)
##  +----+-----+---+--------+---------+--------+---------+-------+-------+------+------+----+--------+--------+----+------+
##  |year|month|day|dep_time|dep_delay|arr_time|arr_delay|carrier|tailnum|flight|origin|dest|air_time|distance|hour|minute|
##  +----+-----+---+--------+---------+--------+---------+-------+-------+------+------+----+--------+--------+----+------+
##  |2014|    1|  1|     654|       -6|    1455|      -10|     DL|N686DA|   418|   SEA|JFK|     273|    2422|   6|    54|
##  |2014|    1|  1|     708|       -7|    1510|      -19|     AA|N3DNAA|   236|   SEA|JFK|     281|    2422|   7|     8|
##  |2014|    1|  1|     708|       -2|    1453|      -20|     DL|N3772H|  2258|   PDX|JFK|     267|    2454|   7|     8|
##  +----+-----+---+--------+---------+--------+---------+-------+-------+------+------+----+--------+--------+----+------+
## only showing top 3 rows
```

(17) 安装 R 包 magrittr。

```
#【知识点19】(1)运算符"%>%"是R编程中常用的运算符,通常称为"管道运算符"
#但在R默认安装的基础包中并没有给出此运算符,需要导入R包"magrittr"
#(2)管道运算符避免了函数的嵌套调用式表达,可以提升R代码的易懂性
#(3)此处 if 判断的含义:先用R函数 installed.packages()查看已安装包的列表。
#如果R包"magrittr"出现在"已安装包列表之中,则不再下载和加载此包

# if("magrittr" %in% rownames(installed.packages()) == FALSE) {
##设置CRAN镜像站点
  local({r <- getOption("repos")
         r["CRAN"] <- "http://mirrors.tuna.tsinghua.edu.cn/CRAN/"
         options(repos = r)})
install.packages("magrittr")
## Installing package into 'C:/Users/soloman/Documents/R/win-library/3.3'
## (as 'lib' is unspecified)
## package 'magrittr' successfully unpacked and MD5 sums checked
##
## The downloaded binary packages are in
##   C:\Users\****\AppData\Local\Temp\RtmpIjV7tj\downloaded_packages
library(magrittr)
# }
```

(18) 分组统计 Spark 数据框。

```
#【知识点20】(1)管道运算符"%>%"的功能是将运算符左侧的表达式值传给右侧函
#数的第一个参数
#(2)函数 groupBY、avg 和 summarize 均为 SparkR 函数,分别用于分组统计、均值计算
#和按列进行聚合计算
#(3)运算符"->"是赋值运算符的一种,将左侧表达式值赋值给右侧变量

groupBy(spark_df_flights, spark_df_flights $ day) %>%
    summarize(avg(spark_df_flights $ dep_delay), avg(spark_df_flights $ arr_delay)) ->
dailyDelayDF

#用sparkR函数 showDF(),显示sparkR数据框的内容。从显示结果可以看出,计算结
#果为"所有航班的每日平均延误起飞时间和每日平均延误降落
showDF(dailyDelayDF)
## +---+--------------------+--------------------+
## |day|      avg(dep_delay) |      avg(arr_delay) |
## +---+--------------------+--------------------+
## | 31| 6.382229673093042  |  5.796638655462185 |
## | 28| 4.110270951480781  | -3.4050632911392404|
## | 26| 4.833430742255991  | -1.5248683440608544|
## | 27| 4.864126984126984  | -4.354777070063694 |
## | 12| 8.09437386569873   |  3.4215626892792246|
```

```
## | 22| 6.10231425091352     | - 1.0817571690054912 |
## |  1| 6.820577800304106    |   2.139888494678155  |
## | 13| 5.684177997527812    |   1.419454770755886  |
## |  6| 7.075045759609518    |   3.1785932721712538 |
## | 16| 4.2917420132610005   |   0.31582125603864736 |
## |  3|11.526241799437676    |   5.629350893697084  |
## | 20| 8.391228070175439    |   4.462529274004684  |
## |  5| 8.219989696032973    |   4.42015503875969   |
## | 19| 7.208383233532934    |   2.8462462462462463 |
## | 15| 4.818353236957888    |   1.0819155639571518 |
## |  9| 5.931407942238267    |   1.1156626506024097 |
## | 17| 5.873815165876778    |   1.8664688427299703 |
## |  4| 9.6158940397351      |   3.204905467552376  |
## |  8| 4.555904522613066    |   0.52455919395466   |
## | 23| 6.307105108631826    |   2.352836879432624  |
## +---+------------------+--------------------+
## only showing top 20 rows
# 查看 sparkR 数据框的模式信息
printSchema(dailyDelayDF)
## root
##  | -- day: integer (nullable = true)
##  | -- avg(dep_delay): double (nullable = true)
##  | -- avg(arr_delay): double (nullable = true)
```

（19）命名 SparkR 的数据框。

```
#【知识点 21】用 SparkR 函数 colnames(),给数据框的列命名
# 注意: 函数 colnames() 的名称从 Spark1.6 开始不再为 columns() 或 names()
colnames(dailyDelayDF)<- c("day","avg_dep_delay","avg_arr_delay")

# 查看 SparkR 数据框的模式信息
printSchema(dailyDelayDF)
## root
##  | -- day: integer (nullable = true)
##  | -- avg_dep_delay: double (nullable = true)
##  | -- avg_arr_delay: double (nullable = true)
```

（20）将 SparkR 数据框转换为 R 本地数据框。

```
#【知识点 22】用 sparkR 函数 collect(),将 sparkR 数据框转换为 R 本地数据框
local_dailyDelayDF <- collect(dailyDelayDF)

# 用 R 函数 head(),显示 R 本地数据框的内容
head(local_dailyDelayDF,6)
##    day avg_dep_delay avg_arr_delay
## 1  31      6.382230      5.796639
## 2  28      4.110271     - 3.405063
```

```
## 3   26        4.833431        − 1.524868
## 4   27        4.864127        − 4.354777
## 5   12        8.094374         3.421563
## 6   22        6.102314        − 1.081757
```

（21）结果的可视化。

```
#23【知识点23】用 R 的 plot()函数进行数据可视化
    install.packages("ggplot2")
library("ggplot2")

plot(local_dailyDelayDF $ day, local_dailyDelayDF $ avg_dep_delay, type = "o", xlab = "(日)",
ylab = "起飞延误时间")
```

起飞延误时间如图 A-3 所示。

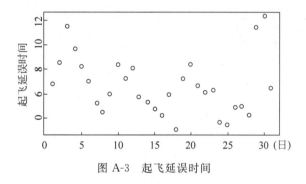

图 A-3 起飞延误时间

```
plot(local_dailyDelayDF $ day, local_dailyDelayDF $ avg_arr_delay, type = "o", xlab = "(日)",
ylab = "到达延误时间")
```

到达延误时间如图 A-4 所示。

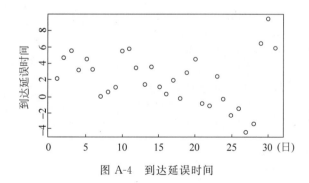

图 A-4 到达延误时间

（22）关闭 SparkR 会话。

```
#【知识点24】用 sparkR 函数 sparkR.session.stop(),停止当前 sparkR session
sparkR.session.stop()
```

Spark＋R 编程的两大阵营——UC Berkeley 的 SparkR 和 RStudio 的 sparklyr

SparkR 与 sparklyr 比较如表 A-3 所示。

表 A-3　SparkR 与 sparklyr 比较

	SparkR	sparklyr
主要开发者	UC Berkeley Shivaram Venkataraman 等	RStudio JavierLuraschi 等
官网	http://spark. apache. org/docs/latest/sparkr. html	http://spark. rstudio. com/
R 包	SparkR • install. packages("sparklyr") • library(sparklyr)	sparklyr • install. packages("sparklyr") • library(sparklyr)
R 连接到 Spark	sparkR. session() sparkR. session("local[2]", "SparkR","/home/spark")	spark_connect() sc <-spark_connect(master = "local")
将本地数据框复制到 Spark 集群	createDataFrame spark_df_flights <-createDataFrame(r_df_flights)	copy_to mtcars_tbl <-copy_to(sc,mtcars)
Spark 数据框的操作	提供具体函数 spark_df_flights_selected <-select(spark_df_flights," tailnum", "flight"," dest"," arr_delay"," dep_delay")	建议通过包 dplyr 实现数据操作： • flights_tbl %>% filter(dep_delay == 2) • delay <-flights_tbl %>% • group_by(tailnum) %>% • summarise(count = n(),dist = mean(distance),delay = mean(arr_delay)) %>% • filter(count > 20,dist < 2000,! is. na(delay)) %>% • collect
SQL 查询	sql() • spark_destDF <-sql("SELECT dest, arr_delay FROM flights_view") • showDF(spark_destDF,3)	dbGetQuery() • library(DBI) • iris_preview <-dbGetQuery(sc, "SELECT * FROM iris LIMIT 10") • iris_preview
机器学习	支持 spark. glm(gaussianDF,Sepal_Length~Sepal_Width＋Species,family=" gaussian")	支持 ml_linear_regression(response="mpg",features=c("wt","cyl"))
统计分析	支持 summary()	支持 summary()
数据读写	支持 CSV、JSON、Parquet 格式 • r_df_flights <-read. csv(path) • write. df(spark_destDF," Output_spark_destDF","csv","overwrite")	支持 CSV、JSON、Parquet 格式 • spark_write_json(iris_tbl,temp_json) • iris_json_tbl <-spark_read_json(sc, "iris_json",temp_json)

A.5　2012年美国总统竞选财务数据分析

以下代码为本书"6.5　2012年美国总统大选"的R语言版本代码。以下代码的解读方法如下。

（1）以♯开始的行：注释语句。读者可以输入，也可以不用输入此类代码。

（2）以♯♯开始的行：输出结果，读者不用输入（且不能输入）它。

（3）其他：程序代码，读者可以输入（且必须输入）它。

注：本例题的R代码由刘岩、冀佳钰和朝乐门完成。

1. 数据读入

本代码中的文件路径F:/PCF/myPCF.csv为示例路径，读者可以自行设置其他路径。另外，读者可以从本书配套资源中下载数据文件myPCF.csv，详见本书"6.5.2　编程分析——2012美国总统竞选财务数据分析"。

```r
# 将 myPCF.csv 文件存入数据框 PCF
PCF <- read.csv('F:/PCF/myPCF.csv')

# 查看数据框 PCF 的模式信息
str(PCF)

## 'data.frame':    6036458 obs. of   14 variables:
##   $ X               : int  0 1 2 3 4 5 6 7 8 9 ...
##   $ cmte_id         : Factor w/ 15 levels "C00410118","C00431171",..: 1 1 1 1 1 1 1 1 1 1 ...
##   $ cand_id         : Factor w/ 14 levels "P00003608","P20002523",..: 6 6 6 6 6 6 6 6 6 6 ...
##   $ cand_nm         : Factor w/ 14 levels "Bachmann, Michele",..: 1 1 1 1 1 1 1 1 1 1 ...
##   $ contbr_nm       : Factor w/ 1232766 levels "'''LEONARD, '', BARBARA MS.",..: 465399
## 465399 1034450 97445 1160445 69828 97445 97445 209554 207583 ...
##   $ contbr_city     : Factor w/ 24206 levels "","WESTPORT",..: 13413 13413 10998 16576
## 9372 20334 16576 16576 13030 21872 ...
##   $ contbr_st       : Factor w/ 96 levels "","33","46","48",..: 16 16 16 19 19 19 19 19
## 21 21 ...
##   $ contbr_zip      : Factor w/ 1063808 levels ""," * 0174"," * 0177",..: 384194 384194
## 385180 642865 640108 644233 642865 642865 813171 826728 ...
##   $ contbr_employer : Factor w/ 430760 levels "","'","'IOLANI SCHOOL",..: 312001 312001
## 180769 264788 264788 264788 180769 264788 353385 307026 ...
##   $ contbr_occupation: Factor w/ 142661 levels "","'MIS MANAGER",..: 107141 107141 62416
## 107141 107141 107141 62416 107141 110354 42041 ...
##   $ contb_receipt_amt: num  250 50 250 250 300 500 250 250 250 250 ...
##   $ contb_receipt_dt : Factor w/ 715 levels "2007 - 12 - 21","2007 - 12 - 27",..: 156 159
## 171 198 156 159 157 171 157 156 ...
##   $ file_num        : int  736166 736166 749073 749073 736166 736166 736166 749073
## 736166 736166 ...
##   $ tran_id         : Factor w/ 5335680 levels "0000002","0000003",..: 166072 182406
## 172670 182818 162297 168207 164723 198249 169977 200179 ...
```

2. 理解数据

```
# 查看数据的形状
dim(PCF)
## [1] 6036458      14

# 查看数据框的前两行
head(PCF,2)
##   X  cmte_id  cand_id      cand_nm      contbr_nm contbr_city
## 1 0 C00410118 P20002978 Bachmann, Michele HARVEY, WILLIAM      MOBILE
## 2 1 C00410118 P20002978 Bachmann, Michele HARVEY, WILLIAM      MOBILE
##   contbr_st contbr_zip contbr_employer contbr_occupation
## 1      AL 366010290.0      RETIRED        RETIRED
## 2      AL 366010290.0      RETIRED        RETIRED
##   contb_receipt_amt contb_receipt_dt file_num         tran_id
## 1              250     2011-06-20   736166 A1FDABC23D2D545A1B83
## 2               50     2011-06-23   736166 A899B9B0E223743EFA63

# 查看数据框的描述性统计信息
summary(PCF)
##       X              cmte_id              cand_id
## Min.   :      0   C00431445:4117404   P80003338:4117404
## 1st Qu.:1509114   C00431171:1593686   P80003353:1593686
## Median :3018228   C00495820: 151722   P80000748: 151722
## Mean   :3018228   C00496034:  52098   P20002721:  52098
## 3rd Qu.:4527343   C00496497:  51795   P60003654:  51795
## Max.   :6036457   C00496067:  20160   P00003608:  20160
##                   (Other)  :  49593   (Other)  :  49593
##         cand_nm              contbr_nm
## Obama, Barack :4117404   SMITH, MICHAEL :     533
## Romney, Mitt  :1593686   SMITH, DAVID   :     531
## Paul, Ron     : 151722   SEBAG, DAVID   :     495
## Santorum, Rick:  52098   JOHNSON, DAVID :     428
## Gingrich, Newt:  51795   SMITH, ROBERT  :     408
## Cain, Herman  :  20160   MILLER, MICHAEL:     395
## (Other)       :  49593   (Other)        :6033668
##        contbr_city        contbr_st        contbr_zip
## NEW YORK      : 138289   CA    : 954661   10025  :    4896
## CHICAGO       :  85873   NY    : 420359   20009  :    4173
## WASHINGTON    :  79944   TX    : 418406   10011  :    3691
## LOS ANGELES   :  70450   FL    : 361634   10024  :    3611
## HOUSTON       :  65149   IL    : 267657   10023  :    3197
## SAN FRANCISCO :  59355   VA    : 225867   20008  :    2908
## (Other)       :5537398   (Other):3387874   (Other):6013982
##                              contbr_employer
## RETIRED                              :1258192
```

```
##   SELF – EMPLOYED                              : 657312
##   NOT EMPLOYED                                 : 369056
##   INFORMATION REQUESTED PER BEST EFFORTS       : 181561
##   INFORMATION REQUESTED                        : 137483
##   HOMEMAKER                                    :  96630
##   (Other)                                      :3336224
##                          contbr_occupation   contb_receipt_amt
##   RETIRED                                 :1388962   Min.   : – 60800
##   ATTORNEY                                : 195799   1st Qu.:     25
##   INFORMATION REQUESTED PER BEST EFFORTS  : 173593   Median :     50
##   HOMEMAKER                               : 154703   Mean   :    213
##   PHYSICIAN                               : 141315   3rd Qu.:    150
##   INFORMATION REQUESTED                   : 125136   Max.   :16387179
##   (Other)                                 :3856950
##    contb_receipt_dt      file_num            tran_id
##   2012 – 10 – 17: 179419   Min.   :723511   SA17.778210:      5
##   2012 – 11 – 02: 126296   1st Qu.:810684   SA17.781520:      5
##   2012 – 10 – 23: 119200   Median :821325   SA17.823900:      5
##   2012 – 08 – 31: 106336   Mean   :831457   SA17.844797:      5
##   2012 – 10 – 22: 100250   3rd Qu.:842943   SA17.851770:      5
##   2012 – 10 – 26:  90812   Max.   :992730   SB28A.100  :      5
##   (Other)   :5314145                   (Other)    :6036428
```

```r
# 查看候选人名单和候选人个数
unique(PCF $ cand_nm)
##  [1] Bachmann, Michele         Romney, Mitt
##  [3] Obama, Barack             Roemer, Charles E. 'Buddy' III
##  [5] Pawlenty, Timothy         Johnson, Gary Earl
##  [7] Paul, Ron                 Santorum, Rick
##  [9] Cain, Herman              Gingrich, Newt
## [11] McCotter, Thaddeus G      Huntsman, Jon
## [13] Perry, Rick               Stein, Jill
## 14 Levels: Bachmann, Michele Cain, Herman Gingrich, Newt ... Stein, Jill
```

```r
# 提示:由于Python索引从0开始,但R是正常顺序,此处对应到Python代码的In[18],应该选择第
# 100001 行
PCF[100001,]
##              X   cmte_id   cand_id      cand_nm              contbr_nm
## 100001 100000 C00431171 P80003353 Romney, Mitt GREENMAN, WILLIAM M. MR.
##        contbr_city contbr_st  contbr_zip contbr_employer contbr_occupation
## 100001   CUPERTINO        CA 950144746.0         RETIRED           RETIRED
##        contb_receipt_amt contb_receipt_dt file_num          tran_id
## 100001              1000     2012 – 07 – 31   821472 SA17.1773888
```

3. 数据加工

首先,显示候选人名单。

```
# 对候选人名单进行重复过滤
unique_cands <- unique(PCF $ cand_nm)

# 显示候选人名单
unique_cands
##  [1] Bachmann, Michele          Romney, Mitt
##  [3] Obama, Barack              Roemer, Charles E. 'Buddy' III
##  [5] Pawlenty, Timothy          Johnson, Gary Earl
##  [7] Paul, Ron                  Santorum, Rick
##  [9] Cain, Herman               Gingrich, Newt
## [11] McCotter, Thaddeus G       Huntsman, Jon
## [13] Perry, Rick                Stein, Jill
## 14 Levels: Bachmann, Michele Cain, Herman Gingrich, Newt ... Stein, Jill
```

其次,抽取 Obama 和 Romney 的数据。

```
# 抽取 Obama 和 Romney 的数据,并放入数据框 PCF_ObamaAndRomney
PCF_ObamaAndRomney <- PCF[which((PCF $ cand_nm == 'Obama, Barack')|(PCF $ cand_nm ==
'Romney, Mitt')),]

# 显示数据框 PCF_ObamaAndRomney 的前两行
head(PCF_ObamaAndRomney,2)
##        X cmte_id   cand_id       cand_nm          contbr_nm contbr_city
## 412 411 C00431171 P80003353 Romney, Mitt      CLARK, MICHAEL FORT MEYERS
## 413 412 C00431171 P80003353 Romney, Mitt CALIENES, GLADYS MS.      GABLES
##     contbr_st contbr_zip                    contbr_employer
## 412        33    33908.0                            RETIRED
## 413        33    33146.0 INFORMATION REQUESTED PER BEST EFFORTS
##                          contbr_occupation contb_receipt_amt
## 412                                   NONE               200
## 413 INFORMATION REQUESTED PER BEST EFFORTS               100
##     contb_receipt_dt file_num     tran_id
## 412     2012-09-21    822044 SA17.2726391
## 413     2012-09-12    822044 SA17.2588087

# 查看数据框 PCF_ObamaAndRomney 的结构
str(PCF_ObamaAndRomney)
## 'data.frame':    5711090 obs. of  14 variables:
##  $ X              : int  411 412 413 414 415 416 417 418 419 420 ...
##  $ cmte_id        : Factor w/ 15 levels "C00410118","C00431171",..: 2 2 2 2 2 2 2 2 2 2 ...
##  $ cand_id        : Factor w/ 14 levels "P00003608","P20002523",..: 14 14 14 14 14 14 14 14
14 14 14 ...
##  $ cand_nm        : Factor w/ 14 levels "Bachmann, Michele",..: 12 12 12 12 12 12 12 12 12
12 12 ...
```

```
##     $ contbr_nm       : Factor w/ 1232766 levels "''LEONARD,'', BARBARA MS.",..: 196471
157757 513034 196471 513034 196471 157757 196471 567726 567726 ...
##     $ contbr_city     : Factor w/ 24206 levels "","'WESTPORT",..: 7173 7546 23435 7173
23435 7173 7546 7173 1784 1784 ...
##     $ contbr_st       : Factor w/ 96 levels "","33","46","48",..: 2 2 2 2 2 2 2 2 3 3 ...
##     $ contbr_zip      : Factor w/ 1063808 levels "","* 0174","* 0177",..: 357620 331079
338016 357620 338016 357620 331079 357620 457127 457127 ...
##     $ contbr_employer : Factor w/ 430760 levels "","'","'IOLANI SCHOOL",..: 312001 180772
180772 312001 180772 312001 180772 312001 254906 312001 ...
##     $ contbr_occupation: Factor w/ 142661 levels "","'MIS MANAGER",..: 82350 62420 62420
107141 62420 82350 62420 107141 107141 107141 ...
##     $ contb_receipt_amt: num  200 100 225 126 225 200 100 126 110 41 ...
##     $ contb_receipt_dt : Factor w/ 715 levels "2007 - 12 - 21","2007 - 12 - 27",..: 615 606
600 607 600 615 606 607 607 597 ...
##     $ file_num        : int  822044 822044 822044 944828 944828 944828 944828 822044
822044 822044 ...
##     $ tran_id         : Factor w/ 5335680 levels "0000002","0000003",..: 4537642 4514029
4483748 5096516 4483748 4537642 4514029 5096516 4506753 5075346 ...
```

```
# 统计 Obama 和 Romney 的被捐款次数
table(PCF_ObamaAndRomney $ cand_nm)
##
##             Bachmann, Michele                    Cain, Herman
##                             0                               0
##                 Gingrich, Newt                   Huntsman, Jon
##                             0                               0
##             Johnson, Gary Earl              McCotter, Thaddeus G
##                             0                               0
##                 Obama, Barack                     Paul, Ron
##                       4117404                               0
##             Pawlenty, Timothy                   Perry, Rick
##                             0                               0
## Roemer, Charles E. 'Buddy' III                 Romney, Mitt
##                             0                         1593686
##                Santorum, Rick                    Stein, Jill
##                             0                               0
```

最后，补充党派信息。

```
parties <- c('Obama, Barack' = "民主党(Democrat)",'Romney, Mitt' = "共和党(Republican)")

# 新增名为 party 的一列,将用 map()函数将"姓名"映射(替换)为"党派信息"写入此列中
party <- parties[as.character(PCF_ObamaAndRomney $ cand_nm)]
names(party) <- NULL
PCF_ObamaAndRomney <- data.frame(PCF_ObamaAndRomney,party)

# 统计党派个数
table(PCF_ObamaAndRomney $ party)
##
```

```
## 共和党(Republican)     民主党(Democrat)
##            1593686             4117404
```

```
# 查看 PCF_ObamaAndRomney 的模式信息
str(PCF_ObamaAndRomney)
## 'data.frame':    5711090 obs. of   15 variables:
##   $ X               : int   411 412 413 414 415 416 417 418 419 420 ...
##   $ cmte_id         : Factor w/ 15 levels "C00410118","C00431171",..: 2 2 2 2 2 2 2 2 2 2 ...
##   $ cand_id         : Factor w/ 14 levels "P00003608","P20002523",..: 14 14 14 14 14 14
14 14 14 14 ...
##   $ cand_nm         : Factor w/ 14 levels "Bachmann, Michele",..: 12 12 12 12 12 12 12 12
12 12 ...
##   $ contbr_nm       : Factor w/ 1232766 levels "''LEONARD,'', BARBARA MS.",..: 196471
157757 513034 196471 513034 196471 157757 196471 567726 567726 ...
##   $ contbr_city     : Factor w/ 24206 levels "","'WESTPORT",..: 7173 7546 23435 7173
23435 7173 7546 7173 1784 1784 ...
##   $ contbr_st       : Factor w/ 96 levels "","33","46","48",..: 2 2 2 2 2 2 2 2 3 3 ...
##   $ contbr_zip      : Factor w/ 1063808 levels ""," * 0174"," * 0177",..: 357620 331079
338016 357620 338016 357620 331079 357620 457127 457127 ...
##   $ contbr_employer : Factor w/ 430760 levels "","'","'IOLANI SCHOOL",..: 312001 180772
180772 312001 180772 312001 180772 312001 254906 312001 ...
##   $ contbr_occupation: Factor w/ 142661 levels "","'MIS MANAGER",..: 82350 62420 62420
107141 62420 82350 62420 107141 107141 107141 ...
##   $ contb_receipt_amt: num   200 100 225 126 225 200 100 126 110 41 ...
##   $ contb_receipt_dt : Factor w/ 715 levels "2007 - 12 - 21","2007 - 12 - 27",..: 615 606
600 607 600 615 606 607 607 597 ...
##   $ file_num        : int   822044 822044 822044 944828 944828 944828 944828 822044
822044 822044 ...
##   $ tran_id         : Factor w/ 5335680 levels "0000002","0000003",..: 4537642 4514029
4483748 5096516 4483748 4537642 4514029 5096516 4506753 5075346 ...
##   $ party           : Factor w/ 2 levels "共和党(Republican)",..: 1 1 1 1 1 1 1 1 1 1 ...
# 提示:查看捐助金额/contb_receipt_amt,从以下结果可以看出,既有负数也有正数,负数表示的
# 是"退款"
```

```
# 安装 R 的包 dplyr
library(dplyr)
##
## Attaching package: 'dplyr'
## The following objects are masked from 'package:stats':
##
##     filter, lag
## The following objects are masked from 'package:base':
##
##     intersect, setdiff, setequal, union
amt_part1 <- subset(PCF_ObamaAndRomney,contb_receipt_amt > 0)
amt_part2 <- subset(PCF_ObamaAndRomney,contb_receipt_amt <= 0)
amt_part2[1:2,]
##           X  cmte_id  cand_id    cand_nm            contbr_nm
## 1793 1792 C00431171 P80003353 Romney, Mitt MORTENSEN, ROBERT DR.
## 2028 2027 C00431171 P80003353 Romney, Mitt  JOHNSON, MARK K. MR.
```

```
##       contbr_city contbr_st  contbr_zip              contbr_employer
## 1793 EABLE RNEE        AK 995778797.0        VETERANS ADMINISTRATION
## 2028 ANCHORAGE         AK 995163436.0 CHUGACH ELECTRIC ASSOCIATION INC.
##       contbr_occupation contb_receipt_amt contb_receipt_dt file_num
## 1793           DENTIST              -500       2012-05-22   944813
## 2028          ATTORNEY              -500       2012-07-30   944286
##            tran_id            party
## 1793  SA17.974299B  共和党(Republican)
## 2028 SA17.1085175B  共和党(Republican)
```

```
#查看有多少个正数,多少个负数,负数表示的是退款
dim(amt_part1)
## [1] 5655423         15
```

```
dim(amt_part2)
## [1] 55667      15
```

4. 候选人 Obama 和 Romney 的竞选财务数据分析

首先是捐助人的职业分析。

```
#捐助人职业数量
length(unique(PCF_ObamaAndRomney $ contbr_occupation))
## [1] 134098
```

```
#捐助人职业分布
options(max. print = 50)
table(PCF_ObamaAndRomney $ contbr_occupation)
##
##
##                                    42167
##                       'MIS MANAGER
##                                        0
##                                        -
##                                        7
##                                       --
##                                        0
##       MIXED-MEDIA ARTIST / STORYTELLER
##                                        1
##                     AREA VICE PRESIDENT
##                                        1
##                       ASSISTANT MANAGER
##                                        4
##                          BUILDING TECH
##                                        4
##                                CAPITAL
##                                        2
##                              CARPENTER
```

```
##                                                  1
##                                   CONFLICTS MANAGER
##                                                  2
##                             ELDERLY PARENT CAREGIVER
##                                                  3
##              EMERITA PROFESSOR AND DIRECTOR OF SOC
##                                                  4
##                                   HISTORY PROFESSOR
##                                                  1
##                               JOURNALIST AND DIPLOMAT
##                                                  1
##                                    NURSE AND TEACHER
##                                                  3
##                                        PUBLIC HEALTH
##                                                  3
##                                     REGISTERED NURSE
##                                                  6
##                                   RESEARCH ASSOCIATE
##                                                  1
##                            RETIRED GUIDANCE COUNSELOR
##                                                  1
##                                       RETIRED OWNER
##                                                  2
##                          SIMUNYE TRUST & FOUNDATION
##                                                  1
##                          SOFTWARE ENGINEER/HOMEMAKER
##                                                  2
##                                             TEACHER
##                                                  1
##                                      TEACHER, WRITER
##                                                  1
##                             TEACHER/ HOSPITAL WORKER
##                                                 17
##                                           THERAPIST
##                                                  3
##                                         UNL FACULTY
##                                                  4
##                                             VETERAN
##                                                  1
##                                    # 1 PAPER MACHINE
##                                                  2
##                                              $ 200
##                                                  3
##                 (BUS DRIVER -- - DISABILITY - RETIRED)
##                                                  1
##           (CAREGIVER)DIRECT SUPPORT PROFESSIONAL
##                                                  7
##           (FORMER COMMERCIAL AIRLINE PILOT FOR N
##                                                  7
##                (FORMER DIRECTOR OF HUMAN RESOURCES)
```

```
##                                        1
##                  (FORMER FREELANCE EDITOR)
##                                        1
##        (FORMER R.D.A., STATE OF CALIFORNIA)
##                                        4
##          (FORMER) COMPUTER TECH MANAGEMENT
##                                        1
##         (FORMER) COMPUTER TECH. MANAGEMENT
##                                        3
##                    (FORMER) SCHOOL ADMIN.
##                                        4
##            (FORMER) SCHOOL SUPERINTENDENT
##                                        3
##    (FORMER) SENIOR CONSTRUCTION SUPERINTE
##                                        4
##                   (HUD SEC.8) FSS COORD.
##                                        8
##                    (NONUNION) F/T K.B.S.I
##                                        2
##    (PART-TIME) SALES CONSULTANT & WRITER
##                                        0
##              (POTTERY STUDIO) FUN MAVEN
##                                        3
##             (PROFESSOR EMERITUS, SOILS)
##                                        3
##                          (PSYCHOLOGIST)
##                                        4
##                                 (R) RT
##                                       11
##             (RET) SERGEANT MAJOR (SGM)
##                                        7
##  [ reached getOption("max.print") -- omitted 142611 entries ]
```

对捐款人的职业进行规整化处理,如对同一个职业类型的名称进行统一化处理

```
PCF_ObamaAndRomney $ contbr_occupation[which(PCF_ObamaAndRomney $ contbr_occupation ==
'INFORMATION REQUESTED PER BEST EFFORTS' | PCF_ObamaAndRomney $ contbr_occupation ==
'INFORMATION REQUESTED' | PCF_ObamaAndRomney $ contbr_occupation == 'INFORMATION REQUESTED
(BEST EFFORTS)')]<- "NOT PROVIDED"

PCF_ObamaAndRomney $ contbr_occupation[which(PCF_ObamaAndRomney $ contbr_occupation == 'C.E.
O.')]<- "CEO"

PCF_ObamaAndRomney $ contbr_employer[which(PCF_ObamaAndRomney $ contbr_employer ==
'INFORMATION REQUESTED PER BEST EFFORTS' | PCF_ObamaAndRomney $ contbr_employer == 'INFORMATION
REQUESTED')]<- "NOT PROVIDED"

PCF_ObamaAndRomney $ contbr_employer[which(PCF_ObamaAndRomney $ contbr_employer == 'SELF' |
PCF_ObamaAndRomney $ contbr_employer == 'SELF EMPLOYED')]<- "SELF-EMPLOYED"
```

```
# 查看数据框 PCF_ObamaAndRomney 的前 5 行
head(PCF_ObamaAndRomney)
##         X   cmte_id   cand_id       cand_nm          contbr_nm contbr_city
## 412 411 C00431171 P80003353 Romney, Mitt      CLARK, MICHAEL FORT MEYERS
## 413 412 C00431171 P80003353 Romney, Mitt CALIENES, GLADYS MS.      GABLES
## 414 413 C00431171 P80003353 Romney, Mitt      HOUSMAN, STEVEN      WESTON
##      contbr_st contbr_zip contbr_employer contbr_occupation
## 412        33    33908.0         RETIRED              NONE
## 413        33    33146.0    NOT PROVIDED      NOT PROVIDED
## 414        33    33327.0    NOT PROVIDED      NOT PROVIDED
##      contb_receipt_amt contb_receipt_dt file_num     tran_id
## 412               200     2012 - 09 - 21   822044 SA17.2726391
## 413               100     2012 - 09 - 12   822044 SA17.2588087
## 414               225     2012 - 09 - 06   822044 SA17.2391328
##                        party
## 412 共和党(Republican)
## 413 共和党(Republican)
## 414 共和党(Republican)
##   [ reached 'max' / getOption("max.print") -- omitted 3 rows ]

# 制作透视表
by_occupation <- tapply(PCF_ObamaAndRomney $ contb_receipt_amt, list(PCF_ObamaAndRomney
$ contbr_occupation, PCF_ObamaAndRomney $ party), sum)
over_2mm <- by_occupation[which((rowSums(by_occupation) > 10000000) == TRUE), ]
over_2mm <- over_2mm[-1, ]
over_2mm
##                共和党(Republican)      民主党(Democrat)
## ATTORNEY            26620059             34152434.63
## CEO                 13732540              4047006.86
## CONSULTANT           8880296              8996120.22
## ENGINEER             6187283              4978404.36
## EXECUTIVE           14129815              3541459.12
## HOMEMAKER           43176267             12223045.34
## LAWYER               2915531             10511478.08
## NONE                11990934               58493.92
## NOT PROVIDED        79026360             20828202.50
## PHYSICIAN           19385423             15797840.12
## PRESIDENT           14892820              4216339.26
## PROFESSOR            1241684             11746164.25
## RETIRED            117234684             98118671.10
## SELF-EMPLOYED       11010013              2393698.26

# 可视化
par(mar = c(2, 8, 1, 1), mgp = c(7, 1, 1))
barplot(t(over_2mm), las = 1, ylab = "contbr_occupation", horiz = T, beside = TRUE, col = c("blue",
"orange"), cex.names = 0.8)
legend("bottomright", legend = colnames(over_2mm), fill = c("blue", "orange"), title = "party")

library(dplyr)
```

```r
get_top_occupation <- function(group, num = 3)
{
  grouped <- group %>% group_by(cand_nm, contbr_occupation) %>% summarise(sum = sum(contb
_receipt_amt))
  grouped = filter(grouped, contbr_occupation != '')
  grouped[order( - grouped $ sum, grouped $ cand_nm), ]
  totals <- grouped %>% group_by(cand_nm) %>% top_n(n = num, wt = - desc(sum))
  totals <- totals[order( - totals $ sum), ]
  totals <- totals[order(totals $ cand_nm), ]
  return(as.matrix(totals))
}


get_top_employer <- function(group, num = 3)
{
  grouped <- group %>% group_by(cand_nm, contbr_employer) %>% summarise(sum = sum(contb_
receipt_amt))
  grouped = filter(grouped, contbr_employer != '')
  totals <- grouped %>% group_by(cand_nm) %>% top_n(n = num, wt = - desc(sum))
  totals <- totals[order( - totals $ sum), ]
  totals <- totals[order(totals $ cand_nm), ]
  return(as.matrix(totals))
}


top_occupation <- get_top_occupation(PCF_ObamaAndRomney, num = 10)
top_employer <- get_top_employer(PCF_ObamaAndRomney, num = 10)
top_employer
##           cand_nm         contbr_employer    sum
##    [1,] "Obama, Barack" "RETIRED"        " 79522378.3"
##    [2,] "Obama, Barack" "SELF - EMPLOYED"   " 70843572.8"
##    [3,] "Obama, Barack" "NOT EMPLOYED"    " 42161935.7"
##    [4,] "Obama, Barack" "NOT PROVIDED"    " 22347980.6"
##    [5,] "Obama, Barack" "HOMEMAKER"       "  5380229.2"
##    [6,] "Obama, Barack" "STUDENT"         "   775728.7"
##    [7,] "Obama, Barack" "REFUSED"         "   759865.5"
##    [8,] "Obama, Barack" "MICROSOFT"       "   667773.2"
##    [9,] "Obama, Barack" "IBM"             "   629378.2"
##   [10,] "Obama, Barack" "GOOGLE"          "   625625.9"
##   [11,] "Romney, Mitt"  "RETIRED"         "114972268.7"
##   [12,] "Romney, Mitt"  "NOT PROVIDED"    " 83941553.6"
##   [13,] "Romney, Mitt"  "SELF - EMPLOYED"   " 65024918.8"
##   [14,] "Romney, Mitt"  "HOMEMAKER"       " 42591317.4"
##   [15,] "Romney, Mitt"  "NONE"            " 15217820.9"
##   [16,] "Romney, Mitt"  "ENTREPRENEUR"    "  1791543.8"
## [到达 getOption("max.print") -- 略过 4 行]]
```

捐助人职业、党派及捐助额度分析如图 A-5 所示。

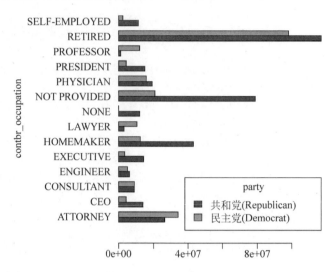

图 A-5　捐助人职业、党派及捐助额度分析

其次是捐助金额分析(Bucketing Donation Amount)。

```
# 对数据框 PCF_ObamaAndRomney 进行分箱处理
bins <- c(0, 1, 10, 100, 1000, 10000,100000, 1000000, 10000000)
label0 <- c('(0,1]','(1,10]','(10,100]','(100,1000]','(1000,10000]','(10000,100000]',
'(100000,1000000]','(1000000,10000000]')

PCF_ObamaAndRomney[,'labels']<- cut(PCF_ObamaAndRomney $ contb_receipt_amt,breaks = bins,
labels = label0)

# 查看分箱处理之后的 PCF_ObamaAndRomney 的前 5 行
head(PCF_ObamaAndRomney,5)
##        X   cmte_id   cand_id        cand_nm        contbr_nm contbr_city
## 412 411 C00431171 P80003353 Romney, Mitt      CLARK, MICHAEL FORT MEYERS
## 413 412 C00431171 P80003353 Romney, Mitt CALIENES, GLADYS MS.      GABLES
## 414 413 C00431171 P80003353 Romney, Mitt      HOUSMAN, STEVEN     WESTON
##      contbr_st contbr_zip contbr_employer contbr_occupation
## 412        33    33908.0         RETIRED              NONE
## 413        33    33146.0    NOT PROVIDED      NOT PROVIDED
## 414        33    33327.0    NOT PROVIDED      NOT PROVIDED
##      contb_receipt_amt contb_receipt_dt file_num       tran_id
## 412               200     2012 - 09 - 21  822044 SA17.2726391
## 413               100     2012 - 09 - 12  822044 SA17.2588087
## 414               225     2012 - 09 - 06  822044 SA17.2391328
##              party      labels
## 412 共和党(Republican) (100,1000]
## 413 共和党(Republican)    (10,100]
## 414 共和党(Republican) (100,1000]
##  [ reached 'max' / getOption("max.print") -- omitted 2 rows ]

grouped <- table(PCF_ObamaAndRomney[,c("labels","cand_nm")])
```

```
grouped <- grouped[,which(colSums(grouped) > 0)]
grouped
##                            cand_nm
## labels               Obama, Barack Romney, Mitt
##    (0,1]                        1199        582
##    (1,10]                     402595      38335
##    (10,100]                  2970577     749228
##    (100,1000]                 651166     633364
##    (1000,10000]                53379     154963
##    (10000,100000]                  7          6
##    (100000,1000000]                4          0
##    (1000000,10000000]             17          0

bucket_sums <- tapply(PCF_ObamaAndRomney $ contb_receipt_amt, list(PCF_ObamaAndRomney
$ labels,PCF_ObamaAndRomney $ cand_nm),sum)
bucket_sums <- bucket_sums[,c('Obama, Barack','Romney, Mitt')]
normed_sums <- bucket_sums/rowSums(bucket_sums)
normed_sums <- normed_sums[ -c(7,8),]
normed_sums
##                  Obama, Barack  Romney, Mitt
## (0,1]               0.5616917    0.43830830
## (1,10]              0.9209260    0.07907399
## (10,100]            0.7522566    0.24774341
## (100,1000]          0.4617436    0.53825637
## (1000,10000]        0.2410364    0.75896358
## (10000,100000]      0.6096602    0.39033979

par(mar = c(2, 8, 1, 1),mgp = c(6, 1, 1))
barplot(t(normed_sums), las = 1, ylab = "contb_receipt_amt", horiz = T, beside = TRUE, col =
c("blue","orange"),cex.names = 0.8)
legend( "topright",legend = colnames(normed_sums),fill = c("blue","orange"),title = "cand_nm")
```

分箱处理后的捐款数据可视化如图 A-6 所示。

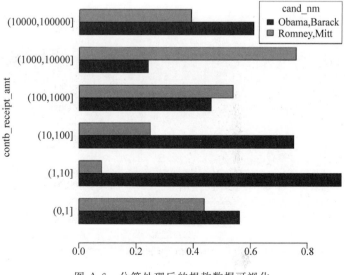

图 A-6　分箱处理后的捐款数据可视化

接着是捐助时间分析。

```r
# 合并同日的捐款数据
library(dplyr)

Romney <- group_by(PCF_ObamaAndRomney[which(PCF_ObamaAndRomney $ cand_nm == 'Romney, Mitt'), ],
contb_receipt_dt)  %>% summarise(sum = sum(contb_receipt_amt))

Obama <- group_by(PCF_ObamaAndRomney[which(PCF_ObamaAndRomney $ cand_nm == 'Obama, Barack'), ],
contb_receipt_dt) %>% summarise(sum = sum(contb_receipt_amt))

BothofThem <- group_by(PCF_ObamaAndRomney, contb_receipt_dt) %>% summarise(sum =
sum(contb_receipt_amt))

plot(BothofThem, type = "l", col = "white")
lines(BothofThem, type = "l", col = "blue")
lines(Obama, type = "l", col = "red")
lines(Romney, type = "l", col = "green")
```

捐款日期与金额的可视化如图 A-7 所示。

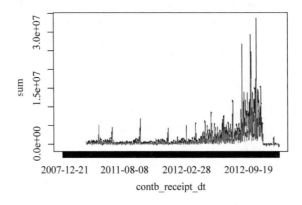

图 A-7　捐款日期与金额的可视化(横坐标为"日期",纵坐标为"金额")

```r
# 图 A-7 是以日为单位计算的,显示效果并不清楚 以"月"为单位进行计算,为此,需要将日期转换为
# Year - Month

PCF_ObamaAndRomney $ contb_receipt_dt <- strftime(PCF_ObamaAndRomney $ contb_receipt_dt,
format = '%Y - %m')

head(PCF_ObamaAndRomney, 2)
##      X   cmte_id    cand_id    cand_nm            contbr_nm contbr_city
## 412 411 C00431171 P80003353 Romney, Mitt     CLARK, MICHAEL FORT MEYERS
## 413 412 C00431171 P80003353 Romney, Mitt CALIENES, GLADYS MS.      GABLES
##     contbr_st contbr_zip contbr_employer contbr_occupation
## 412        33    33908.0         RETIRED              NONE
## 413        33    33146.0    NOT PROVIDED      NOT PROVIDED
```

```
##     contb_receipt_amt contb_receipt_dt file_num        tran_id
## 412               200         2012-09  822044 SA17.2726391
## 413               100         2012-09  822044 SA17.2588087
##                  party      labels
## 412 共和党(Republican) (100,1000]
## 413 共和党(Republican)   (10,100]
```

```
#合并同月的捐款数据
Romney <- group_by(PCF_ObamaAndRomney[which(PCF_ObamaAndRomney $ cand_nm == 'Romney, Mitt'), ],
contb_receipt_dt) %>% summarise(sum = sum(contb_receipt_amt))

Obama <- group_by(PCF_ObamaAndRomney[which(PCF_ObamaAndRomney $ cand_nm == 'Obama, Barack'), ],
contb_receipt_dt) %>% summarise(sum = sum(contb_receipt_amt))

BothofThem <- group_by(PCF_ObamaAndRomney, contb_receipt_dt) %>% summarise(sum = sum
(contb_receipt_amt))

#将字符转换为因子
BothofThem $ contb_receipt_dt <- factor(BothofThem $ contb_receipt_dt)
Obama $ contb_receipt_dt <- factor(Obama $ contb_receipt_dt)
Romney $ contb_receipt_dt <- factor(Romney $ contb_receipt_dt)

plot(BothofThem, type = "n")
lines(BothofThem, type = "l", col = "green")
lines(Obama, type = "l", col = "red")
lines(Romney, type = "l", col = "blue")
```

捐款月份与金额变化分析如图 A-8 所示。

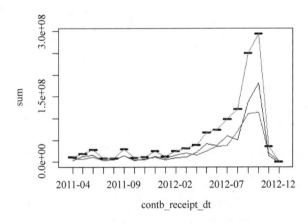

图 A-8　捐款月份与金额变化分析

最后是捐助人所在省份分析(Donation Statistics by State)。

```
#新增在地图上显示
grouped <- tapply(PCF_ObamaAndRomney $ contb_receipt_amt, list(PCF_ObamaAndRomney $ contbr_
st, PCF_ObamaAndRomney $ cand_nm), sum)
```

```
grouped <- grouped[,c('Obama, Barack','Romney, Mitt')]

totals <- grouped[which((rowSums(grouped)>100000) == TRUE),]

totals[0:10,]

##       Obama, Barack  Romney, Mitt
## AA        186369.0        5076.0
## AE        224172.5       59438.9
## AK       1361557.0     1413213.0
## AL       2263580.1     7407600.5
## AP        128649.6       32068.0
## AR       1274816.7     3440714.0
## AZ       6504954.4    13812313.4
## CA      91715283.6    75999972.8
## CO      11087619.8    16288069.5
## CT       8302040.4    16332773.8
percent <- totals/rowSums(totals)
percent[0:10,]
##       Obama, Barack  Romney, Mitt
## AA       0.9734859    0.02651414
## AE       0.7904213    0.20957866
## AK       0.4906918    0.50930815
## AL       0.2340542    0.76594584
## AP       0.8004698    0.19953017
## AR       0.2703443    0.72965573
## AZ       0.3201688    0.67983124
## CA       0.5468512    0.45314883
## CO       0.4050170    0.59498299
## CT       0.3370044    0.66299561
```

```
# 下载和安装 R 包 maps,用于基于地图的可视化
# install.packages('maps')
library(maps)

# 大选投票结果
elecResults <- percent

statenames = as.character(rownames(elecResults))
mapnames = map("state",plot = FALSE)$name
mapnames.state = state.fips[which(state.fips$polyname == mapnames),]$abb

# 根据各州选举结果,按照候选人分类
ratecol = ifelse(elecResults[,1]>0.5,"blue","red")
cols <- ratecol[match(mapnames.state,statenames)]

# 绘图
map("state", fill = TRUE,col = cols ,mar = c(0.1, 0.1, 0.8, 0.8))
title('USA Presidential Election Results')
```

投票结果的可视化如图 A-9 所示。

图 A-9 投票结果的可视化

附录 B

数据科学的重要资源

B.1 学术期刊

- The Data Science Journal(ISSN 1683-1470)。
- Data Science and Engineering(ISSN：2364-1185)。
- International Journal of Data Science and Analytics(ISSN：2364-415X)。
- International Journal of Data Science(ISSN：2053-0811)。
- Journal of Data Science(ISSN 1680-743X)。
- EPJ Data Science(ISSN：2193-1127)。
- Big Data Research(ISSN：2214-5796)。
- Journal of Big Data(ISSN：2196-1115)。
- Big Data & Society(ISSN：2053-9517)。
- 大数据(ISBN：2096-0271)。

B.2 国际会议

- IEEE DSAA：IEEE International Conference on Data Science and Advanced Analytics。
- ACM IKDD CODS：ACM India SIGKDD Conference on Data Sciences。
- ICDSE：International Conference on Data Science and Engineering。
- ICDS：The International Conference on Data Science。
- ICML：International Conference on Machine Learning。
- Unstructured Data Science Pop-Up。
- Big Data Innovation Summit。

- Data Summit。
- KDD：Knowledge Discovery and Data Mining。
- ODSC：Open Data Science Conference。

B.3 研究机构

- 伦敦帝国学院(Imperial College London)数据科学研究所。
- 哥伦比亚大学数据科学研究所(Data Science Institute)。
- 纽约大学数据科学中心(NYU Center for Data Science)。
- UC Berkeley 数据科学中心(Data Science at UC Berkeley)。
- 全球数据科学(Data Science Global)。
- 中国人民大学数据工程与知识工程教育部重点实验室。
- 一些大数据企业(如 IBM、Google、Facebook 等)的数据科学部门。

B.4 课程资源

- 华盛顿大学。
- 霍普金斯大学。
- 哈佛大学。
- 麻省理工学院。
- 斯坦福大学。
- 纽约大学。
- 哥伦比亚大学。
- 中国人民大学朝乐门老师开设的国家精品在线开放课程"数据科学导论"。

B.5 硕士学位项目

- 加州大学伯克利分校。
- 约翰霍普金斯大学。
- 华盛顿大学。
- 纽约大学。
- 卡内基-梅隆大学。
- 斯坦福大学。
- 旧金山大学。

- 哥伦比亚大学。
- 佐治亚理工学院。
- 伊利诺伊理工学院。
- 马里兰大学。
- 印第安纳大学。
- 伦敦城市大学。

B.6　专家学者

- Doug Cutting：Hadoop 之父，是 Apache Lucene、Nutch、Hadoop、Avro 等开源项目的发起者。
- Alex(Sandy) Pentland：MIT 教授，机器学习、人工智能与人类计算领域的知名科学家。
- D. J. Patil：曾担任白宫首席数据科学家。
- Hadley Wickham：RStudio 的首席科学家，ggplot2 和 tidyverse 的开发者，著有 *R for Data Science*。
- Wes McKinney：Pandas 包的开发者，著有 *Python for Data Analysis*。
- Carlos Somohano：Data Science London 的创始人之一。
- Sebastian Thrun：Udacity 的创始人与 CEO，Google X 的创始人，斯坦福大学教授。
- Monica Rogati：LinkedIn 高级数据科学家。
- Sergey Yurgenson：哈佛大学教授。
- Kirk Borne：2014 年被评为 IBM 大数据与分析英雄。
- Hilary Mason：Fast Forward Labs 发起人，知名学者。
- Yann Lecun：纽约大学数据科学中心的负责人。
- Jeff Hammerbacher：Cloudera 项目的创始人以及首席科学家。
- Jeremy Achin：Data Robot 的创始人。
- Matei Zaharia：Spark 的主要提出者。
- Gary King：哈佛大学教授。
- Carla Gentry：Analytical Solution 的数据科学家。
- 朝乐门：国内首部系统阐述数据科学专著的作者，数据科学领域本体(Data Science Ontology)的研发者，国家精品开放在线课程"数据科学导论"的负责人，著有《数据科学》(清华大学出版社，2015)、《数据科学理论与实践》(清华大学出版社，2017)。

B.7　相关工具

- RStudio：基于 R 的数据科学编程中最常用的开发环境之一。
- RapidMiner Studio：数据科学的通用平台。
- CognizeR：可以连接到 IBM Watson。
- DataRobot：自动化实现机器学习平台。
- Trifacta：数据规整化处理工具。
- Paxata：数据准备工具。
- Weka：用 Java 语言编写的数据挖掘软件。
- D3：数据可视化。
- SPSS 和 SAS：数据分析与建模。
- Databricks：基于 Spark 的数据科学与数据工程集成平台。
- StackOverFlow：数据科学家常用的社区，在这里能找到各种疑难问题的专业级解答和讨论。

附录 C

术 语 索 引

后　记

从小到大,我一直以为学习如此简单,但后来才发现并不是因为自己很聪明,也不是所学的知识很简单,而是自己非常幸运,遇到的都是好老师,他们承担了原本我应该承担的学习负担。更让我后怕的是,这个世界优质教育资源的匮乏与不平衡。大数据和数据科学的教育更是这样,很多学校想设立这个专业、很多老师想开这门课、很多学生也想学习这个知识,但就是无从下手。这几年,大数据火了,大家慕名而来,但都堵在门口,虽然很热闹,就是进不去。而立之年之后,有个问题开始折磨着我:我为别人做过什么?这就是我写这本书的初衷。

《数据科学》在清华大学出版社出版以来,得到了许多的鼓励,但也有人直言它更像是专著,不像是教材。其实,当时我写了很多东西,最后只出版了 1/3 左右的内容,原因不在于我的吝啬,而是时机不成熟,当时的我、我的读者、数据科学都不成熟。但是,剩下的 2/3 的内容中也有很多值得拿出来分享的东西。正在这个时候,接到了全国高校大数据教育联盟教材专家指导委员会的邀请,我觉得这是祥风时雨,开始满怀热情地主持这本新书的编写工作。这就是写这本书的来龙去脉。

什么才是数据科学独有的理论与实践?什么知识五年、十年以后还会有效?如何用最简单的逻辑解读复杂理论?如何帮助读者培养学习数据科学的信心与兴趣?如何为学生客观地还原一个较为完整的数据科学?如何提高读者的核心竞争力?如何为读者的学习与生活做出我的贡献?如今很多人都在说,数据科学是一门跨学科科学,至少跨两个学科:统计学和机器学习。这一点我也认可,但我坚决反对的是将数据科学当作给统计学专业的学生讲计算机知识,给计算机专业的学生讲统计学知识的做法。我个人认为,真正的跨学科不是这样的,应该是给统计学专业的学生讲统计学知识,同时给计算机专业的学生讲计算机知识,似乎各走各的路,其实大家都在接近真正的数据科学。也就是说,数据科学并不是简单的统计学和机器学习的拼凑,而是统计学和机器学习之上的一门独立学科,应该有它自己的东西。还有一个问题就是如何将理论与实践相结合?我个人看来,理论联系实践并不是学习理论后再去实践,或者从实践中提炼出理论。正如 Kurt Lewin 所言,没有什么比一个好的理论更实际(Nothing is more practical than a good theory)。我也有类似的想法。实践,尤其是一个能够进入教材的经典案例,应该高于理论。这些是我写这本书的过程中始终在思考的问题。

在编写这本书的过程中,得到了全国高校大数据教育联盟、中国人民大学、国家自然科学基金(项目编号：91646202；71103020)、国家社会科学基金(批准号：15BTQ054；12&ZD220)的支持；中国科学院院士陈国良教授给予了鼓励并为本书作序；本书编委专家们以及中国人民大学数据科学课程、教育部高等学校计算机类专业教学指导委员会"数据科学系列课程教学高级研修班"、全国高等学校大数据教育联盟"数据科学与大数据技术师资培训班"和"IBM数据科学及大数据分析师资研修班"的学员为本书的设计给出了有益的反馈和建议；中国人民大学原常务副校长冯惠玲教授对撰写工作给予鼓励；中国人民大学杨灿军、曲涵晴、赵俊鹏、王盛杰、刘岩、张晨、冀佳钰、李雪明、李昊璟等同学参与了部分章节的校对工作；很多前辈的优秀研究成果成为本书的依据和素材；清华大学出版社编辑刘向威博士、魏江江分社长为本书的出版做了大量的工作；长期以来，亲人的理解与支持，本人从事基础研究，淡泊名利，他们却从不抱怨。这是我编写这本书应该感谢的人们(或机构)。

读本书，请不要只挑那些您自己喜欢或看得懂的内容，否则阅读的意义就不大了。如今，人们喜欢读书，读的书也不少，甚至流行所谓的速读。其实，据我观察，很多人的读书方法和过程是有问题的，把书本当成了镜子，每次的阅读中看到的都是自己，直接看自己喜欢的或看得懂的内容，最终感觉读了很多书，其实是多照了几次镜子而已，读的不是书而是自己，读完之后自己的知识结构也不会有什么变化，更谈不上读书能改变命运。所以，当您读这本书时，如发现有您自己不喜欢或看不懂的内容千万不要跳过去，在思想碰撞中学习，深入和探究中收获，困惑与征服自我中成长。当然，对于老师们而言，需要根据学生的培养目标进行裁剪和调整本书内容。正如 W. Edwards Deming 所说，"神，我们相信。其余的，必须用数据说话(In God we trust. All others must bring data.)"。书中的一些细节内容也不一定正确，建议您亲自进行原始数据的考证和拓展学习。如发现不妥之处，请不吝赐教。这是我对您的期待和祝愿。

结束才是真正的开始。

朝乐门
2019 年 3 月于中国人民大学

图书资源支持

感谢您一直以来对清华版图书的支持和爱护。为了配合本书的使用，本书提供配套的资源，有需求的读者请扫描下方的"书圈"微信公众号二维码，在图书专区下载，也可以拨打电话或发送电子邮件咨询。

如果您在使用本书的过程中遇到了什么问题，或者有相关图书出版计划，也请您发邮件告诉我们，以便我们更好地为您服务。

我们的联系方式：

地　　址：北京市海淀区双清路学研大厦 A 座 701

邮　　编：100084

电　　话：010-83470236　010-83470237

资源下载：http://www.tup.com.cn

客服邮箱：2301891038@qq.com

QQ：2301891038（请写明您的单位和姓名）

资源下载、样书申请

书圈

扫一扫，获取最新目录

课程直播

用微信扫一扫右边的二维码，即可关注清华大学出版社公众号"书圈"。

专家推荐

朝乐门老师的《数据科学理论与实践》是一本值得推荐的优秀教材。

陈国良（中国科学院院士）

朝老师的《数据科学理论与实践》是一本通俗易懂且充满智慧，读了之后有收获与感动的精品教材，让我觉得相见恨晚！

庞艳蓓（哥伦比亚大学硕士研究生/中国人民大学本科生）

Data Science is transforming every sphere of human endeavor. His book is an invaluable resource to anyone who wants to create the future. (数据科学正在改变着人类探索的每一个领域。对致力于创造未来的人们，朝乐门老师的这本书是无价之宝。)

Leon Katsnelson（IBM全球战略合作总监与数据科学社区首席技术官）

作者简介

朝乐门　中国人民大学副教授，博士生导师；国家精品在线开放课程"数据科学导论"负责人；国际iSchools联盟数据科学专委会委员；中国计算机学会信息系统专委员会委员、中国软件行业协会中国软件专业人才培养工程专家委员、全国高校人工智能与大数据创新联盟专家委员会副主任、全国高校大数据教育联盟大数据教材专家指导委员会委员、《计算机科学》执行编委；被国内外多家企业特聘为首席数据科学家；曾获北京市中青年骨干教师、国家自然科学基金项目优秀项目、国家留学基金管理委员会——IBM中国优秀教师奖教金、全国高校大数据教育杰出贡献奖、IBM全球卓越教师奖、中国大数据学术创新奖、中国大数据创新百人榜单、数据科学50人、全国高校人工智能与大数据学术创新奖等多种奖励三十余项。主持完成国家自然科学基金、国家社会科学基金等重要科学研究项目十余项；参与完成核高基、973、863、国家自然科学基金重点项目十余项。撰写我国首部系统阐述数据科学理论的专著《数据科学》（清华大学出版社，2016），编写教材《数据科学理论与实践》（清华大学出版社，2017）2019年入选北京市教委"优质本科教材"，主讲"数据科学导论"课程被中国人民大学认定为首批建设的一流本科课程。

课件下载·样书申请　　**清华社官方微信号**

书圈　　扫 我 有 惊 喜

ISBN 978-7-302-53191-3

9 787302 531913 >

定价: 69.80元